国家社会科学基金艺术学重大招标项目

"绿色设计与可持续发展研究"

项目编号：13ZD03

U0281864

绿色设计与可持续发展经典译丛

设计自然：

NATURE by DESIGN:
PEOPLE, NATURAL PROCESS,
and ECOLOGICAL RESTORATION

[加]埃里克·西格思（ERIC HIGGS） 著

赵 宇 刘 曦 译

人、自然过程和生态修复

重庆大学出版社

序

　　在全球生态危机和资源枯竭的严峻形势下，世界上多数国家都意识到，面向未来人类必须理性地以人、自然、社会的和谐共生思路制定生产和消费行为准则。唯有这样，人类生存的条件才能可持续，人类社会才能有序地持久地和平地发展，这就是被世界各国所认可和推行的可持续发展。作为世界最大的新兴经济体和最大的能源消费国与碳排放国，中国能否有效推进可持续发展对全球经济与环境资源的影响举足轻重。设计是生产和建设的前端，污染排放的增加，源头往往就是设计产品的"生态缺陷"，设计的"好坏"直接决定产品在生产、营销、使用、回收、再利用等方面的品质。因此，设计是促进人、自然、社会和谐共生大有作为的阶段，也是促进可持续发展的重要行动措施。

　　正是在这个意义上，将功能、环境、资源统筹考虑的绿色设计蓬勃兴起。四川美术学院从 2003 年开始建立绿色设计教学体系，探讨作为生产生活前端的设计专业应该如何紧跟可持续发展的历史潮流，在培养绿色设计人才和社会应用方面起到示范带动作用。随着我国生态文明建设的推进和可持续发展的迫切需要，2013 年国家社会科学基金艺术学以重大招标项目的形式对"绿色设计与可持续发展研究"项目进行公开招标，以四川美术学院为责任单位的课题组获得了该项目立项。

　　人类如何才能可持续发展，是一个全球性的课题。在中国，基于可持续发展的绿色设计需要以当代世界视野为参照，以解决中国现实问题为中心，将生态价值理念嵌入设计本体论，从生产与消费、生活与生态、环保与发展的角度，营建出适合中国国情、涵盖不同领域的绿色设计生态链条；进而建构起基于可持续发展的中国绿色设计体系，为世界贡献中国的智慧与经验。

目前世界上一些国家关于可持续发展的研究工作以及有关绿色设计学说的讨论与实践已经经历了较长的时间。尤其是近年来，海外绿色设计与可持续研究不断取得发展。为了更全面、立体地展现海外设计界和设计学术研究领域对绿色设计与可持续发展的最新研究成果，以便为中国的可持续设计实践提供有益的参考，有利于绿色设计与可持续发展研究起步相对较晚的我国在较短的时间内能迎头赶上并实现超越，在跟随先行者脚步的同时针对中国的传统文化背景与现实国情探寻我国的绿色设计发展之路，项目课题组经过反复甄选，组织翻译了近年国际设计界出版的绿色与可持续研究的数部重要著作，内容包括绿色设计价值与伦理、视野与思维、类型与方法等领域。这套译丛共有 11 本译著，在满足本项目课题组研究需要的同时，也具有为中国的可持续设计实践提供借鉴的意义，可供国内高校、研究机构和设计工作者参考。

"绿色设计与可持续发展研究"

项目首席专家：

目录

致谢

1990 年，在温哥华的一辆城市公共汽车上，我第一次产生了写这本书的想法。兰登·温纳（Langdon Winner）和我从道德哲学和公共领域会议上偷偷溜了出来，我向兰登讲述了关于生态修复的想法，以及随着生态修复成为一种越来越技术化的实践，修复一词的意义和性质也在不断发生着变化。他说："针对这一主题，你干吗不写一本书呢？"之后又过了 5 年，我才整理出观点，具备了写书的条件。

1995 年，我以访问学者的身份在麻省理工学院参与了科学、技术和社会项目的研究。在此期间，我开始了本书的写作。我非常感谢麻省理工学院的莱奥·马克思（Leo Marx）教授和克里斯蒂娜·希尔教授（Kristina Hill，现任职于华盛顿大学），哈佛大学的拉里·布尔（Larry Buell）教授和威斯理安学院的约瑟夫·罗茜（Joseph Rouse）教授。1996 年，我在莫里斯青年中心参与应用伦理学的项目研究，其间，我的写作仍在继续。迈克尔·麦克唐纳（Michael MacDonald），迈克尔·伯吉斯（Michael Burgess）和彼得·丹尼尔森（Peter Danielson）为我的撰写提供了一个极佳的知识环境。

要不是由于当时有一个必须得做的基于实地考察的项目，这本书早就完工了。我用了 4 个夏天的时间进行实地调查，最后的两年我和珍妮·雷姆图拉（Jeanine Rhemtulla）一起登上了贾斯珀国家公园中的各个山头进行实地考察，复拍了自 1915 年以来所拍摄的 700 多张该地区的勘测照片。不用说，这个项目占用了我大量的写作时间。但是我认为，这个项目不仅丰富了我的经历，而且为这本书提供了丰富的素材。

2000 年，我在维多利亚大学的环境研究学院工作期间，利用 6 个月的休假时间，我将这本书的主要部分汇总在了一起。我周围的人以各种不同的方式从事生态修复工作，他们是唐·伊士曼（Don Eastman，自然系统修复项目的主管）、布伦达·贝克威思（Brenda Beckwith）、大卫·博达利（David Bodaly）、谢丽尔·布莱斯（Cheryl Bryce）、金·钱伯斯（Kim Chambers）、温迪·库克（Wendy Cocksedge）、帕特里夏·埃德蒙兹（Patricia Edmonds）、安·加里巴尔达（Ann Garibalda）、特雷弗·兰兹（Trevor Lantz）、雷纳·马克维斯特（Lehna Makmkvist）、卡里纳·马斯洛瓦特（Carrina Maslovat）、南希·特纳（Nancy Turner）和保罗·韦斯特（Paul West）。

从 1990 年到 2001 年，我将研究基地设立在亚伯达大学。我得到了进行跨学科研究的机会，非常感激许多同事的慷慨帮助，他们是：大卫·安德森（David Anderson）、帕梅拉·阿斯奎斯（Pamela Asquith）、戴夫·克鲁登（Dave Cruden）、琳达·费迪安（Linda Fedigan）、米尔顿·弗里曼（Milton Freeman）、哈维·弗利（Harvey Friebe）、吉姆·胡佛（Jim Hoover）、史蒂夫·卢代（Steve Hrudey）、罗恩·克拉托赫维尔（Ron Kratochvil）、汉克·刘易斯（Hank Lewis）、彼得·墨菲（Peter Murphy）和卡尔·乌联（Carl Urion）。

研究生总是我灵感的重要来源地，他们是：克劳迪奥·阿伯塔（Claudio Aporta）、崔西·贝利（Trish Bailey）、奥斯拉·伯恩斯（Ausra Burns）、克雷格·坎贝尔（Craig Campbell）、詹妮弗·赛菲（Jennifer Cypher）、金格·吉布森（Ginger Gibson）、洛瑞·基尔（Lori Kiel）、克里斯蒂娜·林赛（Christina Lindsay）、特里西娅·马尔克（Tricia Marck）、丽莎·米金森（Lisa Meekison）、尼基·米勒（Nickie Miller）和卡罗尔·穆雷（Carol Murray）。尤其要感谢杰娜亚·韦伯（Jenaya Webb），她在后勤、实验室和办公室管理以及解决问题方面给我提供了许多帮助。特努蒂·史密斯（Trudi Smith）为这本书的插图绘制工作提供了帮助。

贾斯珀国家公园的工作人员在写作过程中给我提供了许多帮助，他们是：彼得·阿楚夫（Peter Achuff）、杰夫·安德森（Jeff Anderson）、辛西娅·伯尔（Cynthia Ball）、吉姆·贝特怀思特里（Jim Bertwistle）、金·福斯特（Kim Forster）、本·加德（Ben

Gadd）、保罗·加尔布雷斯（Paul Galbraith）、亚历克斯·克勒斯（Alex Kolesch）、里克·库比安（Rick Kubian）、乔治·默瑟（George Mercer）和迈克·韦斯布鲁克（Mike Wesbrook）。

在与生态修复协会会员的交谈中我也受益匪浅，他们是：詹姆斯·阿伦森（James Aronson）、安德鲁·卑尔根（Andrew Bergen）、托尼·布拉德肖（Tony Bradshaw）、沃利·温顿（Wally Covington）、唐·福尔克（Don Falk）、乔治·江恩（George Gann）、史蒂夫·盖特伍德（Steve Gatewood）、马克·霍尔（Marc Hall）、比尔·霍尔沃森（Bill Halvorson）、史蒂芬·亨德尔（Steven Handel）、吉姆·哈里斯（Jim Harris）、克里斯蒂娜·希尔（Kristina Hill）、安德鲁·莱特（Andrew Light）、丹尼斯·马丁尼兹（Dennis Martinez）、乔纳森·佩里（Jonathan Perry）、伊迪丝·里德（Edith Read）、约翰·丽格（John Rieger）、泰德·希尔（Ted Shear）、朱莉·圣·约翰（Julie St. John）和凯利·韦斯特韦尔特（Kellie Westervelt）。

加拿大社会科学和人文学科研究委员会多次为本书的写作提供了资金支持，莫里斯青年中心为应用伦理学研究所提供的研究奖金以及维多利亚大学所提供的兰斯道恩讲师奖金都为本项目提供了资金支持。

詹姆斯·阿伦森、布伦达·贝克威思、阿尔伯特·伯格曼、谢丽尔·布莱斯、唐·福尔克、马克·霍尔、伊恩·麦克拉伦（Ian MacLaren）、南希·特纳、维芙·威尔逊（Viv Wilson）和安妮·王（Anne Wong）审读了这本书的草稿。同时，我也要对麻省理工学院出版社的复审员表示感谢，他们为本书最终版本的确定提出了很好的建议。

与麻省理工学院出版社的工作人员的合作非常愉快，我尤其要对克莱·摩根（Clay Morgan）、桑德拉·明基恩（Sandra Minkkinen）和伊丽莎白·贾德（Elizabeth Judd）表示感谢。我提到了兰登·温纳针对熔接技术和自然研究所提供的建议。在我读研究生课程时，阿尔伯特·伯格曼就是一名导师了，他的技术理论对我书中的论证发挥着关键性的作用。迪克·布坎南（Dick Buchanan）敦促我探讨了设计问题。拉里·哈沃斯（Larry Haworth）以及罗伯特·多尼（Robert Dorney）共同指导了我在博士阶段关于地貌变化和技术社会的研究项目。1987 年多尼突然逝世之后，拉里·哈沃斯加入了我的研究项目，从而确保了我的博士论文得以顺利完成。哈沃斯的观点在本书中体现得非常充分，我永远不会忘记他的友善以及他的专业水平。在我开始撰写关于生态修复的文章时，威廉·乔丹（William Jordan）给予了我鼓励，让我有勇气对生态修复问题提出自己的观点，尽管这些观点仍然存在争议。伊恩·麦克拉伦教给我渊博的知识和坚定的信念。珍妮·雷姆图拉和我一起攀登了贾斯珀国家公园里的众多山峰，倾听、阅读并理解了我的观点。大卫·辛德勒（David Schindler），在将近10年的时间里一直是我的合作伙伴，我们在亚伯达大学的一个研究生合作研讨班中长期合作，他教给我生态学、先进科学的知识以及科学行动主义。南希·特纳分享了她在人种植物学和生态修复文化维度领域里的见解。热情好客的希拉·加拉格尔（Sheila Gallagher）和她的家人在本项目的初期阶段为我提供了大量支持。最后，我在邻近渥太华的贝肯菲尔德完成了这本书的创作，这里是斯蒂芬妮·凯恩斯（Stephanie Cairns）的家庭别墅，这已经不是我第一次在这个充满爱、充满魔力的地方完成写作工作了。我的父亲大卫·希格斯（David Higgs）和已故的母亲伊莎贝尔·希格斯（Isabel Higgs），以及莎莉·桑顿（Sally Thornton，对我来说，她是我的第二个母亲）对我的坚定支持从未动摇过。总而言之，我是一个非常幸运的人。

引言

许多关于环境的书籍在开始部分，总是试图证明我们并未充分认识到人类所面临的问题，或是没有采取有效的行动来解决这些问题，而这本书则要另辟蹊径。我想拿起这本书的每位读者都是为了解决存在的问题而探索更好的解决途径，或是摆脱给人带来困扰的思维定式。如果你安于现状的话，你是不可能拿起本书的。

生态修复，是指为了恢复已受损的生态系统，通过清理如杂草般疯长的入侵性物种，重新引入已经消失的植物、动物，创建一个完好的生物网络体系，分析造成目前生态状况不断变化的历史条件，开垦或恢复土壤、移除危险物、去除道路，使野火和洪水等自然进程回归这片曾经植被茂盛的土地，从而使被破坏的生态系统恢复完整。在过去的几年中，人们对于生态修复的兴趣不断膨胀，而在此之前的几十年中，人们对于这一领域的兴趣和专业知识却增长缓慢。创立于1987年的生态修复协会（SER）是倡导生态修复的国际先进组织。生态修复观念植根于全世界多种文化的深层体系中，生态修复学家开始用心探索，面对过去人类所犯下的错误，我们到底还能做些什么来进行弥补。

在研究和实施生态修复工作中，我认识到随之而来的是深层次的文化迁移。每年在北美洲有几千个生态修复项目启动，其中许多项目是以社团为基础的，依赖于志愿者们的参与。拔除杂草、栽植以及构筑起河流堤岸以适应历史特征的行动，或是，以一种古老的人工焚烧方式归还土地，对当地发展可产生极大的贡献。我居住在加拿大西海岸的不列颠哥伦比亚省的维多利亚，对于当地的生态修复者而言，没有什么比听到鲑鱼返回久未产卵的溪流中产卵更让人高兴的了。鲑鱼回到溪流中产卵，意味着溪流的构造和生态特征的改变，同时这一过程也需要重新调整经济结构和土地使用方式，这些因素决定了鲑鱼的产卵数量，也决定了构成这一经济体系的社会关系。我们都知道，要想改变一个复杂系统中的某个构成部分，就意味着改变整个系统。通过采取一些方式的调整，我发现修复过程在文化方面的影响和在经济方面的影响一样让人振奋。通过修复生态系统，我们重现了传统的模式，也可能创建了新的模式，从而使我们自身与自然界的联系更加紧密。这就是生态修复的力量和前景。

反对派则担心生态修复会减少我们对自然保护投入的精力，进而导致我们对自然怀有更深的技术改造态度。对这一问题而言，大体上来说并非如此。在生态修复协会成立初期，一些环境学家强烈反对生态修复（这类观点盛行于20世纪80年代）。让生态修复的倡导者们始料不及的是，反对派正是来自我们认为最有可能给予我们支持的那些人。阻力来自那些相信生态修复会削弱自然保护主义者们雄心壮志的人。然而大多数反对派都支持生态修复，包括已故的大卫·布劳尔（David Brower）。通过那些覆盖整个洲的大范围项目修复可以看出，生态修复工程与自然保护工程是相结合的，例如北美洲的黄石到育空河的长廊工程。此外，尤其是对于那些自然保护工程完全可行的地方更为明显，生态修复工程并未去抢占属于它们的地盘。

我更关心的是第二种反对意见，即随着我们越来越擅长于操控生态系统，我们在为自身目的去控制生态系统，换句话说，生态修复工程成了使用人类技术的借口。这个问题相当尖锐。假如生态修复就像镜子一样反映出我们对待自然的文化价值观，那该怎么办呢？难道仅仅是为了表现出人类的意愿，就算是那些设计精密的修复工程也可以不遵守规则吗？我们如何通过修复工程表达出对人与土地之间关系的尊重呢？这些问题进一步加剧了我对于修复工程前景的担忧，而这也是贯穿整本书的主题。在这一点上请不要误解我，并不是说我在为反对修复工程而争辩。相反，我是在指出致命的缺陷，也就是在实践中所存在的一种倾向，如果这一问题得不到解决，就会改变我们善意的初衷。无论如何，我希望修复工程能够取得成功。修复工程让我满怀希望，也就是说，让人类对自然系统产生破坏的模式可能发生改变。在这一过程中，我们还可以学会如何能够以更加慷慨大度的方式与其他物种共存。

生态修复是我们将会遇到的"岔路口"（有些人可能认为我们已经通过了这个"岔路口"）。这是几年前在一次烛光晚餐之后，当我与好朋友在布鲁斯半岛上的一间小屋里闲坐时，突然联想到的一个画面：布鲁斯半岛是陆地伸入海里的一个尖角，它将休伦湖与佐治亚湾分隔在两边。某位朋友刚刚读完了罗伯特·弗罗斯特（Robert Frost）写的几首诗，而我再次被"岔路口"画面所触动。当时我正在写我的博士论文，这篇论文是关于布鲁斯郡的地貌演变的，我试图弄明白，这个被远道而来的人破坏了的地区，今后有着怎样的可能变化：首先，原住民被来自欧洲的移民者取代，之后，漫长的城市化进程将这个郡的资源大量开发使用，最后是核电厂重塑了这个地区的经济文化，而最终核电厂又使这个地区的经济文化走向衰弱。很难想象，在一定程度上我知道这些可能性都会从当地源头中迸发出来，并且会牵涉生态修复和文化重建。布鲁斯郡的人们沿着宽阔的大路前进——而那些"人迹罕至的小路"上又有着怎样的其他可能性呢？

在这条大路上，华丽和复杂的技术修复工程被用来处理我们过去的所作所为。在这里，我们可以见到大型的生态修复工程、减少破坏环境的行动倡议，以及专注于修复工程的公司不断扩张。"如果你破坏了它，我们还可以重建"，这样的信念有一点自信、主流，还有一点点狂妄。这难道有错吗？实施更多的修复工程不是更好吗？

我担心我们混淆了宏伟与成就这两个概念，还担心失去参与从事界定多项早期修复工程的环境。焦点修复（Focal Restoration）这一概念让我们尝试走一条人迹罕至的道路，这是一条提倡社区共同参与并倡导和弘扬当地文化的道路。焦点意味着汇聚在一起，无论是光束还是人群。只有当双手沾满泥土时，人们才能更深入地与自然联系在一起，而我们所学到的修复理念也会更加坚定。与其他的修复途径相比，焦点修复具有更大的不确定性，也更难维持。我和许多修复工程的践行者怀着相同的希望，那就是我们的努力无论是在生态层面还是社会层面都得到传播，新的、复杂的文化活动也会出现，会对我们的努力表示敬意。比如说，我们试图让鲑鱼返回城市中溪流的努力能够成功，我希望我们能够恢复与落基山脉东坡之间的联系，从而让猛兽能更自由地活动，少受限制。同时，我希望我们能够真正地学会热爱野生环境。这是深深植根于我们这群人中的雄心壮志，这些雄心壮志的实现需要当地民众的支持、当地组织的支持，以及各级政府和产业的支持。可能最终以社区为基础的修复工程能够吸引那些选择宽阔大路的人们参与，当他们向前推动修复工作时，他们可能会拆掉一些人行道，从而让植物和生物能够在这里茂盛地生长。

焦点修复引出了生态修复的四个主要概念之一：集中实践。从长远来看，为了能够成功地实现生态修复，人们需要充分地投入修复工程中，这就再次要求我们主动参与并获得当地社区的支持。集中实践是将两种传统的概念相结合，也就是生态完整性和历史保真度，这明确了关于修复的主要定义。修复工程所涉及的范围已经超出了生态层面和技术层面。还有一个更重要的要素，我认为修复工程包含了人类意图和设计的目的。成功修复的项目都被赋予了一种意识形态，也就是以修复的名义所做的一切事情都是有意干涉生态环境。承认我们在扮演生态进程和社会进程设计者的角色，能够让令人生畏的生态修复多一丝谦逊。最后，如果我们没有认识到现实的自然和社会已经超出我们理解和操纵它们的能力范围，那么这项工程也注定会失败。在倡导设计的过程中，我提出了荒野设计的概念，即设计应与生命的活力相协调。

在大一时，我对生态修复工程产生了浓厚的兴趣。那是 20 世纪 70 年代中期，有一次到滑铁卢大学生物学和环境规划学教授罗伯特·多尼（Robert Dorney）家中做客回来，我突然对此产生了兴趣。1967 年，多尼教授买下了一栋非常质朴、不起眼的全新两层房屋。它位于街道的一侧，对于曾在北美郊区居住过的人而言，街道两侧的房屋都是耳熟能详的：千篇一律的设计，每个房屋都带有相同的草坪景观。让许多邻居感到不解的是，多尼教授撤掉了草坪，建立了他所谓的"微型生态系统"，这是一个小型森林、草原和湿地的结合体，面积只有百分之一英亩（约 40.5 平方米）。教授非常精心地照料着他的花园，从植物救援行动中收集了一些新的品种（包括几种生命受到威胁和濒危的物种），在必要的情况下，他会进行松土、除草并修剪枝叶。20 年之后，这个花园已经拥有了 150 多种植物物种，一些过高的树冠不得不被剪掉。教授进行这场激进试验的灵感一部分来自他在本科阶段对野生生物的生态学学习。20 世纪 40 年代晚期，教授在威斯康星大学读本科，当时他有幸听了奥尔多·利奥波德（Aldo Leopold）的课。多尼教授曾经参观了位于麦迪逊的植物园，参观了约翰·高迪思（John Curtis）、亨利·格林（Henry Greene）和西欧多尔·斯佩里（Theodore Sperry）所实施的早期草原修复工程。多尼教授于 1987 年在砍伐后院中的一棵苹果树时不幸身亡。同一年，利奥波德在扑灭位于麦迪逊北部工作室附近的一场大火中不幸身亡，享年 59 岁。

我接受了多尼教授关于微型生态系统的观念，并且在我父母家的前院中创建了这样一个微型生态系统，我的父母居住在安大略布兰特福德，与滑铁卢相距仅约 32 千米（20 英里）。这是我首次做的关于生态修复的尝试。20 世纪 80 年代初，这座房屋被出售。而在此之前，这个系统在我的精心照料下，几年内都一直保持着繁茂的状态。这座房子的新主人不听我的解释和建议，铲平了花园，使前院恢复成草坪景观。在当代社会，这次教训让我明白了生命的短暂，以及跨越文化交流所存在的困难。让我感到欣慰的是，附近一位邻居采纳了自然花园的理念，在她的后院里建造了一个花园，并且荣获大奖。

我的生活居无定所，时而居住在温哥华南部，时而居住在多伦多北部，然后又搬到安大略湖以西，再搬到纽约州和俄亥俄州，又曾居住在亚伯达，最近我又居住在温哥华岛的南端。在过去的几年中，我了解了所有我曾居住过的地方所开展的生态修复工程——比如说，布鲁克林的展望公园和俄亥俄州的布莱克河。对我来说，最具有戏剧性的就是知道了伯恩斯沼泽的修复工程。这是一块具有重要意义的湿地，位于不列颠哥伦比亚省的弗雷泽河下游的三角洲，就在温哥华的南部。我人生的最初五年是在一个郊外很小的社区度过的，位于弗雷泽河沿岸。童年时，我自以为居住在离河流很远的地方，但是当我长大后再次返回此地，才发现当时我们的住所距离河流只有几百码*的距离。一年冬天，一场寒潮持续了很久，以至于当地的池塘表面都结冰了。我的母亲是在加拿大更加寒冷的气候环境下长大的，滑冰是她童年的主要活动，因此我母亲也逼着我练习滑冰，整个下午我们都是在冰面上度过的。对于这段经历，我的记忆非常清晰，而且我并不知道在不列颠哥伦比亚的本土南端滑冰是不正常的，或者说，我没有意识到当时我们在现在被称为伯恩斯沼泽地的冰面上滑冰有什么异常。

几年前我才意识到了这一点，那是当我在不列颠哥伦比亚省的维多利亚所召开的"帮助土地恢复原貌"会议上演讲时才意识到的。会议结束以后，一名男士走向我，想和我讨

---

* 码：1 码 ≈ 0.9144 米。——编辑注

论一个湿地修复工程。他打开了一幅在航拍照片的基础上编制的大地图。当我询问他方位时，他说："这是三角洲镇。"我凑近地图仔细观看，立刻发现，这项重要修复行动的对象实际上就是我上第一堂滑冰课的地方，而那是35年以前的事了。那一刻，无数画面在我的脑海中翻转：地面从一块小的农村湿地变为一块被各种开发项目包围的危地，这种现象代表着我们的价值观所发生的变化，我们所看重的事情发生了变化，我们如何与过去的地貌重新建立联系，恢复记忆并增强修复的力量。这些经历使我确信，修复工程是一份职业，同时也是我们肩负的责任。我的知识构建过程发生了一些不寻常的转变以及迂回，始于生态学，途经哲学和环境规划，直到最近开始的人类学研究。必须承认的是，一个对生态修复学有浓厚兴趣的人来研究人类学是很奇怪的。这一点解释一下，虽然罗伯特·多尼最初的思想一直伴随着我，但在我受到的教育中，我认为生态修复和自然保护工作是非职业性的，是我应当在周末或业余时间去做的。直到我的博士研究阶段的后期，修复工程才正式进入我的思维范围，这成为将自然的不同意义概念化的一种方式，是对自然过程适当干预的隐喻，同时也是一种有生命的社会思想。前面我曾提到修复学进入我的博士研究中，就在多尼逝世之前，我计划了一些关于修复学的概念基础的写作项目。1988年我搬到纽约市，当时我得知新泽西州的斯考克斯市要实施针对曼哈顿附近的世外桃源——哈兹山开发项目，我记得自己感到无比吃惊。这些项目都涉及复杂的湿地减排工程，这是开发一块生态平衡非常脆弱地区的前提条件。我脑子里的无数想法同时涌动，就好像抵达了汇流点一般。我对技术的发展很感兴趣，不仅是对工艺品和装置，也包括当代文化中独特的图形处理技术，它们让我洞察到来自修复工程所带来的威胁，那就是将生态系统转变成商品。当然，这并不妨碍我对于草根修复工程的理解，但是这仍然敲响了警钟。我越发担忧修复工程如何能够改进人类与自然之间的有益关系并避免技术流派所带来的干扰，因为技术流派以效率、新奇、魅力和速度作为其亮点。我开始就这些主题发表演讲并写作，很快我就加入了生态修复初学者协会。我还记得，当一个注重实践的组织愿意接受甚至鼓励一名哲学家加入时，自己有多么兴奋。

在20世纪90年代早期，当我正式转向人类学研究领域时，我的知识结构也一直转变着。这对我所从事的活动有着深刻的影响。除了许多其他方面以外，这一转变还推动我转向实例研究。我对于修复学的信仰保持着一位人类学家贪婪的兴趣，我很好奇修复学家都做些什么，以及他们为什么这么做。我的目光转向埃德蒙顿以西的山脉，尤其是贾斯珀国家公园，在这里，我彻底地爱上了这片土地，并且开始理解为什么生态修复工作能够成为管理这样一块珍贵土地的方式（请参阅第 1 章）。尽管有些人说我在这本书中的观点更偏向哲学，但其实理论和实践的部分也有明显的体现。哲学家倾向于概括和创建大众化的理论，而人类学家则强调描述和具体观察。当我努力试图通过这两种对立的视角来理解世界并理解修复工作时，我发现了两者结合起来的方法。哲学赋予了我勇气，让我有勇气甄别那些不同类型的修复过程，并引导我驶离概念化和实践化的浅滩。人类学增强了我消化我们所理解的内容以及隐含在更深层次内容的能力，使我能理解文化表达的多样性、特殊性、重要性，以及在修复工程中存在的帝国主义思想风险。

在这本书中，有一个我没有详细阐述却引发越来越多关注的问题，就是修复者理解修复过程中文化多样性的能力。我曾试图脱离典型的北美人视角来扩展我对于全世界范围内修复工程的理解，但是我的努力只是断断续续的，并不充分。这本书中包含着一种明显北美人所特有的偏见。我还有很多工作需要去做，才能将各个不同文化对修复工程的理解整合起来，而非仅仅从北美人的视角来看待修复工程。我们常常倾向于反对经济全球化，因为经济全球化导致地方多样性的缺失。然而，我们却支持某种实践的全球化，例如生态修复工程。真正的挑战在于人类学家常常绞尽脑汁琢磨如何站在他人的立场上解释他人的信仰。随着时间的推移，生态修复工程在北美洲初步确立了其专业化的身份，在写这本书的同时，生态修复协会百分之九十的成员都居住在美国或加拿大。针对生态修复的意义，大家展开了许多尖锐的辩论，比如北美洲的成员和欧洲的成员之间的辩论，但是与各个地区的生态修复践行者们将面临的文化差异相比，这些辩论不值一提。抛开这些文化差异而言，一些人认为生态修复工程的扩大是一项挑战，这也正是问题的焦点所在。在美国开展的生态修复工程能够提供太多的益处，包括技术支持、践行者们的经验以及科学知识，等等。但是，一旦离开了法律和习俗的特殊范围，这些要素就会土崩瓦解。一名美国修复学家所理解的修复工程，关乎自然或荒野，这与一名苏格兰修复学家在一个具有千年历史的文化景观上工作的理解截然不同，也与致力于研究新型复杂的制度需求和资源缺乏问题的东欧修复团队的理解不同，更与农业生态系统的任何践行者的理解截然相反。在这种情况下，文化实践与生态进程同等重要。我们如何定义生态修复，我们如何用自己的方式来实施生态修复，这些因素决定了生态修复将会成为一种包容性的实践还是一种排他性的实践。我们可能在缺乏广泛共识的前提下开展修复工程，这种风险是相当大的，然而，这将构成生态主义的另一个新篇章。我希望这本书中所呈现的模式能够抑制这一趋势，并帮助人们构建一种更具包容性且更适于区域特征的修复途径。

全书概要

　　第 1 章是在五年前我的主要居住地贾斯珀国家公园完成的。这个大规模的（面积超过 10 000 平方千米）国家公园跨越了两个省份，不列颠哥伦比亚省和亚伯达省，位于美国和加拿大边界线以北几百千米的地方，它与更具魅力的班夫国家公园是紧紧相邻的（请参阅图 1.1 上的地图）。这里所讨论的问题对于每一个在北美洲西部山区和全世界各个山区从事保护区工作的人来说都是非常熟悉的：参观的人数快速增长，保护区附近开采资源的活动不断加剧，几十年的管理工作所保存的大量森林成为可燃物，一旦出现明火，这些可燃物将一触即燃。贾斯珀国家公园是野生环境的标志性代表，每当我提到这里的生态修复时，听众就会皱起眉头。无可避免，人们会问在这样一个原始的环境下怎么会需要实施修复工程呢？首先，我要说的是，贾斯珀国家公园的许多部分都是人造景观，几百年甚至几千年以来承受了大量的人类活动。接着，我分解了荒野这一概念，它仅仅反映了我们关于自然的文化价值观，而并不一定是指土地上存在的真实事物。荒野这个概念是我们理解自然的一个过滤器。这些问题结合在一起，给生态修复学家带来了一个巨大的挑战，比如说，在设定合理目标的过程中，历史扮演了什么样的角色，或对于一个人们认为相对来说未被破坏的地方而言，多大程度的干预是合适的。1995 年，在我开始针对贾斯珀国家公园记录笔记时，我突然意识到这正是我们在生态修复领域所面临挑战的一个典型例子。我对生态修复的叙述正是围绕这个故事构建起来的。我开始怀疑，一个不断发展的人造文化是如何影响我们对野生环境的欣赏和赞叹的，就像迪士尼荒野度假村这类主题环境的文化。

因此，在第 1 章中，我让贾斯珀国家公园与迪士尼荒野度假村来了一场面对面的邂逅。

我写这本书是为了吸引那些刚接触生态修复理论与实践的读者，同时这本书也是为了那些想要获得一些理论方向，以解释修复工程向技术文化浅滩偏移的修复践行者们而写的，这种偏移从某些方面来说不得不让人感到担忧。第 2 章和第 3 章在两个方面发挥作用。这两章可以放在一起阅读，作为对生态修复理论和实践的介绍。第 2 章简短地说明了三个例子：位于佛罗里达中部的基西米河的修复工程，有人将其当作第一个大型的修复工程，尽管这一说法存在争议；位于斯洛伐克共和国的摩拉瓦河修复工程，这个修复工程是针对一块文化景观进行治理；最后一个是位于滑铁卢大学的罗伯特·斯塔伯德·多尼公园修复工程，尽管从许多常规角度来看，这一项目并不能算作修复工程。这些例子扩展了我们对于修复的定义，对生态修复实践进行了具有历史性的、更广泛的叙述。第 3 章则是对生态修复工作下定义，这无疑是在蹚浑水，因为我要对过去 20 年中所形成的多种多样的定义进行整理，包括生态修复协会所给出的定义。这两章除了描述性的内容，还详细地对生态修复进行了论证。在第 3 章结尾处我提议，当我们对各种关于生态修复的常规叙述进行总结之后，我们可以用两个主要概念进行概括：生态完整性和历史保真度，问题关键在于这一核心概念的论据是否充分。

在写作这本书的过程中，尤其是最后一年，史实性主题（有历史真实性）变得非常突出，从几张照片到一个小节，最后到完整的章节。我听着人们描述他们所从事的修复工作，却从不提及历史。我越来越担心人为的浪潮将卷走传统生态修复阵地，并使其失去史实性。这是给修复实践打预防针，以预防虚拟所产生的问题，因为虚拟现实似乎让历史真相变得越来越无关紧要，同时这也是对历史、对修复理论、对修复实践工作的重要性及其产生的原因获得清晰认识的方式。在第 4 章里，我着重讨论了史实性。在修复领域，如果不对参照条件（有时是生态条件，有时是整个生态系统）的意义和重要性进行审查，任何相关的讨论都是无法进行的，因为这才是我们用于设定目标和衡量我们成功（失败）的参照条件。

生态修复正开始崭露头角，因为它是对环境恶化问题所作出的回应，给我们带来了希望。与常规的环境模式相比，生态修复工程被认为是另一种"双赢"的方案，生态修复工程是由政府代理机构、大型公司以及更传统的草根阶层所发起的。比如说，在佛罗里达中部地区所发起的基西米河修复工程是一次具有纪念意义的尝试，这既是一项卓著的科学技术成果，也是一项政策伟绩，同时也是先驱者的探索。"生态（或环境）修复"一词在报纸、杂志文章中以及电视新闻中出现的频率越来越高，这个术语成为一个好的标志。通常而言，这些故事是让人欣喜的，是关于一个专家和志愿者所组成的小团队致力于纠正错误所采取的实践行动，比如对鱼类的运动和水质具有破坏性的大坝被拆掉，本土生长的植物取代了茂盛的外来植物，草原再次繁茂，原来停滞不动的湖泊再次开始流动。更具重要意义的是，修复工程开始成为对我们与自然界的事物之间关系的一种新型暗喻：与保守主义模式相对应，我们正处于一种修复性的模式中。因此，我们不仅见证了环境管理实践发生变化的重要意义，同时我们也见证了以修复为主题的文化意识形态繁荣转变。那我为什么还忧心忡忡呢？

人们对修复工程的担忧源于几个方面。有人担忧修复活动可能取代人们对环境保护的关注，还有人担忧既然我们能够重建生态系统，那么我们就会最终完全摧毁整个生态系统。我认为这是一种具有实质性意义的担忧，但是这并未触及问题的核心。还有人担忧我们对于修复工程的信心被夸大了，我们并不能像预期的那样修复被损坏的生态系统。我认为这一点非常值得注意，但是这是一项技术性的问题，需要进行仔细研究。此外，对于修复工程而言，真正的成功指的是那些具有广泛影响的成功修复案例。

我建议通过两种方式来思考生态修复工程：技术修复和焦点修复。技术修复有盖过焦点修复的倾向。其最具危害性的表现就是对现实的忽视，这一点在迪士尼荒野度假村以及其他许多标志性的人造景观中有着清楚的体现。焦点修复被看作微弱的、灌溉不足的本土植物，这种植物正面临着外来物种的入侵。我们的日常生活局限于一系列特征鲜明的技术模式，以这些技术模式为生产条件，这些条件日益丰富。我们生活的世界被赋予越来越多的商品属性，而非区域性。它带来的结果就是事物性质的转变，比如生态系统的转变，以及实践的转变，又比如生态修复变成与社会和自然进程相分离的商品。这是第5章所讨论的中心点。起初我们并不觉得这种模式有什么大不了，但到最后，才发现这点是最让人震惊的。

在第6章中，焦点修复被喻为技术修复的解毒剂，或者至少是一种预防性的选择。

我们能够为集中实践腾出一片空间，并继续将其作为修复工程的整体锚固点。技术修复和焦点修复二者相结合是必然的。这两种方法不应相互排斥。在修复工程中注入科学严谨性和逻辑清晰性是必要的。我们需要更多更好的科学知识才能理解杂草入侵行为、种子的存活、连续性的路径、长期的持续性等过程。与之相反，技术修复需要大众的广泛参与，才能确保宏伟的工程取得成功。我呼吁将这两种差异很大的途径结合在一起。当然，这种解决方案的微妙之处取决于焦点修复的能量。

对于大多数修复者、生态学家和环境学家而言，"设计自然"这一概念就是一个诅咒。它意味着人们有能力按照自己的目的来扭曲自然界。这本书书名的目的是切入两个方面。一方面是详述显而易见的内容：生态修复工程是对生态系统有意识进行操纵，即按照我们自身的价值观或我们所认为的生态系统应当重视的价值进行操控。另一方面，"设计"意味着有一个主要的计划，一个用于改写关于自然书籍的大纲。这很明显是一种技术性的途径，正常情况下我们不喜欢这一理念。

本书的书名反映出两位重要思想家的思想。首先，伊恩·麦克哈格（Ian McHarg）于 1967 年所出版的《自然的设计》一书，对于许多寻求一种工作和规划方式并且认真对待生态学的人而言是一块试金石。麦克哈格不是第一位在规划和设计领域提倡生态思维的人，但是他赋予了其最专业和大众化的表述。其次，我非常推崇历史学家戴维·诺布尔（David Noble）所做的工作，他所写的书《设计美国：科学、技术和公司资本主义的崛起》迫使我对美国的生产过程和技术变革特征进行了深刻的重新思考（他现在居住在加拿大）。诺布尔是在我研究生阶段给予我启发的作者之一，他促使我重新思考技术在当代生活中所扮演的角色和意义，并促使我最终从技术的角度理解了生态修复这一概念。

在第 7 章中，我认为对"设计"一词的最好注解，是指根据常见的、经过仔细讨论的观点所实施的创造性干预。好的设计可通过文化规范、自然（这里是指生态）实现和充满想象力的实施得以保证。一些项目经受了时间的考验成为范例，比如威斯康星大学的柯蒂斯草原项目，以及芝加哥郊区的麦迪逊植物园和北支草原项目，这两个工程都仍在进行中。而至于其他的工程，我认为也正在加入这种范式中，主要是因为融合了创造性的视角、明确的意图以及有力的执行这几种要素。弗雷德里克·劳·奥姆斯特德（Frederic Law Olmsted）在 19 世纪对位于布鲁克林的展望公园核心区域所做的设计也很有可能经受住时间的考验，这些设计对过去的生态和文化模式，以及进程表现出足够的尊重，奥姆斯特德的设计也对生态系统潜在的特征表达了尊重。

在生态修复领域，"设计"所切入的另一个方向与其说是将人类的能动性隐藏在生态观判断的坚壁之下，不如说"设计"承认修复工程始终都是关于人类对自然过程所实施的行为。"设计"是关于意图性的。因此，意图（或被我称之为"荒野设计"）成为生态修复工程的第四个核心概念，与生态完整性、历史保真度和集中实践三个概念相提并论。承认生态修复是一项反映现实的设计实践工作，这是对它的客观认可。因为责任，我们在修复工程的行动中必须认真对待"设计"这一概念，这是有望实现的。在理想的情况下，设计将增强我们为实现繁荣的生态系统而投入的精力，而非减少我们的投入。最后，我敦促大家一起来共同维护修复工程，并将其作为一种有良好发展势头的活动，这种活动不仅能够反映生态多样性和丰富性，而且能够反映出文化的宽度和变化。

闯入厨房的熊

1996年7月，一个特别炎热的下午，一只黑熊从帕里萨德中心研究所的后门闯了进来。当实地考察队的两名成员开完研讨会从另一幢建筑中回到研究所时，遇上了这只熊，它正在前厅大口咀嚼着一包适合成年犬的低盐狗粮，双方都很吃惊。只有贾斯珀国家公园看守人（相当于美国公园里的巡逻员）灵巧的手才能使这只熊安静下来，但是又不能残忍地将这只熊驱赶到丛林中。这只八岁大的黄棕色母熊被装入一个特殊的运输箱中，运送到落基山的北部山脉，那里离我们的故事发生地点隔着好几条天然水系。几个月后，在十月初的某天，这只狗熊又回到了贾斯珀镇。对于任何生物而言，这都是一次艰辛的旅程，并且它在保护良好的社区废弃物中找到了一些勉强可以食用的东西[1]。最终它被公园里的动物控制专家猎杀了，这是一种"两害相权取其轻"的政策。对人类安全所构成的风险超过了让一只驯化的熊留在公园中的风险。

在初次遇到这只熊的前两个月中，我们几乎没有注意到它的存在，而它却在我们四周侦查，这是许多熊都要做的事情。研究所是20世纪30年代A.C.威尔比（A.C. Wilby）建造的，A.C.威尔比是研究所的第二任主人，现在研究所成了帕里萨德中心。威尔比是来自英国的富有绅士，从原来的所有人刘易斯·斯威夫特（Lewis Swift）手中购得了这个农庄，并将面积约为158英亩（64公顷）的农场改造成为了类似于庄园的形式。他扩建并加固建筑物，在四周筑起了高高的栅栏，还有一个温室，用于满足自己对园艺的兴趣爱好。即使在他去世后多年，这片庄园几经易手几经变更，威尔比绅士风度的标志仍然十分明显。比如说，这些三角形形状的土地曾经是用于耕种的田地，而今，精心制作的岩墙从茂密的树林中探出头来，独特的栽培植物在野草和当地植物中非常醒目。凯西·卡尔弗

（Kathy Calver）和戴尔·波特曼（Dale Portmann）都是贾斯珀国家公园里的巡逻员，之前曾是研究所的承租人，他们花了大量时间打理这座花园，这就是为什么我们至今还能领略到这个花园在半个世纪以前的模样。

我们把外面一块修整过的草坪称为南草坪，里面生长着大量的蒲公英，这对于熊而言是一种美食。这些熊穿过我们的草坪似乎不仅是为了寻找可以吃的绿色植物，它们也把这当作一条从东到西的捷径。一个夏天的傍晚，珍妮·雷姆图拉（Jeanine Rhemtulla），实地考察队的一位生态学家，漫步到距离研究所一步之遥、荒废的马围场附近，她一边漫步一边思考。这时有三只灰熊正在古旧的畜栏内吃草，其中一只是母熊，另外两只是两岁大的幼熊。珍妮与熊之间保持着大约五十码（约50米）的距离，她观察着熊，而熊并未注意到她，她观察了十五分钟，而丝毫未感到害怕[2]。对于那个夏天而言，这是一次典型的人熊相遇的经历。从六月到七月，我们陆续发现了三十多只熊，其中只有一只熊曾停止咀嚼食物，朝着研究所的方向吸了一口气，然后继续走到下一块进食地。在大多数情况下，人类有意发出的关门声或口哨声，就会把熊吓走。

但是有一只黄棕色的熊并非如此。在一个黄昏的傍晚，这只熊从草坪边缘的灌木丛中露出了头，我第一眼看到它时差点看错：这是一只灰熊吗（还是我看错了）？第二天早上，它多次试图闯入研究所中，很显然是闻着餐桌上的香味而来的。它这种直率的行为是很不寻常的，当时我们八个人都在研究所工作，我们开始变得不安。后来我们制造噪声和使用橡皮弹来驱赶这只熊。我们尝试了三种防御措施后，却发现这只熊已经不顾一切地开始吃起狗粮来了。

我们对于这次遭遇的反应是复杂的，各种观点的争论持续了多日。韦斯·布拉德福德（Wes Bradford）是富有经验的公园巡逻员，负责控制动物，他注意到这是第一次有这只熊的记录。通过公路和小道边数不清的标记，他了解公园中出没的大多数熊。他认为这只熊是从公园附近的地区闯进来的，在这些地区，动物对人类活动的熟悉程度更高。苏珊·巴里（Suzanne Barley）是一位湿地生物学家，那天下午参加了研讨会，最近，她又成了班夫国家公园（贾斯珀国家公园的姐妹园，位于贾斯珀国家公园的南部，与其紧紧相邻）现状与未来前景咨询委员会的成员，也就是班夫-弓谷研究的研究员，她生气地评论道，这对于野生生物而言，是又一次悲剧的经历，因为这只熊的偶然经历却被判了"死刑"，那就是大门后的狗粮在等待着它。她的观点很直率，正是因为我们的出现以及我们的行为给这只熊判了死刑。作为研究项目的主管，我立刻开始为自己辩护，作出了大量解释，并强调说为了保持研究所的清洁我们是多么小心，并且再次陈述了有那么多的熊进入研究所范围，却从未出现任何意外。

这次经历使我们研究组的成员非常吃惊。那是1996年，一个为期三年的跨学科研究项目开始的第一年，这个项目研究的目的是弄清并绘制在贾斯珀山区生态系统中人类活动与生态进程之间的关系图（请参阅图1.1）[3]。按照计划，我们的工作是协助公园的修复工程以及为管理作出决策。我强烈地意识到人类的活动在土地上留下了大量的印迹，而现在，在刚才提到的完全出乎意料的事件发生之后，我们开始怀疑我们的认识了。野生事物已经渗透到了人类空间，从字面上看就是：闯入厨房的熊。这是我们的错吗？我们是否尽了最大努力来避免这种事件的发生呢？之前住在研究所中的人是否曾遭遇这种事情呢？这是一次偶然事件吗？这是一只驯化的熊，还是一只从贫瘠的浆果地中逃离出来的饥饿熊呢？失去一只棕熊是否是一个可接受的损失呢？结果可接受的原因是因为公园中长期有人的存在？我们对累积效应了解多少呢？失去多少只熊是我们可接受的呢？这只熊的行为是因为失去某个栖息地而产生的后果吗？或是这只熊的行为被放大了吗？有没有一种方式能够修复公园中的客观条件，从而减少这类事件的发生？我们能够做些什么来改善人类特有的活动呢？有没有一种方式能够恢复人类的实践和信仰，实际上也就是文化，从而使人类与熊的共存成为可能呢？总而言之，这次经历是意外还是注定会发生的呢？

这些问题是在某一刻突然迸发出来的，也就是在野生（熊）与驯化（人）相碰撞那一瞬间迸发出来的。这个简单的二元论掩盖了公共土地管理所具有的让人困惑的复杂性。如果公园，尤其是享誉国际的大型国家公园，比如贾斯珀国家公园，其目的是提升荒野环境质量，那么对于上述问题，答案非常简单：在任何人与野生动物可能相遇的地方，都应禁止人的进入，但是这个答案是具有欺骗性的。这种不干涉的解决方法所具有的吸引力主要源于几点。首先，它符合我们对于荒野所持有的传统观念：荒野就是没有人烟的地方；其次，我们忽略了一些本应被当作荒野的区域，这使得不惜一切代价保护这些区域显得非常合理而且非常重要；第三，在一个人造植物不断增长的时代，当我们打造并呈现（或代表）自然时，我们带着怀旧情绪怀念真正的荒野。此外，由本地居民、激进分子、科学家和公园管理员组成的团队不断壮大，他们呼吁让人远离荒野，或者至少大幅度减少进入特定荒野区域的人数。有人建议，"提倡生物多样性的捍卫者提倡将国家公园和其他未修路的区域变成保护遗产，这是大面积扩大'辽阔而粗犷的荒野'保护区的出发点，并非为了人类朝圣的娱乐需求、审美需求或精神享受，而是作为从进化角度来说可存活的非人类物种的栖息地"[4]。这种保护主义者的激进运动与恢复荒野的项目相结合，如"荒野工程"中的大陆项目，用于修复核心区域，扩大或创建缓冲带，建立连接关键区域的走廊[5]。如果一切按照计划进行的话，贾斯珀国家公园将会成为连续的保护链中牢固的一环，这个保护链从黄石国家公园（美国）一直绵延到育空河（加拿大）。

与我一起参与贾斯珀地区文化、生态和修复工程的人们都理解这块土地的不确定性以及其珍贵的特质。对于我们而言，生物多样性和生态完整性是核心概念。同时，从荒野是一个人迹罕至、非常遥远的地方这个定义来讲，我们怀疑贾斯珀国家公园在多大程度上还能被称为"荒野"；我们在帕里萨德中心见到了修剪过的草坪、优雅的建筑物和蒲公英。此外，荒野这个概念模糊了，甚至有时抹去了文化和人类存在的意义，或者正如项目合作者伊恩·麦克拉伦（Ian MacLaren）所指出的那样："公园并非是逃离日常生活的避难所，它和人行道、经过化学处理的草坪以及我们市中心的前院和后院中的植物一样。它们映射出我们自身的样子。荒野就是我们自己。"[6]在管理国家公园和受严格保护区域的过程中，我们追求的不再是古老狭隘意义上的"荒野"，而是鼓励人与自然进程之间建立起可测量的、相互尊重的、保持守旧关系的地方。这与"公园就是为人类服务的"这种理论完全不是一回事。相反，这种观念推动我们重新思考人类对所谓的荒野所产生的影响，以及如何确定被圈禁的自然[7]和游客人数过多两者之间的平衡。在贾斯珀国家公园，人类存在的痕迹、历史和当代的印迹比我们所看到的要多得多。当然，问题在于如何让这样一种关于荒野的思考方式具有可操作性。生态修复是一种可行的途径吗？

修复土地——也就是说，通过将一块土地恢复到预先确定的历史上的某个时间点，从

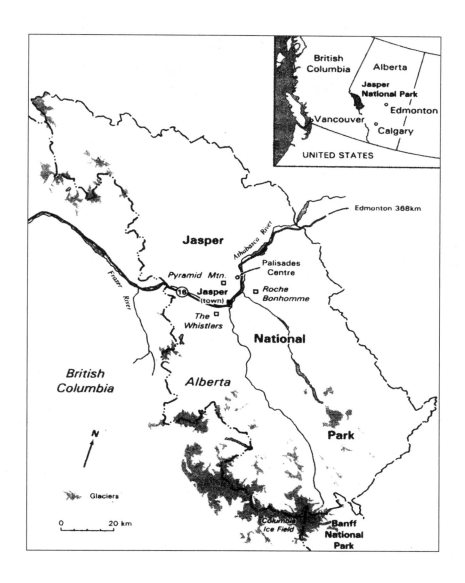

图 1.1
贾斯珀国家公园地图

而解决因人类疏忽或无心的行为所造成的破坏，这意味着将人类活动联系在一起。这样一来，我们改变了对于荒野这一概念的理解。但是这个目标是充分、百分之百正确吗？除了模仿过去的人类活动以外，我们是否还应该采取更多行动？对于"修复荒野"这一概念，如果仅仅停留在形式上的话，那么这一概念体现在设计历史主题公园中，就是公园中布满早已被遗忘的树丛复制品、合理布局的草地、沿着古老的河道流动的水以及温顺的土著居民。这样的行为与对荒野的理解是背道而驰的，就如迪士尼荒野度假村（位于佛罗里达州的奥兰多）。同时，这一概念进一步强化了对荒野持不干涉态度的观点，同时又无意中加剧了对荒野的消耗。

这一章主要集中讨论两处荒野，一个是自称为野生区域，并占据业内主导地位的贾斯珀国家公园，另一个是看似弄清楚了人类对荒野理解的迪士尼荒野度假村。我们从这两个地方所领悟到的是盛行于北美文化中关于荒野的想法正在损害其标榜要代表的内容。

对于这两个荒野的典范，一个是自然景观，另一个是技术型景观，我们明确指出了生态修复学家所面临的挑战。在贾斯珀，"荒野就是人类未触及的自然"这一理念阻止人类对生态系统积极地进行管理，而人类的积极管理可能让贾斯珀恢复健康，姑且不论健康是如何定义的。在度假村，荒野被当作一种商品，一种在出售时会给自然区域管理带来问题的商品。

最大的挑战是定义"荒野"这个词，从普通视角看，就是确定"自然"一词的意义，这些定义应对有益的人类活动更加包容，要关注过去，还应过滤掉有隐患的、有破坏性的模式和活动。西蒙·沙玛（Simon Schama），著名的《地貌和记忆》一书的作者，声称我们对地貌的理解主要存在于记忆和想象中，因此需要仔细地思考文化历史和自然历史。书中提道："这并不是要否认我们所面临的生态困境，也没有否认需要修理和纠正这一状况的迫切性，实际上，我们是在思考，一系列新的虚构故事是否就是我们所开发出的治疗方案，而那些旧的故事呢？"[8] 历史对于修复学家而言很重要，而且应当是最重要的。我们追踪生态变更的类型，记录转变过程，与此同时，如果我们对于这些事情很敏感，那么对于地貌的观念所发生的变化也会感到欣慰。历史进程缓和了我们的野心抱负，偶尔还提供一些线索提醒我们如何与现在的地貌相处。那么修复就是关于找回信念和实践的，也是关于重获自然物理环境的工作。有些历史可能提供重要的线索，防止我们在探索如何修复和守护宝贵区域的道路上跌跌撞撞。从荒野的生态历史和文化历史中，我们能够学到很多重要的东西，使我们在将来的研究工作中受益匪浅。下面就让我们更详细地梳理那个炎热的夏日，那只熊进入的地方。

帕里萨德

帕里萨德中心是一个环境研究和教育机构，由加拿大公园管理局负责管理，帕里萨德中心位于阿萨巴斯卡山谷的东侧，那里有一块大约五亿年前因地壳断裂形成的巨大的石灰石岩壁[9]。大约在20世纪50年代，从离断壁一千米远的距离看去，也就是从我现在所在的帕里萨德中心办公室的窗口看去，就可以看到这个巨型断壁，但是现在这个断壁却被森林挡住了，1889年一场大火之后[10]，树木就开始在被火烧过的土地上生长。这个中心的东部与横贯北美大陆的加拿大国家双轨铁路线毗邻，不远处就是耶洛黑德高速公路，这是从东到西横贯加拿大南部的一条路线。作为公园中野生生物的聚居地，穿过国家公园部分的高速公路是双车道的，在经过公园东部边界之后，立即变为四车道。在一个清新的秋季早晨，我很早就醒来了，听到了公麋鹿发出的叫声，传达着它们的欲望。这是一天中唯一一段车流声未盖过公麋鹿叫声的时段。

1889年的那场大火后不久，来自俄亥俄州的刘易斯·斯威夫特于1895年来到帕里萨德，在现在的研究中心附近定居。他发现这个山谷温度适宜，许多北方的蔬菜和谷物都可以在这里种植。在不到十年的时间里，他的农庄就变成了西边更远处山区居民的补给品供应地。他与一位梅蒂族混血女人[11]结了婚，也就是苏泽特·查理福克斯（Suzette Chalifoux），1935年之前他们一直耕种着这片土地。斯威夫特刚搬到这个地区的时候，就在河流的沿岸和几个邻居经营着农庄。经营着两个农庄的莫伯利兄弟也是梅蒂族，他们是铁路勘察员沃尔特·莫伯利（Walter Moberly）[12]的后代。自从1811年1月8日大卫·汤普森（David Thompson）成功穿过阿萨巴斯卡河之后，莫伯利家族整个19世纪都在积极地从事着皮毛贸易，贸易就在这条山谷中进行。

哈德逊海湾公司下属的交易站散布于山谷两岸，这改变了贾斯珀地区19世纪的历史。关于阿萨巴斯卡山谷早期的居民，我们知之甚少，一部分原因是土著居民从未建立过永久性的聚居社区，另一部分原因是梅蒂族的血统复杂，因为皮毛贸易，他们与来自东部的克里族和易洛魁族联系紧密。还有一些零星证据表明这里曾经出现过印第安人帐篷和活动的踪迹，[13]印第安人宗教仪式旧址以及狩猎活动。相对而言，我们对于斯纳克印第安人知之甚少。通过少量关于这个族群的报告，我们认为这个族群是在与斯托尼土著人的竞争中被淘汰的。相比较而言，在这个区域所做的口述历史记载少之又少，但是已完成的研究工作表明，至少在19世纪，这个山谷中的社会活动是相当频繁的。安妮地区位于现在公园边界的东边。根据对公园附近民族语言学的研究，证明在阿萨巴斯卡山谷的上游，路人、猎人、居民及商人至少使用过四种语言：赛克维派克语、克里语、斯托尼语和克托纳克萨语。我们需要获取更多的考古学和古生态学证据才能帮助我们理解这个关键地区的史前状况，目前这些证据证明，在冰川时代之前（大约距今11 000年），[14]曾有人类居住，或者至少曾有人类使用过这片区域。比如在小型的区域研究中，有超过60个历史考古旧址和史前考古旧址，证明这里曾是文化、生态学和修复工程的中心。这个地区遍布人类存在的痕迹。

最近的研究显示，这个山谷中存在着粗放型的管理和传统集约管理的迹象，[15]唯一的直接证据是亨利·刘易斯（Henry Lewis）在20世纪70年代采集到的，刘易斯是我们的同事，同时也是土著居民用火情况方面的专家。随后，彼得·墨菲（Peter Murphy）于1980年拜访了爱德华·莫伯利（Edward Moberly）位于河谷入口处的家，墨菲是亚伯达大学的一名林学教授。莫伯利的报告称，"在春天里，人们所做的第一件事就是点火烧草地……这样一来，草就不再生长了，柳树之类的植物也不发芽了。人们烧的总是同一块地方，这块地方总是干干净净的。"[16]后来，在采访中，莫伯利讲了烧荒的一系列其他功能：控制野生羊群中疾病的传播、制成柴火、清理出一片区域便于行走、维护常规的捕猎区域等。根据这个直接证据和在贾斯珀西部[17]与东北部[18]地区所作的研究，我们认为，在相当长的时期内，阿萨巴斯卡山谷中的人们很有可能采用了多种不同的管理技术。我们推测，1817年，罗斯·考克斯（Ross Cox）越过阿萨巴斯卡河之后，就遇到了阿萨巴斯卡山谷中辽阔的牧场，这块牧场的形成不仅是由于野火造成的，还可能主要是人为的烧荒。"六月份的太阳是温和的,冬天里被雪覆盖的山峰都融化了,当太阳升到高耸的山峰之上时,就给热带草原、树林以及数不清的小溪镀上了一层金色的光辉,这些小溪最后都在阿萨巴斯卡河中汇集。"[19] 很少能够找到关于阿萨巴斯卡河上方山脉的正式研究记载。这使得对传统管理工作的认识变得异常困难。

关于贾斯珀地区的历史和史前状况,我们知之甚少。直到现在,学者、当地的历史学家以及公园里的工作人员才开始整合出一幅综合性的画面,很显然,这段空白产生的原因之一是 1910 年的土地回收运动。1907 年政府建立了主权森林保护区(后来成了贾斯珀国家公园),3 年后开始了土地回收运动,梅蒂族所占据的阿萨巴斯卡山谷上游地区被收回,从而导致丰富且具有连续性的口述历史几乎完全丢失。斯威夫特是一个白种人,他和家人最终获得了阿萨巴斯卡河沿岸的 158 英亩(约 64 公顷)土地的自由支配权。这是公园中唯一的一块自有土地。土地回收运动,以及梅蒂族与在 19 世纪定居此地之前就已存在的原住民社群之间缺少直接联系,这两个要素共同导致了文化的缺失。是什么促使了这场驱逐运动的发生?就贾斯珀地区而言,原因更为复杂,这涉及处在世纪之交的人们,尤其是生活在荒野的土著居民,对于荒野所持有的视角,以及对于人类扮演角色所持有的视角。梅蒂族居民被赶走,从而为"合适的"荒野腾出空间,但是同时也创造了更多商业活动的可能性和娱乐机会。无疑,我们会将这一运动添加到可悲又可耻的行动列表上,这是当时的加拿大政府对土著居民所犯下的罪孽,而且这让我们再次认识到种族主义和保持不妥协的自然景观形象往往是相辅相成的。至少我们应当表明一种谦逊的态度,这是因为我们认识到关于土地的概念总是在发生变化,一个世纪以后的人们又会如何看待我们现在的雄心抱负?[20]

梅蒂族被赶走之后,政府就开始了铁路开发工程,这也定义了 20 世纪人类利用山谷的特征。现在,到访贾斯珀的游客大多并不知道 1915 年以前,这里一共有两条完全独立的铁路线——加拿大北部铁路线和太平洋大干线——这两条铁路线都经过山谷。激烈的竞争使得铁路公司在加拿大境内的落基山脉沿线又建了一条跨越耶洛黑德通道的铁路线,这是一条海拔最低的穿山铁路。19 世纪 70 年代,桑福德·弗莱明(Sanford Fleming)大力推荐耶洛黑德铁路线,认为这是一条更好的通道。但是在 1885 年,由于加拿大铁路政策的复杂性，加拿大太平洋铁路线又向南延长了。到 20 世纪初期，在加拿大东部和西部之间建立连接所产生的商业优势越发凸显，这就推动了这两条横跨大陆的铁路线的开工。由于这两条铁路线之间的竞争非常激烈，现在只有一条铁路线保留了下来，这条铁路线成了穿过国家公园的耶洛黑德高速公路主要路段的路基。现在，被忽视而且几乎被完全遗忘的是这些大型的铁路修建工程所产生的生态影响。这个山谷被铁路线、桥梁、大坝、施工营地以及柴火塞得拥挤不堪，碎石被开采出来用于修建路基。山谷的生态系统被分成了两条狭长的地带。[21]

刘易斯·斯威夫特所拥有的 158 英亩（约 64 公顷）土地有着丰富的历史故事。最初的铁路设计方案是铁路线直接穿过他小屋的屋顶，1906 年，以及之后的 1908 年，斯威夫特两次拿枪赶走了铁路勘探员，最后这条铁路线不得不重新选址，整体略向东方偏移。从现代敏感性角度来看，斯威夫特似乎是铁路工程的受害者。实际上，他有着自己的野心，他的计划是充分利用这条新的交通线开发一个别墅项目，称之为"斯威夫特之家"，这个项目将坐落在他那块较好土地上。这个项目被设计成一个类似于现在的郊外社区，别墅紧紧相连。斯威夫特从查尔斯·海斯（Charles Hays）那里吸引来了资金支持，然后还从大干线铁路公司总裁那里吸引来了资金支持。然而，包括第一次世界大战爆发在内的多种因素对这个项目的开发产生了影响，最终导致其夭折，但是 1912 年海斯在泰坦尼克号上的不幸身亡对该项目造成了致命打击。斯威夫特最为人熟知的就是他那非常考究的具有重大意义的灌溉系统，这条灌溉系统将水从与他同名的斯威夫特小溪中引过来，流经山侧的一条水渠，最后使水汇集到现在的铁路轨道沿线的低洼地中。如此大规模的灌溉系统为我们提供了线索，证明灌溉系统是山谷农业成功的一个必备前提条件。

1935 年，这块地卖给了阿诺德·威尔比（Arnold Wilby），尽管威尔比不断尝试与公园管理人员沟通他在农业和园艺方面的理想，还是丧失了这块地原有的农庄功能。最后，威尔比在 20 世纪 30 年代和 40 年代建造了一个田庄和观光牧场，这些基础设施如今仍然保留着。1947 年威尔比去世后，这块土地被私下出售了，买家是戈登·贝力德（Gordon Bried），他于 1951 年将其买下。1962 年他又将这块地卖给了公园。尽管这块土地再次成为公有，并且不可能再次出售，但是公园中其他一些类似的土地最近则卖出了几百万美元的高价。

在过去大约一个世纪的时间里，集中开发程度最高且最具多样性的区域现在成了整个公园的研究焦点，利用这块地研究人类对土地所产生的长期影响，这极具讽刺意义。帕里萨德中心附近的带有私有制痕迹的 158 英亩（约 64 公顷）土地被现代技术修建的铁路线一分为二，上面散布着五代居民和考古学研究尚未揭示的许多其他生命的前居住地，这是贾斯珀地区生态的一个微观世界。这里曾经和其他地方一样非常独特，从某种程度上来说，也是公园中许多区域的典型代表，充满人类活动的痕迹。对于公园管理员和研究者而言，眼前的任务就是弄明白如何将这些文化历史和生态历史很好地纳入长期管理过程中，其挑战之一就在于重新研究理解荒野的新途径。这是我们在贾斯珀所获得的核心知识：生态系统的变更为生态修复工程带来了困惑，但是我们对于这些生态系统所持的文化理念也为生态修复工程带来了困惑。

身处"险境"的景观

那些最近游览过贾斯珀国家公园的人，或者居住在埃德蒙顿市附近的人，他们都知道公园正面临与日俱增的压力。公园的庞大规模已经超过了 4 000 平方英里（10 000 平方千米），只要游览和开发热潮保持在一定的阈值之下，那么将会对公园起到减压的作用。但是谁又知道这个阈值是多少呢？就像在人口密集地区的许多保护区一样，仍然持续存在一种三足鼎立的局面，有人寻求保护环境，有人寻求平衡发展，还有人追求无限的便利设施。这种紧张局势持续了一个多世纪仍然没有降温的迹象，这与建立加拿大国家公园的双重使命密切相关，与为子孙后代留下未受损害的生态系统并提高游客的感官享受程度相关，也与意识形态不同的群体之间的斗争相关。在今天，即使理论上解决了有利于生态保护的双重使命，发展的格局仍然没有发生实质性改变。

这个问题在班夫国家公园显得更为严重，该公园创建于 1885 年，位于贾斯珀国家公园的南部，是加拿大第一座国家公园。

人们把注意力都倾注在对班夫国家公园弓形山谷项目的研究上[22]，这是一个为期两年且耗资数百万美元的项目，项目的研究成果负责提供对未来管理的建议，正如其在 1996 年秋天所起的作用那样。一些其他的关注点都记录在国家地理杂志上的文章中，这些文章让人大开眼界。[23] 沿着加拿大和美国的落基山脉东部斜坡的那些公园和保护区，代表了人类行为所产生的梯度影响：那些管理蒙大拿州南部黄石国家公园的管理员承受的压力大于那些管理冰川的工作人员承受的压力。反过来讲，冰川已经遇到了一些问题，这些问题正北移到沃特顿国家公园和班夫国家公园。人们可以通过观察南部地区遇到的问题来预判贾斯珀国家公园未来将要面临的问题。[24]

贾斯珀国家公园与其他加拿大国家级、省级公园一起获得 UNESCO（联合国教科文组织）世界遗产称号。就像黄石公园和约塞米蒂国家公园那样，班夫国家公园和贾斯珀国家公园作为加拿大的代表为世人所熟悉。其自然特点引人注目，有哥伦比亚冰原、玛琳湖、路易丝湖、伯吉斯页岩、峡谷、瀑布、巨大的地质复杂性和功能完善的生态系统，还包括大型食肉动物，等等。相比贾斯珀国家公园，班夫国家公园的建立不仅是为了子孙后代保护这些自然特征，还为了带给人们美好的感官享受并促进有利可图的旅游业。多年来，前往班夫国家公园、路易丝湖和贾斯珀国家公园的唯一途径是火车。毫无疑问，建立在这些景区的大量酒店仍然归铁路公司所有。[25]20 世纪早期，这些国家公园是爱好冒险的旅行者们的兴趣点，他们想要探索这个国家更偏远的地区。现在这些公园是具有多样性的生态绿洲，公园联络各方势力抵抗工业、农业和资源开采作业的入侵。

这种不断扩展的做法，促使许许多多的人参与并保护生态完整性，就像保护贾斯珀国家公园一样。除了要面对各种管理工具，包括环境影响评估、生态管理范式、调查（社会和生物性）、限制性政策法规，焦头烂额的公园工作人员还要应对看似无休止的预算削减带来的冲击。显而易见，护栏的架设对自然规律有很大影响，这是一种故意的不干涉政策，使自然进程自主地去打造生态系统。正如大卫·格雷伯（David Graber）所指出的那样：

如今，管理国家公园的统一原则是，使原生态系统元素和过程延续。那就是保存所有本地物种；任由火、水、风、捕食和分解的自然现象发生，这也是生态系统进程；抵御外来物种；允许生态系统自身内部调节。作为一种管理政策，很难充分表达出其本意，但管理人员可以此为目标。[26]

但是，随着不断增加的游客数量，保持自然结构和进化进程是非常困难的。更严重的是，反对严格的自然监管政策最强有力的论据在于，一些生态系统对实施不适当的措施存在反弹效应。此外，自然调节模式忽视了或者并没有认识到人类行为对公园生态系统造成的影响。"自然"模式可能将人类包含进去，但人类的行为模式却是一直在改变的。

我前面描述了一些斯威夫特农业项目的变化，也就是现在的帕里萨德中心。除了高山地区，纵观贾斯珀国家公园中的整个阿萨巴斯卡山谷，人类活动影响的程度和强度相当惊人。大多数的人类活动都发生在"站在道路上看得见的地方"。[27] 参观贾斯珀国家公园的游客与我交流后，通常强调风景的雄伟和强大的荒野修复能力。他们一旦走上一个小山丘，这里是一个古堡的遗址，就能俯瞰整个山谷和城镇。在道路上，人们被森林景观所包围，但站在高处，就会有开阔的视野。一个拥有4 700人口的城镇，有着一个相当大的铁路广场，以及巨大的贾斯珀国家公园住宿酒店，酒店有一个18洞高尔夫球场，球场蔓延整个山谷（图1.2）。从这个角度讲，这些设施的建立增加了公园工作人员对所关心问题的紧迫感。阿萨巴斯卡山谷较窄，滩地有着极其丰富的山地生态系统。在这里，灰熊和狼群的数量日益减少，它们随时在为生存和争夺运动空间而战斗。公园中心的人类活动场所被视为害羞的食肉动物的禁区。人类和其他动物一样被吸引到温度适宜、便于开展活动且有着生物多样性的山谷里，这也毫不奇怪。

仔细观察道路以外的区域，尽管需要以研究者的眼光来发现这些痕迹，但人们很快就会发现很多人类活动的痕迹。最明显的人类活动痕迹莫过于交通运输走廊，包括已经废弃的、配套的和用于服务的交通设施。不太明显的痕迹要算石油、天然气管道以及沿着这些管道铺设的通信电缆了，它们在地面留下了细长的挖埋痕迹。我们还发现了旧的交通道路网络，以及两条铁路的痕迹，其中一条是现存的。同样，若人们在寻找人类活动痕迹，那么他们就会发现道路和铁路建设对阿萨巴斯卡河及附近湿地所造成的影响。在一些地方，耶洛黑德公路沿着堤坝修建，建设堤坝是为了使路线更直，但堤坝使得一些小湖从阿萨巴斯卡河水文系统中分割开来。托尔伯特湖就是个例子，没有人考虑过连接这个湖与阿萨巴

图 1.2

从古堡遗址观看到的贾斯珀镇

十几个低经调查站之一（大部分调查站位于山峰顶上）。上面的照片是 M. P. 布里奇兰（请参阅第 4 章）1915 年拍的，复拍（下图）是 1998 年在相同地点拍摄的（J. 雷姆图拉 和 E. 希格斯）。

设计自然：人、自然过程和生态修复
NATURE by DESIGN：PEOPLE, NATURAL PROCESS, and ECOLOGICAL RESTORATION

图 1.3

从梅花山看托尔伯特湖的景致

上方的合成照片是 M. P. 布里奇兰在 1915 年拍摄的（请参阅第 4 章），而复拍
的图片（下图）是 1999 年在相同地点拍的（J. 雷姆图拉 和 E. 希格斯）。

斯卡河的水流、洪水和其他因素（图 1.3）。湖的水平面上升了几英尺[*]，这与道路建设之前的水平面不同。为什么会不同呢？我们也不清楚为什么，因为在道路建设之前，我们也没有进行过研究调查。令人印象深刻的是由木头和石头建起来的护堤，这些护堤沿着斯纳英河绵延约 1.6 千米，用以防止洪水毁坏铁路桥梁。这样的人工活动给河滨植被和沙滩造成了显著的影响。鱼类放养活动更为普遍，但人类活动痕迹却不太明显。几十年来，外来鱼种和虹鳟鱼的数量在公园孵化区不断增加，并扩散至几十个湖泊。这些新生物种带来的影响是巨大的，多数情况下会造成水生生态系统结构的根本性转变。[28]20 世纪中叶以前，很多人都发现狩猎仍然是影响野生动物种群数量的重要因素。直到 20 世纪 50 年代后期，狩猎为主的局面才得以改观，相关机构向公园工作人员发布了一则通告，告知在野生动物管理中不能使用氰化物枪和其他形式的有毒物。[29]

　　人们经常谈到的人类影响环境的因素是灭火。在公园刚刚建成之后，因为其属于西部山区的其他司法管辖区，贾斯珀国家公园实施了禁火政策。火灾是对居住和基础设施最直接的威胁，且在以伐木作为经济支撑的地区，野火就意味着收入损失。贾斯珀国家公园的禁火政策主要针对上述关注事项而定，火灾也被认为是一种自然威胁。火灾对生活在荒野地区的人们的自主性和控制力构成挑战。通过减少火灾隐患的行动，有危害性的火灾减少了，我们现在不会允许大量的易燃材料出现在公园。就像一位公园管理者所说："我们面临的问题不是会不会出现大火，而是何时出现。" 第二次世界大战前，贾斯珀国家公园实施的禁火政策被公认为无效，这种看法多少有点荒谬。1889 年的大火席卷了整个山谷，只留很少一部分没被毁坏。灭火技术取得的成果显而易见：80 年内山地生态系统中未出现任何重大森林火灾。之前看起来像是由草原、森林和稀树草原装扮起来像被子一样的谷底，现在几乎成为一片绿树地毯（图 1.4）。珍妮·雷姆图拉进行了一项研究，比较 1915 年拍摄的图片和 1997 年即 82 年后她拍摄的同一地点的图片，显示出从早期至后期森林类型的惊人转变。森林蚕食草地的现象很明显，而草本和灌木覆盖率有所下降。人类活动已显著增加。最后，她所研究的区域变得更加同质化。[30]

　　其他影响类型呈现出相同模式，有时表现出明显的特征，有时特征变得很微妙，或者

---

[*]　1 英尺 =30.479 999 953 67 厘米。——编辑注

图 1.4
展示植被显著变化的对比图
由四张照片拼接而成的大画幅照片，分别由 M.P. 布里奇兰（上图）于 1915 年，以及 J. 雷姆图拉和 E. 希格斯于 1998 年（下图）拍摄。植被的变化尤其明显。

说非专业人士不易观察到，有时一些特征随着时间的流逝被抹掉。早期，为了获取建筑材料，在公园伐木是常见的。麋鹿和狼被捕杀灭绝后又重新引进，由于天敌的数量降低，麋鹿种群已飙升至历史新高，已经对人类安全和植被的完整性构成威胁，例如小的白杨树生存堪忧。1928 年以前，公园里一直在开采煤矿，为了道路的建设和养护，用于制造混凝土的粒料都从公园内部获取，且持续至今。

远道而来的游客会惊奇地发现，在公园中央坐落着一个功能齐全的小镇，那就是贾斯珀镇。镇上曾经居住着铁路员工和公园工作人员，而如今却是一个蓬勃发展的旅游产业基地。小城镇的舒适度和发展势头保持着很好的平衡。关于新设施的建议比比皆是，比如扩建滑雪场、高尔夫球场和酒店。到目前为止，因为严格的公园管理政策和较少的外部压力，才使得扩建未能实施。目前的情况很微妙，以至于任何小小的变化都会引起巨大的商业竞争，例如连接省电网（从而消除地方发电的限制），与高速公路对接，公园管理政策的变更，都将与班夫国家公园和稍南部的地区活动形成竞争关系。

接下来，我会按不同的活动和压力类别来说明人类活动对环境的影响。若我们考虑一个世纪工业发展的累积效应，会发现这是相当糟糕的现象。每个单一的变化通常都微不足道，但是随着时间的推移，这些小变化就一起构成了复杂且巨大的变化。例如，有些人认为贾斯珀国家公园正将或者已经无法保证被保护物或特殊物种的完整性，例如灰熊。研究证明，并不是单一的因素导致了灰熊的不稳定生存状态，而是一系列单一影响的共同作用所致。这就能解释，在贾斯珀国家公园中生活的灰熊的命运为什么将变得更加复杂。到目前为止，从政策或法律角度来看，进行累积影响评估的有效研究基本没有。这种情况是很多相似物种和生态系统都要面对的。

反常的地貌景观

假设人类干预是不可避免的，那造成的种种影响，迫使我们必须考虑长效管理措施。我第一次在班夫国家公园长期监管员克里夫·怀特（Cliff White）那里听到"反常的地貌景观"这种说法，他是灭火技术专家，他用"反常"来形容那些已经变化了很多的地区。[31] 反常是一种恰当的说法，它传达了非常规的意思，当然也很快让人想到常规一词。我们是否应按常规的方式来管理贾斯珀国家公园呢？人类活动能对野生国家公园带来积极的影响吗？

毫无疑问，贾斯珀国家公园的山地峡谷是反常的地貌景观。这是因为过去一个世纪，尤其是在过去几十年里，这里的变化速度相当快，远超正常的生态进程速度。需要全面了解人类活动影响的人才能够认识到这点。也不是所有的变化都表现为明显的"创伤"，例如荒地砂石坑。另外鱼类的放养，只有少数具有专业知识的游客能够打破养鱼文化的传统观念，意识到湖泊放养的重要性，并进一步意识到在很多湖泊底部，生活着很多生物体，与养殖之前观察到的完全不同。

人们发现了山谷里规模较小的淡淡痕迹，大多数是一些自给自足的农业（图1.5）。主要是居住在山谷的梅蒂斯人留下的，这类农业活动横跨两种文化：传统的原著居民活动以及欧美经济活动。[32] 是否可以将这种人类活动影响归类于与鱼类放养相同的性质呢？是否世纪之初的农业活动与随后更普遍的人类活动影响属于相同的类别？若不是一类的，那分界线又是什么呢？这种类似的分类问题可追溯到活跃的皮毛贸易时代（1810—1870）或更早，那时，人们已经使用山谷差不多11 000年之久。"有一种可怕的解释：公园里的一切都是人为修建的，而不存在真正的荒野环境。"无论这种解释是否合理，重视文化的作用至少是得到了另一种"荒野"的定义[33]。

记录下这些微妙的文化和生态变化，是很费精力且代价昂贵的工作，但也是唯一确定能长期开展的研究方式，避免一直停留在问答阶段。在所谓的荒野地区，人类活动的范围与数量都在不断扩大和增长，但至今都未确定的是：什么才算是景区内正常的人类活动。

一旦信息收集工作完成，接下来就是铺天盖地的评判。我们研究得越多，就会越明白贾斯珀国家公园的景观是几十年文化信仰和实际工作的共同结果：转变的管理理念、游览的类型和方式、国家级公园管理政策，同时期望使用和保护野生自然环境并存。

贾斯珀国家公园管理者希望采用一些新的管理措施，但以我的经验来看，他们并没

图 1.5

从埃斯普洛兰达山看到的阿萨巴斯卡山谷上游地区

插图显示了伊万·莫伯利（Ewan Moberly）家庭农庄的所在地，近期的照片中还能清晰地看见其中一片地。左边的图是 M. P. 布里奇兰于 1915 年拍摄的（请参阅第 4 章），复拍图像（右图）是于 1999 年在相同地点拍摄的（J. 雷姆图拉 和 E. 希格斯）。

有考虑清楚。对于公园上级主管部门和公众来说，最容易合理接受的考虑因素是对生态完整性的破坏方面，通常是从特殊物种数量的剧减来说明：例如灰熊或丑鸭。一些管理者出于职责所在，想纠正一些被证明是错误的做法：很难以让人们信服在山地景观中实施禁火政策是一项错误政策，而必须纠正这些行为。那些熟悉公关的人们被迫接受它的"异常"。他们无法容忍的是，一些"异常景观"是人们任性所为的结果，或是我们自己创造出的怪胎。总之，这些观点都趋向于修复："帮助已经退化、被破坏或摧毁生态系统的修复。"[34]

正如我们将在接下来的章节中所看到的，修复工程是一项复杂且有时令人厌烦的工作。就像修复被多年污垢覆盖的画一样，修复就是使一件物品尽可能还原到它原来的状态。在艺术和建筑修复领域不断涌现出各种方法来对对象进行最恰当的修复。例如，一座古老的建筑从它建造好后便经历了无数次变更，那么人们是想让它还原到过去的什么状态呢？[35] 将其与生态系统作类比是不准确的，其中一个重要原因就是：生态系统是动态的。从任何层面上讲，生态系统都是没有原始状态的，我们不能按特定的时间点修复。这就把我们带回到原来的"正常"话题：在动态景观概念中，"正常"是否是有益的呢？应该把"正常"当作我们设定目标的基础吗？

我们以贾斯珀国家公园为例，由于景观的异常状态，管理者、专家和当地居民一起，希望制订一个计划，以便实现山地生态系统的长期修复和管理。例如，亨利家族地区的混合草地和森林。在这个不超过 100 英亩*的地区，有飞机跑道、工业废水坑、曾经频繁使用的废弃道路、历史悠久的铁路站点以及公园中的第一个控制燃烧的项目（始于 20 世纪 80 年代末）。若这些还不够，该地区附近还有跨国铁路和公路。那么修复的主要目标是什么呢？是不是说有一个时间点的设定会是不错的选择呢？例如，公园建成前，即 1906 年之前。一旦作出这个框架性决定，那就需要进行大量的历史生态研究，记录每个时间点的状态（例如，草地情况、森林覆盖率等），以及达到这些目标状态所采用的技术。当然，还需要作出权衡：是否有措施可减少公路和铁路造成的影响？弃用飞机跑道是否可行？这种方法存在一个明显问题：它需要定期管理，以使得生态环境在很小的波动范围内变化，否则人们只是在徒劳。此外，还需要仔细监测，需要频繁、低强度的烧荒等措施以维持先

---

* 　1 英亩 = 4 046.856 422 4 平方米。——编辑注

前周期的状态。当然，将1906年作为界线可能并不是最好的选择，因为在20世纪，定居和皮毛贸易活动已经对植被和野生动物造成了显著影响。将这些人为做法重新在山谷中开展是否合适呢？即使合适，那么有人愿意这样做吗？

以生态进程为导向的修复方法呼吁修复景观的主导性进程，因为这些进程在景观异常之前就可能已经存在，并且还需要使用较精确的时间精度。例如，我们能够计算整个景区范围内的火烧轮回期，火是关键的因素。根据大致的历史周期，确保森林大火的燃烧或按规定防火，这项选择很受欢迎，因为它避免了结构性方法的误区。但是，这种方法也存在一些严重缺陷。在无法确定是否会使景区受益的情况下，我们是否要冒着对景区施加更多影响的风险，不管谁将受益，也不管景区的未来？严格意义上，修复至过去的某种状态或动态状态是否是明智的干预？我将在第2章给出术语和定义。

人们倡导对贾斯珀国家公园进行修复，实际上是倡导修复所谓的荒野地区，他们面临着当代的两大挑战。首先，怎么才能有效地将无数特有的、需要注意的事项联系起来，以便打造一个整体景观，从而使其只受自然控制（无论怎么去定义自然），而不遭受人类管理所带来的影响？若某一生态系统或生态园按照建立公园之前的标准进行修复，而另一个则按照进化进程需注意的事项要求进行修复，那么这两个项目会不会不统一呢？从更广泛的景区范围上来考虑，需要调和不同地点的关系。假设我们希望将修复工作不限制在一个国家公园，那么可以促使毗邻景区的连同修复。目前，最好的方法是跨区域工作，或者至少确保某项工作的定位与各种区域相协调。

第二个挑战就是如何使人类活动能在修复计划中有效发挥作用。这包含找到适当的方法来研究敏感的环境史，让自然科学家和社会科学家之间形成紧密联系。在人类活动过程中，所采用的工作思想是：或许荒野的概念并不与人类行为相悖，而应将其看成以一种自然的方式与人类更好地相处，就如生态学家丹尼尔·博金（Daniel Botkin）所描述的状态："对大自然的新认识。" [36]

修复是一种概念还是针对一个区域？

那些被视为真正关心荒野公园建设的人们，包括公园护理员、维护人员、翻译人员、研究员、高级管理员以及政治家，他们也无法在保持公众对野生环境、自然和公园的既有观点情况下，去做关于修复生态完整性的相关决定。这时公园的作用就变得很重要，它保护了那些若失去保护政策就会消亡物种的栖息地和生态社区。尽管我们也知道，善意的管理举措也会带来一系列其他"非自然景观"，这种"非自然景观"无法为脆弱的生态系统提供适当的环境，也无法使稀有的自然景观繁荣发展。

一分为二来看，保护规则的实施保护了公园内的自然环境，但剥夺了其他地区的自然环境。若接受这种二分法，人们就能享受保护地区的荒野景观，并通过现金捐赠支持公园建设，同时人们又以破坏生态完整性的方式生活。这种做法的结果就是，早晚会出现一个被忽视的由工业活动所包围、野生环境濒危、高度设防的孤岛。

要修复某样东西就意味着要考虑那件东西的本质和意义。这或许就是生态修复的崇高价值，一种采取正确措施的深度方式。修复较大景区的生态系统或生态进程，就需要有明确的目标：我们追求的是什么？我们能起到多大的作用？通过了解过去，能够帮助我们减轻这些问题带来的困扰。理查德·怀特（Richard White）写道：

由于我们对国家公园的认识限于荒野和野生自然环境，因此这段历史对公园有深远影响。当然，公园保护了野生栖息地，甚至是被人类活动改变的一些荒野。但是，若公园的很多地方都被标有例如仅限印第安人使用，那么公园就不是野生的原始地区。他们一直是偶然的历史景观。此外，自从公园设立以来，可以通过各种印第安人的行为来看国家公园发生的变化：烧荒、狩猎和放牧。荒野也并没有被保存得像它出现时那样【我强调的重点】。[37]

创造性地结合科学和文化知识是设定适当目标的前提。掌握某个地方的发展历史是了解它的前提，了解它的历史就意味着能够谨慎地对待人类和生态系统问题。实现对生态系统设定的目标就要依赖于数值判断，无论我们如何通过科学精度来证明自己的判断。要确定贾斯珀国家公园的山谷中草地的适当覆盖率，就必须从历史角度了解该地区草地的分布情况，但还是存在一种可能，即原住民的放火作业创造并维持了特有的、不断变化的场景。要考虑的决定因素就是经济问题，即维护成本，以及确定游客愿意接受的变化程度。更困难的还是如何理解和管理未来的动荡不安情况。美国环境评论家斯蒂芬妮·米尔斯（Stephanie Mills）写道："考虑到糟糕的现实情况，全球变暖对植被造成的威胁使得植被的迁徙速度落后于威胁逼近的速度，并且修复成什么样子也不明确。"[38] 因此，设定目标将是个适应的过程。

我们看到了太多人类活动的影响，荒野的概念开始变得虚渺。在漫长而复杂的欧美文化价值的塑造下，我们对庞大的未受破坏荒野的主要印象都需要更新。对野生公园的修复既是还原一种概念，又是还原一个地方。当然，我们必须仔细考虑荒野是不是我们想要普及的概念。荒野既是一个构造性概念，也是一个真实的地方；按照文学理论家的说法，它既是能指，也是所指。迈克尔·索尔（Michael Soule）和加里·里瑟（Gary Lease）热衷于揭露他们认为令人反感的后现代主义趋势，将自然和荒野理解为一种自然现象。向自然改造栏目投稿的人表示，这种问题比学术理论出错还要复杂得多。[39] 有时候，真理必须建立在对荒野本质的认识上，在此基础上，我们呈现的一切都是真的。真理还应建立在构建理论上，将荒野简单地视为建筑。荒野是构建的，同时也是真实的，或者像华莱士·史蒂文斯（Wallace Stevens）所说的那样："没有什么是不存在的。"[40]

我在贾斯珀国家公园工作，那些岩石、地形、各种各样的光和无数无法描述的事物太吸引人了。但是我知道，由于早期生活在不列颠哥伦比亚省海拔较低的弗雷泽山谷，随后又去了人口稠密的安大略南部，在那里，自然总是被向往，荒野也是遥不可及的，所以在我眼里，这个公园是色彩丰富的。我的生活经验塑造了我对贾斯珀国家公园的看法，真正看到这个地方时，我怀疑我的看法了。但是，这也是我让它成为这样的。

在某种程度上，我们明显是通过已有经验来渲染我们的感知。我很好奇，那些驾驶电动车、吹着舒适的空调穿越贾斯珀国家公园和路易丝湖之间著名的冰原大道回家的人，他们看到了什么呢？看到那群野山羊舔着道路上撒的盐，不时地堵住公路，他们怎么想呢？驱车回家的旅客们会花时间感受室内难以察觉的声音和气味吗？他们会体会到吸引我来这偏僻地方的孤独和慰藉吗？朝着贾斯珀镇方向，沿着黄石公路行驶10英里（约16千米），就是贾斯珀国家公园度假村。这就像历史上乘着火车在加拿大旅游，使人们想起富裕的东方人和欧洲人乘火车前往富丽堂皇的豪华酒店。[41] 20世纪70年代，贾斯珀国家公园度假村升级为全年经营的度假村，装修随即进行。度假村拥有将近500间客房，酒店经理希望对度假村进行大型扩建的计划得到批准，从而更充分地使用目前公园中最大的租赁地。游客可以在此游泳，在设备齐全的18洞高尔夫球场打球（注意会有麋鹿），享用精美餐品，冬天来滑雪并享用顶级度假胜地的所有设施。针对高端领域，人们可以待在自配厨师的房间里，一晚上大约1500美元（含税）。在这里玩的人们对景区的看法是怎样的呢？

过去几年，与周边的人类学家相处使我习惯了文化相对主义的问题，并尽量避免评论那些我不认识的人们的经历。正如有些人更偏爱背着背包爬山远足的惬意，而不是房车，我尽量避免对这些选择进行评论。同时，我发现我对其他人在这个地方的经历知之甚少。[42]目前每年游客量是160万人次，据1999年的估计，游客量还将增加120万人，对于这些通过黄石公路穿过公园的游客来说，了解这些知识是至关重要的。[43]

本章开头讲了闯入厨房的熊的故事，动物的存在意味着很多事物都是相关联的。对于一些人来说，这是贾斯珀国家公园内人类活动造成的侵略性后果的又一个案例，而对于其他人来说，这意味着野生生物和家畜之间的斗争。本质主义和建构主义之间的斗争已经缠绕我们很长一段时期。以下是华兹华斯在18世纪末所写：

所以我仍然

热爱草原、树林、山峰，

一切从这绿色大地能见到的东西，

一切凭眼和耳所能感觉到的东西，

它们都像是被半创造（half create）的。

我高兴地发现：

在大自然和感觉的语言里，

我找到了最纯洁的思想支撑，心灵的保姆，

导师、心灵的守护者，我整个道德生命的灵魂。[44]

这种之于"半创造"（half create）的力量充斥着现代社会，并激发出了一种对根本性认识方面的模糊性，即我们对自然和荒野的认识是根据什么而确定的。我们知道有两种看似矛盾的事物认识的真理：即自然是本身存在的，我们无法创造它，而我们的认知形式使得自然成为我们所期望的那样。当华兹华斯创作上述文字时，主导性资本主义经济结构正在形成，工业化尚未成为最主要的生产方式，消费也还未成为卓越的社会思潮。20世纪下半叶的这段时间给我们呈现了更不安全的现实感，描述了在每个转折点我们认为真实的事物或许只是一种曲解，一种臆想，或者只是巧妙的映射。

在过去30年里（西欧则在更长时间内），北美文学研究、哲学、人类学、心理学、精神分析学、科学研究领域的学者已经将研究指向根据思维习惯创造和构建我们世界的过程。还有更加激进的观点，构建主义认为现实是可社会化协调的。本质主义（认为现实是给定的且可以立即把握的）和构建主义之间存在很大分歧，且这种分歧被整个学术界所知。离构建主义越近，就意味着现实以及某个地方可替代的有形经历（例如贾斯珀国家公园）几乎消散殆尽。当代经济实力可创建越来越多的虚拟休闲和工作，且这种人生观正开始弥漫于阿萨巴斯卡谷以及我们所真正重视的每个其他地方。

贾斯珀国家公园所承受的冲击比人们期望通过改变所达到的程度大得多。当我们认真对待信念和行动之间的关系时，最难理解的是，人们对于荒野固有的价值观正在改变。亚历山大·威尔逊（Alexander Wilson）是国际生态修复学会的启蒙思想家，他认为北美对自然的认识受制于汽车带来的流动性和居住地的变化，郊区生活的审美条件，优越的自然环境和户外教育的出现，电视和媒体节目，以及主题公园。[45] 这是很难研究和记载的事项，尤其是因为这些问题很大程度上无法通过定量分析来解决。

有一个地方能让我们开展关于人类对自然态度转变的研究，那就是迪士尼公司。毫无疑问，迪士尼通过电影和动漫电视节目，比任何其他机构更能改变我们对自然和荒野的认识，而且通常是在娱乐的过程中完成的。在21世纪初，迪士尼主导文化产业，这也是赛菲和我要研究迪士尼世界的荒野度假村的原因。一群迪士尼设计师在一起讨论决定什么样的文化价值能使人们（主要是美国人）联想到荒野，并通过主题酒店（建立在精心构造、反复思考基础上的设计）创造一个非常紧凑而壮观的荒野。更多人会通过迪士尼了解荒野，而不是通过所谓的荒野地区本身去了解。作为加拿大野生公园的代表，要修复贾斯珀国家公园中受损的生态系统，在某种程度上需要设定目标，并通过分配资源来实现目标。此外，设定目标或规定什么样的地方应该进行修复所需的量化指标都显示了日益程序化的荒野观。迪士尼的荒野度假村构成了另一种荒野，也是一种实用的荒野。

以荒野为主题的公园

迪士尼荒野度假村是一家四星级酒店，位于佛罗里达州奥兰多市娱乐日益繁荣的迪士尼世界中。迪士尼世界获得惊人成功的一个因素是酒店开发，迪士尼的酒店都有着特定的时间、地点、主题事件。它有13家成功的大型商务酒店，每家酒店都有鲜明的主题（例如佛罗里达州，让人想起过去的家庭时光）。荒野度假村的设计传达出一种居住在美国西部国家公园酒店（这是个了不起的壮举，它有700个房间，坐落在潮湿的佛罗里达州中部）的大气感觉。显然，这个项目的设计理念得到了迈克尔·艾斯纳（Michael Eisner，迪士尼首席执行官，他童年时期在阿迪朗达克体验户外生活）的强烈支持。[46] 这个度假村利用了美国人对荒野、简单的生活方式、边境以及土著美国人的信念。荒野化成了一个主题。

迪士尼打造的现实世界在迪士尼世界达到了极致状态，在几乎全由迪士尼拥有且管理的28 000英亩（约113平方千米）土地上，迪士尼公司打造了三个不同的主题公园，一个购物村和几个其他景区。迪士尼最新的自然主题项目启动于1998年，以动物保护和动物王国为特色，在此，游客可以通过游猎，在"自然"栖息地观察真正的"野生"动物。

这个度假村的广告是"不要只是停留，去探索吧！"这极其类似于过去几年里，国家和州政府为了宣传其地区的自然景观而设计的各种广告标语。

度假村以一种非常独特的方式融入迪士尼世界，远离明显的景区，在想要观赏的自然环境周围和吹响迪士号角之间横跨一条分界线，表明了在佛罗里达州沼泽中创建一片森林是一项多么充满想象力的工程。若没有迪士尼的管理和规划，荒野度假村在面对高曝光率的迪士尼世界所呈现的自然状态可能就不存在了。通过迪士尼世界，这种特殊的进化进程被自然化了。然而，迪士尼是通过强调度假村的一些故事元素，从而将度假村纳入这种发展中的。在此，通过物理或思想意识形式，迪士尼讲述了人类与荒野的斗争故事，人类控制边界的故事，度假村及其历史在迪士尼的理念中根深蒂固。

　　沿着行道树驱车将游客带离迪士尼世界的喧嚣，前往一个更宁静的地方。渐渐地，设计出来的元素使游客相信他们已经进入了一个新的境界。人们穿过一个神奇的大门（与通向贾斯珀国家公园度假村道路上的拱门很相似），树木变得更高，更多是针叶树；路标也从典型的金属支撑变成粗糙的杆。在度假村正门附近的中间地带有一些红木树。度假村看起来是用原木搭建的，顶部是多层的绿色房顶。身着公园护林员制服的服务员迎接游客的到来。

　　大堂远离永久性开放的巨大木门，玻璃滑门将佛罗里达州的室外湿热与室内的空调环境隔离开来。以下是詹妮弗·赛菲（Jennifer Cypher）进入大堂时所说的：

　　游客需要一点时间来适应室内的光线，光渗透进室内，就如穿过群山和森林一样。大堂很宽敞，七层的大楼，每层都有木质阳台包围着。四周巨大的条状原木支撑着房子，成捆的刻有动物雕像的原木直达木结构的屋顶。大堂的尽头是一个壁炉，它的烟囱是九层岩构成。两根图腾柱分别竖立在大堂两侧，一根几乎触及天花板，柱子上装饰着雕像和画像，这与在北美西北海岸看到的原著居民的雕刻很类似。房间周边的石头地板由粗糙的花岗岩制成，中心地板由经抛光的石头制成，地板镶嵌着纳瓦霍人和霍皮毯图案。铁质和拉伸的帐篷形灯夹悬挂在天花板上，铁制品描绘了原住民骑在马上追寻野牛的景象。[47]

　　酒店的精致细节值得特别关注。提供食物的咖啡屋采用了牛仔和印第安人的装饰风格，具有时尚的烹饪风格。礼品店专卖西部物品和环保游戏、玩具和纪念品。内部的客房也重复着这种主题。床罩像拼凑而成的被子，家具是传教士风格，而绘画精心挑选了 21 世纪初作品的副本，描绘了没有血腥的自然。壁炉呈现了大峡谷的地层情况，仅次于银泉溪的梦幻。小溪从酒店大堂的源头涌出来流向院外，从岩石上滴下来，流淌至度假村下方的湖中。（Old Faithful）180 英尺（约 55 米）高的火岩喷泉是整个水景部分的核心，喷泉每个整点喷一次。火岩喷泉比老实喷泉（Old Faithful，黄石国家公园的象征）更高、更稳定，火岩喷泉由一个隐藏的设备控制着。为了与迪士尼的"魔幻"主题相匹配，溪流里的岩石是由精心绘制的混凝土制成的，原木柱也不是真正的原木，而是用混凝土制成的仿真木头。这样做是为了达到视觉要求，并符合安全法规要求。在这里，鼓励游客们去发现最细微的细节。在巨大的壁炉（其作为美国西部地质学教学的一种体验，使得游客能够从阳台看到每一层）里，有一幅米老鼠轮廓的图像被刻在地质层中的一层上。这就是对荒野的改变。

度假村的介绍材料描绘了神秘的过去。银溪泉作为宣传资料分发给游客，向游客解释荒野度假村是如何保存其周围环境的美，传达了荒野公园的重要性。它讲述了关于虚构的莫兰上校的故事，他和一些博物学家、退伍军人及探险者按着刘易斯和克拉克留下的地图出发去探险。莫兰是粗犷的个人主义者，挑战着（美国）西部所能带给他最艰难的考验："我喜欢荒野……这片美好的土地为我提供生存所需的一切……我有枪，我有勇气，我也有决心。"[48]莫兰发现了银溪泉并最终带着他的女儿吉纳维夫去西部，帮助他建造荒野度假村，一个激励人们保护荒野、自然的庞大建筑物。

这个不加修饰的故事，形象地讲述了度假村本身所创造的荒野。它强调了一种自然理念，没有人为的参与，充满危险的未知情况，高贵的印第安人、坚韧不拔的移民者，以及追寻保护自然且反对贪婪开发的美国精神。每个单独元素都不足以完美描述荒野，但是将这些因素结合在一起，就能重新创建一种神奇的富有想象力的荒野。若荒野是体验的终点，则度假村将这种体验以独特的、特别精心制作的方式展示出来。在呈现这种体验的过程中，可以尽情发挥。若游客数量是可靠的指标，那么放纵式的娱乐就会销售得很好。[49]但是，我们真的不知道除了直接接触这些设施，游客对度假村的看法还有什么。迪士尼公司对员工很慷慨，给予他们时间并允许他们接触这些设施，但他们不赞成游客独自调查和研究。在度假村，可以观察到一些特殊符号，在一定程度上起到了让员工和游客互动的作用，但仍然存在着需要回答的问题：游客所感受到荒野的含义到底是什么样的呢？他们属于生态旅游吗？游客先入为主的看法和度假村所传达的主题之间的关系是什么？

殖民想象

迪士尼版的荒野建立在一套完整的制造模式之上，既创造了一种体验，也创造了一个地方。在某种层面上，这应该不会引起我们的关注。就像马戏团、嘉年华会和世界博览会这种人为创造出来的事物已经存在很长时间了，这些事物都是为了娱乐人类而建。如果只将荒野度假村看作娱乐设施，那么肯定就会忽视它的一些吸引人的特点。根据公众对荒野的理解建立度假村，这是可预料的，但对于强大的迪士尼公司来说，它能够按自己的意愿，赋予这个项目更多的意义。它被灌输了太多商品化和消费化的特征，而且包含简单地寻找过去，控制自然，以及在西部开发中对民族角色的历史性缺失。这并不是一块富饶、生产力强大且能够被轻松征服的土地，它包含暴力、斗争，并将一种生活方式和世界观强加到其他民族和环境中。[50] 这种病态的征服模式并没有用于度假村，迪士尼应该得到称赞。这种病态的征服模式能够扭曲人们的感知，尤其是在人们已不断意识到历史记录的复杂性、模糊性和偶然性时。这个在让人吃惊的荒野中良好定居的简单故事吸引人之处在于，它通过故事描绘世界，故事立即变得简单、友好且与荒野理念相融合。[51] 毕竟，像大多数游览迪士尼景区或国家公园的人们那样，人们在度假时想听到什么样的故事呢？[52]

　　另外值得注意的是，人们在游览度假村时，不会觉得它是模拟出来的荒野，而就是一种荒野的呈现形式。在游览度假村时，赛菲发现处理任何自然状况都很难，因为它们都是不受控制、计划外的。酒店外面只有很少可供散步的地方，没有保护人员、游览方案或汽车，就没法去任何地方。因此，度假村没有提供让人们直接接触动物和植物的机会，甚至还不如参观动物园或植物园时接触的动植物多。

　　像普通的旅游和娱乐行业一样，迪士尼进行的是一种"程序化的体验"销售。通过消费现实，更准确地说是虚拟现实来达到目的。在这一过程中，迪士尼参与了景区的打造和自然故事的销售。迪士尼世界利用打造空间并强化意识形态，支持资本主义和消费。当然，强调资本主义，是因为它代表了美国经济的最佳状态，且资本主义可能是打造这种集中的娱乐活动场所的唯一选择。消费是荒野度假村和其他类似景点取得成功的关键。每次我参观解说中心时，就会看到公园里到处都弹出这样的话语：技术型建筑，昂贵的视频制作，寓教于乐的儿童视频，交互式信息亭，诱人的纪念品店和小吃吧，等等，这些都让我想到了消费。教育只是个幌子，但我觉得很多时候是消费在推动这些设施的出现。就像在贾斯珀国家公园中，全球著名的哥伦比亚冰原花费数百万美元建成的解说中心一样，这种消费理念开始时伴随着多种相互冲突的需求：教育、交通、游客服务、成本回收和利润。精心设计的教育展览旨在解释窗外的现象，但展览是如此引人注目，反而使得游客中心无人问津。为了获得眼前的利益，设计师巧妙地传达工艺信息，这又反过来受到流行文化的影响。因此，冰原中心成为一个目的地，在这充满对立情感的冰原和山地世界，设计理念和商品消费成为一种安慰性体验。在人造建筑内，在安全舒适的环境下重建冰川或者只是通过虚拟的视频来重现冰川时，人们为什么还要去参观真正的冰川呢？

赛菲和我尝试了连接所有类型的模式，希望能打造殖民想象的体验。[53] 迪士尼幻想师和设计师不仅是在设计人们对体验的印象，更是在重新配置人们的想象能力。荒野度假村正在改变人们对荒野或自然的理解，反过来这又塑造了人们对真实事物的看法。这不是阴谋，更大意义上是迪士尼打造的一个非常成功的帝国，一个被冲动消费所消耗，且被另类娱乐市场所强化的帝国。这些娱乐市场包括：迪士尼电影、视频、商店，以及无数参考主流文化的衍生品。人们很容易就此打住，忽视这个企业和其他机构对我们理解现实所造成的影响，从而忽视迪士尼的思想意图。另外，迪士尼在使自然变成商品方面并不是唯一的代表。[54]

殖民想象是象征北美生活发展的殖民主义和帝国主义大格局的一部分，这种模式正在通过经济和文化向全世界传播。[55] 戏剧性的是，在使想象殖民化的过程中，度假村和类似的娱乐项目希望通过友好的方式建成主题体验的现实世界。迪士尼通过将荒野设计为适应力强的概念产品，打造了一个新的现实世界。迪士尼帝国外面的荒野也要按照帝国所解释的荒野来定义，我们的想象能力和行动力都枯竭了。

庆典？

迪士尼的到来正是时候，因为该公司已经掌握了如何将娱乐精神灌输到人们的信念中，并让其根深蒂固的方法，然后重塑人们的信念以满足企业利益。迪士尼除了是一间大型企业，它还带有一种意识形态，这在人们尽情享受所谓的娱乐魔法时往往被遗忘。迪士尼公司的创始人以及现在主要原型的缔造者沃尔特·迪士尼（Walt Disney），设想了美国式的小镇在未来主流的景象：白色的栅栏、单户住宅、安全的街道，以及健康的娱乐活动。为了吸引那些迷失在为身份而斗争的美国人（现在看来全世界的人都是这样），他按照这个愿景设计娱乐活动，并坚信这个愿景终将会实现。迪士尼公司耗资 25 亿美元在佛罗里达州迪士尼世界外修建了庆典城，他的愿景在这里得到了最好的体现。这是个实验性成果，拉斯·雷蒙（Russ Rymer）称其为"救赎性城市设计"。[56] 庆典城是沃尔特·迪士尼刚好在他 1966 年去世之前对佛罗里达州的承诺，即 EPCOT，这或许具有一点讽刺意味，这个描绘了高科技未来的著名主题公园也将成为真实的社区，它能容纳 20 000 人。迈克尔·艾斯纳认为庆典城掀起了建造未来社区的热潮，这会使人们单纯地去怀旧："迪士尼在各地流行，庆典城的印章（装饰着咖啡杯到井盖之类的众多物品）上是一个扎着马尾辫小女孩的浮雕，她骑着自行车穿过茂盛橡树林下的栅栏，小狗在身后追赶她。这是纯真和自由的象征，这也代表迪士尼版权。"[57]

庆典城的设计师对他们的工作很认真负责：打造一座小城需要面对的不仅仅是"硬件"。社区精神、组织、社会凝聚力等"软件"对任何设计师来说才是具有挑战性的工作，这不是普通人能够完成的普通城市建设，如同如今散乱、让人感到迷失的城市一样。迪士尼的设计师通过研究那些具备完整性的社区来获取打造美国小城镇的灵感，比如让设计师参观国家公园和国家公园度假村。通常情况下，迪士尼会虚构出一个"背景故事"，这个故事讲述了一个神秘的故事，这就是打造度假村的主要方法。但是在庆典城，迪士尼没有采用这种策略，他们采用了含蓄手法来展示过去，而不是虚构的方式。但我仍然没能适应庆典城的阴森恐怖。我进庆典城时持怀疑态度，而出来时对庆典城的肯定感加强了不少。城镇布局是一流的，新鲜出炉的有机面包和牧豆树烧烤的香气吸引着行人。剧院让人想起了 20 世纪 50 年代的简单岁月。人工湖靠着社区而建，自行车道和步行道贯穿社区。我装扮成购房者偷偷欣赏着这些繁华、设计巧妙的房子，融入了如此多想法的城市设计深深地打动了我。房价对很多美国人来说是高不可及，且很少有人能在当地找到工作（毕竟，庆典城只能算是奥兰多的一间卧室，它实在是太小了），这需要大量的勇气来设计一个好的社区。或许最奇特的经历就是早晨在古色古香的咖啡厅点一杯咖啡，俯瞰湖泊。沉浸在庆典城的氛围中，我希望用真的杯子装咖啡，而服务生回答："对不起，先生，我们没有真杯子。你是第一个提出这种要求的人。"

对于回避整个规划的我们来说，庆典城是一种宣传迪士尼思想的愚蠢做法。但是，它还是很受消费者欢迎的，他们买彩票就只是为了有机会买个房子。除了高调地拒绝这个项目，我们还能怎么批评呢？我们的批评直指影响发展的核心问题，例如庆典城和荒野度假村？脑海中立即出现了关于真实性的问题，即雷蒙强调的：

"真实性"和"严谨性"这样的"善意概念"对于庆典城来说很复杂。对于这个城市，它具有追溯性的历史，它的传统是娱乐公司创建时定的，它的湖是有堤坝的，溪流是有泵的。它的创造者将"生活"说成"生活方式"并在每个重要原则之前加上"一种感觉"，这些术语又意味着什么呢？在美国传统城镇建设中，庆典城有其存在的价值，但这个城镇的使命不是追求商业利益，信奉宗教或政治自由，或优于舒适的社区的理念。说到底，它存在的目的不如一个城镇那样大。[58]

但"像"城镇而不"是"城镇，这句话又是什么意思呢？同样，这个问题也适用于荒野度假村。在某种层面上讲，它的目标就是建个非常大的酒店，通过构建与荒野有关的神话来吸引人们消费。毕竟，这样的荒野有什么错误？在研究度假村以及国家公园中的现实问题时，另一个层面的问题很明显：即手工制品和主题体验的真正后果。在度假村中充斥着越来越多的人为气氛，以及强大的媒体传播关于野生自然复杂而矛盾的信息，这导致了问题的复杂化。荒野的神秘以及危险被传播了，自然也被视为受人类最终控制。只要野生事物不是太狂野，那野生事物就都是合理的，对我们来说，保持野生事物的野生本质并不是很艰难的选择。就如赛菲所说，这里是"没有污垢和危险的荒野"。[59]

我认为这是贾斯珀国家公园等地方的管理者必须面对的主要问题。得到政治机构支持的公众可能越来越对管理办法感到浮躁，或许公众对真正公园体验的舒适性变得不那么有包容性。私有化和主题体验还能为天际线小道（贾斯珀国家公园的著名高海拔长途跋涉地之一）远足的保险政策提供资金保障吗？天气是可以改变的，但是是不能控制的。伊恩·麦克拉伦对我说，熊出没在厨房这种体验是电影里才有的，因为我们受制于太多类似于迪士尼的电视故事，这个故事反映了将自然视为一种人为的商业产品吗？公园看护员同意这种说法，不管是通过电视、博物馆、学校课程或主题公园，主题体验都不会导致人们在公园（例如贾斯珀国家公园）游览时做出奇怪的事情，例如爬到正在路边吃着浆果的黑熊背上去；这是对这个生物的不尊重，否认了它的凶猛、脆弱和野性。

贾斯珀国家公园所面临的困境是真实的。近一个世纪植根于传统的荒野建设，已经创造了一种异常的景观，它脱离了这个区域的早期生态和历史文化，最终将阻挠生物多样性的保护和修复，也将阻挠创建适当的文化习俗。这使得公众对前述的焚烧持开放态度，将火重新引入作为景区进化的一种方式。但是，如果要想人们接受烧焦的景观、大量的烟雾以及仍有许多实验的事实，这就完全是另外一回事。如麦克拉伦推测的那样："这将会像在博物馆工人罢工期间到访巴黎。"[60] 真实的国家公园呈现的世界并不像迪士尼呈现的荒野世界那样简单。

一种还是两种荒野？

在未来的几十年里，人们将越来越多地专注于电子游戏、网页设计与维护、虚拟现实、电子邮件、互联网浏览和多媒体传输等形式的网络科技。我们所掌握的知识将成为室内知识：很多人会专注于电视和电脑屏幕[61]，生物学部门从实地转向实验室，学生在大学（至少我所在的大学）接触到的实地体验、手把手教学的机会将会越来越少，而且很少人会涉足贾斯珀国家公园这种穷乡僻壤之地。这是一场巨大的文化意识变革，包含了我们认为正常的地方和行为。

大卫·奥尔（David Orr）是一名美国环保教育者，他的观点使我们沿着另一条路走向更高端的"生态素养"，即通过感知体验来认识事物。他倡导的是抵制原声摘要（sound bite）、电视上的快照自然节目、速成教材、单一问题游说团以及人们过去称为教化的东西。由于有关自然景观的知识在迅速消失，这个事实仅会使得我们的精神变得贫瘠。那些不了解他们生存土地的人们缺乏思考，这也是区分自然系统中健康和疾病的标志，以及区分人类系统中健康与疾病的标志。[62] 斯蒂芬妮·米尔斯写道，要理解野外环境的复杂性，包括

"真实性、本土性、凶猛性、自发性、弹性和健康"等[63]，我们正在很大程度上毁灭我们的机构和生活。我担心，我们不断地精通地理系统和地图。在这个过程中，人们越来越疏远于这些地理信息所指示的地方，甚至是远离现实本身。

荒野是没有人类的自然，野生的开放性空间，它正严重干扰人们的判断和意图：

但是荒野面临的尴尬在于，它含蓄地表达和再现了其支持者想要拒绝的价值观。他们幻想通过时光机回到荒野的时期，这表达了他们想要逃避责任的虚伪希望，这种幻想试图让我们忘掉过去并回到白板状态，也就是回到我们的世界留下印记之前就存在的状态……只有那些与土地关系已经疏远了的人们才会将荒野视为人类在自然中生活的模型，因为浪漫意识形态中的荒野几乎没有给人类留下可供谋生的任何地方。[64]

科洛隆（Cronon）的书中提到了一个令人不安的问题，生态学家和环保人士很快指出：我们应该怎样对待那些接近传统理想的荒野区域呢？像科洛隆所写的，威斯康星州和加利福尼亚州[65]两个地区都有着大量的开发和稠密的聚居区。相比于更少人居住的那些地区，另一个地区对荒野和工作景区有不同的看法。

在许多方面，贾斯珀国家公园就是现代荒野的一个典型例子，这就是我选择它作为核心案例的原因之一。正如大卫·斯特隆所说："我们不时会遇到荒野和野生事物，因为我们甘愿使一切事物不在我们的控制范围内，让它们免于这种令人不安的重新整合过程，以及以合法荒野地区、野生动物保护区和国家公园形式存在的一些野生地区。"[66] 由于地理位置和运气的成分，人类除了大量使用的山谷以外，很少干预贾斯珀国家公园的生态系统。游客通常都被景色优美的山脉所吸引，这立刻使人们忘记是行走在国道、主要铁路线、埋地管道和光缆以及其他几十个历史遗迹之上。即使我们将要创建前院和后院两个区域，就如公园管理者所做的那样，其中人类居住的山谷被视为使用区域而大多数的景区（>90%）是荒野，这种区分忽略了人类居住的山谷对生态的影响，以及主要山谷和远离旅游线路的山谷之间的整体性。总会有一些陡峭、树木丛生且可怕的山谷使人们望而生畏。这些都是符合荒野原型的山谷。但是，长远看来，很多山谷会被人类侵入。区别于传统旅游路线，适合夏令营、狩猎区以及具有历史意义地区的土著居民必将创建一个与我们感受完全不一样的景区。荒野理念掩盖了这些微妙的历史和生态事实。如科洛隆所提出的，用荒野概念来描述贾斯珀国家公园时，我们又让历史被错写。

艺术品都是不可信的，但贾斯珀国家公园就像一幅无价的画，它同时代表了稀有和非凡的完整性。但是，它是一种没有建筑的重要表达方式；人们通过电视或一些其他媒介体验就会显而易见地看到它的真实性。实际上，它有足够的"权威和持续性"[67]，它的特性甚至渗透过汽车或房车的窗户。贾斯珀国家公园挑战了我们对荒野的理解，因为它既是一个充满野性的地方，也是千百年来人类活动留下烙印和塑造的地方。

有必要对荒野的概念重新定义了。30年前，几个学者和管理机构尝试给荒野进行重新定义，这种重新定义的过程已经渗透到荒野区域的管理活动中，最终将渗透到公众意识中。并不只有我一个人建议放弃使用荒野这个术语，用更加精确且较少的词语替代这个词。荒野是一种不受约束且非常规的状态，也许是意料不到的状态。没有人能够轻松预测荒野。人们作为荒野的一部分，必须搞好与环境的关系，取舍并施。这就需要加里·斯奈德的"自由礼仪"。[68] 荒野就是需要这种关系的地方。

这本书讲述了生态修复的力量、潜能和限制因素。本书通过描述大多数人眼中真正的荒野，间接说明了修复主义者所要面对的严峻考验和难题。问题是以全面的眼光看待修复问题就必须考虑人类是荒野的一部分，他们可以长期参与适当的、有再生性的、尊重自然的活动，问题不是"我们能不能修复荒野"，而是荒野能不能被修复。我的直觉告诉我，若我们能够解决在修复贾斯珀国家公园时遇到的实际和抽象问题（这必然将扭曲修复和荒野的传统意义），那么对其他地方修复带来的挑战就会少得多。在公园里，生态修复是修复希望的代名词；这种不可避免的要发展和要消费的冰冷想法会随着时间的推移而消逝，到时就会出现与景区相互尊重、相互配合的景象。因此，人们的目标就不是保护受威胁的自然保护区，而是改变人们的思想和野心，并在此基础上允许荒野地区的蓬勃发展。我们呼吁教育，而不是教化，后者属于主题体验的范围。

2 界限条件

众所周知,河口塌陷事故让官僚的政客们产生了困惑。在面对社会的公共关系以及旅游产业受到严重威胁时,一群无知的、差点毁掉佛罗里达海湾的管理者现在又拼命想使本地区重新繁荣起来。如要做到这点,他们就免不了像以前的农民那样,同一群开发商展开博弈。但是对开发商而言,这里的沼泽地已经被深度开发了,政客们对此却一无所知。那些政客们从未对白苍鹭的命运有过一丝担忧,相反,他们是为了自己的政绩。他们再次说服竞选活动的赞助者杀死这些鸟类,因为农业的发展离不开对水资源的使用。

对于任何期望在南佛罗里达州参与竞选的人来说,修复沼泽地的生态系统不仅是一个誓言,更是一个咒语。他们演讲，许下宏伟诺言，集结一流治理队伍，筹集研究经费，召开科学研讨会。然而，沼泽地的生态系统并未得到太大的改变。

——卡尔·海森（Carl Hiassen），《幸运的你》

佛罗里达州的印象

生态修复协会第九次年度大会，于 1997 年 11 月在佛罗里达州的劳德代尔堡举行，这是北方人去南方享受阳光与温暖的好机会。几年前，我错过了和詹妮弗·赛菲一起去参观迪士尼荒野度假村的机会。当时，詹妮弗还是研究生院的学生，与我一起研究"创造自然"与"修复自然"之间的联系。在詹妮弗看来，迪士尼度假村是美国文化中关于荒野价值观最有代表性的主题酒店，它诠释了一种关于自然修复比较极端的观点，就是有意识地创造历史情景（请参阅第 1 章）。我提前到了奥兰多，因为我希望在参加会议前，重游一次迪士尼荒野度假村和庆典城。我在机场周围转了几圈，最后我在迪士尼乐园东边一条挂满霓虹灯的街道上找了一家汽车旅馆住下。安顿好后，我就出发前往度假村了，当时太阳刚刚下山，我想去那里的私语峡谷咖啡馆吃一顿主题晚餐（我住在外面是因为荒野度假村昂贵的住宿费）。在迪士尼荒野度假村里漫步是詹妮弗最期待的事情：这是现实与虚拟的一种奇妙结合，或者用吉姆·麦克马洪（Jim McMahon）的话来说，这是"设计师的生态系统"[1]。"仿像"一词——是指一个没有真实来源的复制品——萦绕在我的脑海中。这里的每一件东西都是设计的，是人类创造的。甚至连这里的岩石都是用混凝土做的，并且被喷上了一层漆，使其看起来像真的岩石一样。伟大的设计师以及迪士尼的"想象家"们创造这类作品时的狂热却让我一度感到失落。然而几个小时之后，我发现自己也屈服于迪士尼的魔力了。面对跨界性的事件，当想象中的事物与现实中的事物发生碰撞并产生了一幅新的描绘现实的画面时，我有一种随之而来眩晕的感觉。作为矫正措施，那天傍晚我到迪士尼乐园外面闲逛，希望寻找佛罗里达那些令人难以捉摸的固有标志，那些可以让人信服的真实事物。我一直走到正对发现岛最远的码头才停下来，这里是一片自然保护区，树影斑驳的小岛两侧灯光闪烁，我一边闲逛，一边想象着在迪士尼乐园修建之前，这里的地貌会是什么样的。为了缓解时差，我回到那间简陋的汽车旅馆倒了一杯朗姆酒，思索着人们参观迪士尼荒野度假村之后，在离开时对荒野是否有了更深刻的感情。

第二天早上，我在庆典城里吃的早餐，庆典城是迪士尼规划的一个社区。早餐是在池塘边的一家很时尚的咖啡馆吃的。设计师所采用的栩栩如生的魔法或许会抑制一个人的评价能力，在参观庆典城之前他们推荐我喝杯咖啡，以免忽略了这个地方的真实性。这个地方所谓的吸引力让我感到厌倦，我租了一辆车，并开始长途跋涉，向劳德代尔堡驶去。我在卡纳维拉尔角停了下来，这是美国航空航天局（NASA）太空项目的位置。（为什么太空中心附近的水道旁有标语写道："蛇群出没"？将水道旁边的区域标上"太空项目出没"不是更加合适吗？）这里距离迈阿密有两个小时的车程，路上，车辆越来越密集，开发程度也越来越高。起初，这些变化是难以觉察的，但是从距城市不到1小时车程的地方开始堵车了，道路两边也出现了卫星社区、酒店、商业区的巨幅广告牌。车流人流的密度以及闪烁的灯光让人目眩。经过带有异国风情的汽车经销店、摩托车店以及百货商场之后，我丝毫没有觉察到我距离海洋的距离已经不到两英里*了，或者说，这条狭窄的街道横穿一块沿海平原，一片沙滩从大西洋一直延伸到沼泽地。[2]劳德代尔堡的后面就是沼泽地，所有人的视线都关注着这幅海洋画面。沼泽地和其他类型的湿地位于陆地上，距离海洋不过几英里，这些沼泽地和湿地成了一块黑暗、神秘而让人止步的区域。沿海地区是一个被充分改造过的世界。海岸线上散布着大大小小的船坞，并且深入许许多多的沟渠之中，使得劳德代尔堡成了"美国的威尼斯"。每天清晨，带着耙子的拖拉机来到海岸上犁地，停在离岸不远处的游轮和货船将海洋照得灯火通明，海洋已被人类占领了。在这里召开生态修复协会的年度会议，真的是一个奇怪的选址。

最初，吸引我参加生态修复协会的是社区团体和科学家、政府雇员以及公司合作取得的显著成功，他们通过认真工作和全心投入，最终逆转了人类活动所造成的一些破坏性的生态效应。在这一过程中，社区也得到了重建。在劳德代尔堡，我参与了南方长叶松修复工程的多个阶段、历史生态工程、教育项目以及东欧的修复工程。一天傍晚，我还参加

---

* 1英里=1.609 34千米。——译者注

了俄里翁被遗忘的语言协会成员所举办的动人的诵读会。可能是规模和进展速度的原因，在南佛罗里达州所开展的修复工作进度不亚于北美洲的任何一个修复工程。乔治·江恩（George Gann）所建立的非营利性区域性保护组织建立了一个综合性数据库，收集了南佛罗里达州本土植物和外来植物的相关数据。凯利·韦斯特韦尔特（Kellie Westervelt）的佛罗里达角项目是在美国沿海协会的监管下实施的，这是一个典型的志愿者参与的工程。位于佛罗里达州普莱西德湖地区的阿奇博尔德生态站制订出了一个较为详细的预定焚烧方案，这个项目将社会价值观和科学知识结合在一起，并创建了随机功能。看到这样一些雄心勃勃的计划以及成功的项目之后，原来不以为然的态度得到了极大的改变。

深夜在内航道沿线散步，忽隐忽现的游艇遮挡了我的视线，看不到水和海牛，那一艘艘游艇是我工作一辈子也买不起的。我开始想象，如果劳德代尔堡停止控制不羁的海洋，变成沼泽地后，那么它会变成什么样子呢？一座座天桥将一座座高级酒店与经过改造的海岸连接在了一起，如果为海洋沙丘中的生命体着想的话，如果为那些希望满怀敬意地在海岸徜徉的人们考虑的话，那么这些天桥就应该全部被拆掉，用"自然栖息"取代"环境消费"。在生态修复协会会议上，这样的梦想很容易被提及，在这里，我们认为人类拥有智慧、合作和勤奋，因此，一切皆可实现。在我自己所居住的区域，我也用这一梦想激励人们，试图想象一个世纪以前，贾斯珀国家公园的样子。当我提出那些激烈的提议时，听众发出了充满怀疑的笑声，这深深刺痛了我，但是，当我意识到历史变更的规模之大时，这种刺痛感就减轻了：想一想你所居住的地方一百年以前是什么样的，同样想象一下下个世纪这个地方会是什么样子。我相信，在一个世纪的漫长时期内，几乎任何事情都有可能发生，谨记这点是明智的。

唉，我的思绪并没有持续很久。沿着佛罗里达海岸线，朝家的方向走了28 000英尺（约约8 500米），我看到了光秃秃的开发（路）线，将沿着东部海岸的内陆湿地封锁住，犹如用一支油性记号笔所绘出令人厌恶的线条，令人触目惊心。我思考着修复主义者抵制土地投机行为、抵制阳光地带修建的公寓、抵制不知廉耻的财富积累过程以及抵制商业街所造成的强大破坏力，我不由自主地又恢复了愤世嫉俗的态度。卡尔·海森的小说《幸运的你》讲述的是发生在南佛罗里达州的诡计阴谋、土地投机以及彩票的故事。在飞机上，我把这部小说摊在腿上来阅读，现在我意识到了作者那黑暗扭曲的视角帮助我理解了湿地与开发之间的界限。这本小说中的主人公游走在各种角色之间：时常造访湿地的前任州长、非常熟悉鳄鱼习性的塞米诺尔人（比任何人都更加了解鳄鱼）、黑人妇女卓莱妮·卢卡斯（Jolayne Lucks，她的工作是做兽医的助手，她迫切想要从一个想洗黑钱的房地产诈骗犯手中拯救一小片湿地森林）。

修复主义者处于现代生活的边缘地带，他们融合了两种关于自然的观点，一种是把人类从未接触过的荒野看作自然，一种是把带有栅栏的花园当作自然。但是他们的行为既得不到开发商的称赞，也得不到环保主义者的称赞。在返回位于亚伯达家的途中，我跨越了实际边境和虚拟边境的界线，这时我意识到为什么要修复自然以及我们如何修复自然的理解也受到了界限的深刻影响：自然与文化之间的界限、一个区域与另一个区域之间的界限、过去与未来之间的界限、现实与虚拟之间的界限。修复工程既让人神往又让人烦恼的主要原因，就是我们必须要跨越常规活动和信仰的界限。修复工程将我们对于自然和现实的理解又向前推进了一步，这就是为什么围绕修复工程的辩论如此激烈，也是这么多人被修复工程吸引，并将其当作另外一种环保实践的原因。边界区域本身就存在一些问题，当边界区域的界线没有得到明确定义并且持续变化时，这些问题就显得尤为突出。夹缝生活从来都不明确，从来都不是单一目的。修复主义者从各个方向、各种意识形态立场出发推动生态修复工程，方向如此之多，立场如此丰富，以至于从整体说来，什么才是修复工程是不明确的。人类是否有必要采取有意的干预行为呢？致力于创建或重建先前的生态组合项目与崇尚美学或谨慎思考的工程之间的界限是什么？在哪些特定时刻，修复工程仅仅是在帮助或煽动开发活动？忠实于历史是否是修复工程的一个必要条件，或者仅仅是对过去的肯定和包容？修复工程是否必须依靠专业能力，还是说业余实践者们所进行的试验也是可以接受的？如何在过程与结果之间寻求最佳平衡？文化实践是否应当得到鼓励？当我思考现代修复活动的特征时，这些问题都涌现到我的脑海中，就像讨厌的野草一样疯长。

探索这些问题答案的最佳起点就是，先要承认探索过程和答案是同等重要的。首先，我们应当认真审视那些已经划清边界的修复工程。这些修复工程为我们解决与修复活动相关的概念问题提供了基础，本章以及后面的两章都是在讨论这些问题。我们的探索从基西米河的修复工程开始，该修复工程位于佛罗里达沼泽地的河源上游附近，有人说这是迄今为止所实施的规模最大、最复杂的修复工程，尽管这一说法存在争议。这个修复工程让我们在一定程度上了解了当我们为一项工程投入大笔预算和科学技术支持时，我们能做到什么样的程度。位于斯洛伐克共和国的摩拉瓦河修复工程向我们展示了在一个纯文化地貌景观中为修复工程确定合适的目标是多么困难。在这种情况下，人类活动的减少给河边草地的生态完整性带来了威胁，与我们的预期恰恰相反。最后，我参观了罗伯特·斯塔伯德·多尼花园，这是位于加拿大南部的一个纪念花园，这个花园触及了现代修复实践的边界。这三个例子并不能代表所有修复工程，但是透过这三个例子，确实可以看到一些关键问题。这是我所熟悉的一些修复工程，因此我可以以第一人称进行叙述。这几个例子给了我们启发，让我们了解到修复主义者的活动范围有多么广泛。接下来对修复活动的历史进行了简要概括，让我们了解这一活动范围是怎样形成的。

蜿蜒流淌的夙愿：基西米河（佛罗里达）的修复工程

1997 年，生态修复协会在劳德代尔堡召开会议，我从会场中偷偷溜出来，用了一整天的时间前往基西米河。基西米河位于沼泽地排水系统的顶端（北端）。最近发起的一项规模巨大的修复工程让这个地区再次出名，这可能是首个如此大规模的修复工程，预计将耗费几十亿美元。[3] 一个由科学家和政府官员所组成的浩浩荡荡的团队在接下来的几十年中，将继续对这个长度大约为 45 英里（72 千米）的河道和面积达 25 000 英亩（超过 100 平方千米）的周边湿地的自然环境进行修复。这条河是 20 世纪 60 年代改道的，这曾经是一个具有生物多样性的交叉河道，源头在奥兰多南部河源上游，最后流入奥基乔比，途中形成了一系列蓄水池。目前，大约有 35 000 英亩（142 平方千米）的湿地生态系统丧失了，或者说被严重破坏了。[4] 我们从这条河的再造工程中所得到的最大教训就是：修复工程的财政开支和生态成本远远超过了预算，这值得让人警惕。如果 20 世纪 60 年代能够增强生态意识并作出具有远见的决策，那么 30 年以后就可以节省用于修复工程的大笔开支。这一事例与现代卫生保健非常相似：预防的开支似乎总是低于干预的开支（也就是恢复健康）。

先从河道最简单的结构来说，这条 300 英尺（91.4 米）宽、35 英尺（10.7 米）深的河道，与蜿蜒的基西米河的复杂结构和功能是呈相反关系的。美国陆军工程兵团是最先参与开渠工程的，而现在，具有讽刺意味的是，美国陆军工程兵团又参与了修复工程。水渠工程带来了一系列生态效应和文化效应，包括：

水位的自然波动特征丧失

大面积的湿地丧失

奥基乔比湖中的水质恶化，基西米盆地的土地使用状况发生变化，导致排水量增加

天然的河道蜿蜒特性丧失

地下水水位下降，地下水的质量下降

需要增强防洪措施

森林保护措施减少

蚊虫数量增加

通航机会减少 [5]

这类负面影响在开渠工程中非常常见。开渠工程在陆地上留下了一条条痕迹，这些工程旨在控制河流的不规律性和不可预测性。但是基西米河的例子是特殊的，因为这条河本身在北美洲就是独一无二的，所采取的干预措施也很全面。过去，季节性的洪水可能淹没宽 1~2 英里（1.6~3.2 千米）的泛滥平原，而在干旱的年份里，洪水在特定区域形成一个个小水池，又或者在降水量较多的年份里，洪水长时间淹没平原。只有周边区域可能存在季节性的干旱期。在洪峰期，这条河看起来更像一条又长又窄的湖泊。

第二次世界大战后，这一地区经过了快速开发，1947 年还遭遇了猛烈的飓风灾害，从 1947 年到 1949 年，这条河的水平面高于常规水平面，公众强烈呼吁启动防洪工程。佛罗里达州呼吁联邦政府提供帮助，不久之后，美国陆军工程兵团就受命规划和设计一个综合性的水利控制方案，将这条河的河水转移到一系列蓄水池中，河渠将这些蓄水池连接在了一起。1971 年，这项工程完工；同年，公众对大型引水工程所产生的环境效应和娱

乐效应表现出了明显的关切和担忧。就基西米盆地的修复工程达成一致意见所花费的时间远远超过了引流工程的设计阶段。市民、管理层和科学家经过了许多复杂的数学模型以及可行性研究，在政治现实和经济现实方面消除了所有疑虑，最终才达成一致的妥协方案。

娄·托特（Lou Toth）领着我进行了一次实地考察，托特是南佛罗里达州水资源管理部的一名高级科学家，也是1984年基西米河示范工程的总工程师。1984年所实施的试验证明了将河渠中的水重新引回之前蜿蜒河道中的河流引流工程的可行性以及潜在影响。试验结果用于大规模的修复工程，该工程开始于1998年，需要花费十几年的时间才能完成。需要采用重型设备来回填渠道，重新修建之前被渠道占据的河道，并拆卸水利控制结构体。这一思路非常明确，但是基西米河的水力动力特征、水文特征和生态动力特征都非常复杂，影响范围非常大，因此，我们甚至不敢想象这个能重现引流前河流条件的巨大工程能否奏效。

我们组成了一支小型船队出发了，沿着河流向上游驶去，从S65B水力控制结构体出发，很快就进入了一个蜿蜒的渠道，这条渠道将复杂的湿地网络中其他弯曲的渠道连接在了一起。河水缓慢地向南流去，途经上千英亩（超过400公顷）的圆丘状的漫滩，沿途有短吻鳄和其他水生物种、河流物种和湿地物种。我们看到了许多钓鱼的人来此娱乐，他们开着带有全套装备的汽艇，经常来这片水域钓鱼，因此了解生物多样性为人类创造了机会。大量的水和生物回到成百上千个曲曲折折的渠道中。我观察到了六种苍鹭，有时候，三种不同的苍鹭挤在同一棵树上。河道中丰富的颜色、声音和味道使得那些渠道魅力大减，尽管我怀疑如果我在漫滩上拥有一些财产的话，我的观点可能会改变。当天下午较晚的时候，我们考察团疲惫地返回劳德代尔堡，我不禁好奇地想到，当地的人们是否会更喜欢陆军工程兵团所修建的工程，无论那些混凝土线条是否会让他们想到进步？这个引流工程是否会被记录在历史书中，并且被当作一个愚蠢的错误呢？如果是这样的话，那么面对生态修复工程所需的生态成本和经济开支，我们如何能够利用这一教训反对佛罗里达州兴起的大量开发活动呢？这样的教训是难以传达的，更难被认同。至少从长远角度来看，几乎没有哪个蓄水池和大坝修建工程是对生态系统有益的。[6]

随着工程的进行，这是一个观察一项大型修复工程取得何种程度成功的机会。一个科学咨询小组建议，在修复工程的整个施工期内，分多个阶段对修复工程进行充分评估，也就是从 1998 年到 2011 年甚至更久：通过确立历史参照条件；研究未受影响的类似体系；采用引流前的数据，并采取理论途径；确立当前的基线条件；评估施工工程所产生的影响；工程结束之后采用广泛的多维度的评估方法；最后采用适应性管理方法，以确保取得长期成功。

对于如此规模的工程而言，必须拥有明确的目标，这一点不仅对于实现生态完整性至关重要，而且对于保证修复工程的效率也至关重要。最主要的目标就是将开凿渠道的河流恢复到之前的状态，但问题是历史条件是什么？克利福德·达姆（Clifford Dahm）及其同事写道：

> 当考虑到修复工程所产生的后果时，不仅要考虑基西米河及其泛滥平原在开渠前的"历史"条件，还要考虑欧洲殖民者到来之前的历史条件。在可能的情况下，修复的系统应当尽可能包含前殖民时期的河道特征，这对于生态系统功能的恢复和植物及动物群体的恢复会产生很大的帮助。[7]

对于什么可以修复这一问题，当然是有技术局限的。任何合理的投入都不可能完全消除开渠工程所产生的影响。一些可选方案可能会产生更有效的修复效果，或者至少能够更快地朝既定目标前进，但是从经济学的角度来看，这些方案的吸引力就会大大降低。基西米河的修复工作者们所面临的挑战是，如何能够尽可能忠实地以历史条件为参照，形成生态标准，这意味着要集中于重建生态过程，正如确保之前的生态结构恢复到位一样。历史保真度是否重要呢？是的，当然，但是在经济方面所产生的影响为历史保真度设定了界限。最终，为改进生态完整性以及休闲机会而采取的任何步骤——在这个例子中，是指大规模的代价高昂的步骤——都优于现在所采取的措施。此外，关于娱乐用途的规定或限制是很难实现的。当我了解到并没有任何在建的环境保护区域能够为出入权限和活动设定差别化的限制规定时，我感到很吃惊。当前，修复区域允许机动船只进入，允许捕猎和捕鱼，甚至有些区域允许放牧。

目前，没有设计任何非机动化的娱乐方案。同样，当我了解到并没有任何区域被单独划定出来作为长期科学研究保护区，用于研究修复工程的效应时，我也感到很吃惊。从真正的政治策略角度来看，修复工程始终都是一项研究；许许多多的娱乐团体、农业团体和民众团体相互之间所进行的讨论和商议最终达成了可行的妥协方案。一些方案只要能够得到认真贯彻执行，可能就比不采取任何行动要好得多。大规模的工程所存在的困难就是，遇到个体的孤军奋战、政府交替变更、预算减缩或增加时，如何持续维持前行的动力。

流经我们的河水都有各自的历史。我们所看到的、所感觉到的、所闻到的或是所听到的都已经经过了特定的地方，并且给我们带来线索。如果我们能够探寻基西米河的馈赠，那么基西米河修复工程所能告诉我们的事情将超过我们的想象。比如说，它会告诉我们，在21世纪初期，我们会心甘情愿地投入5亿美元（或更多）来弥补我们所造成的一个问题，有时甚至是参与修复工程的人和机构来弥补这一问题。我们知道人们在评估各种要素的重要性时，将我们立刻可感知的价值——洪水控制和特定类型的娱乐——放在维持原始生态过程之后，也就是说把维持原始生态过程看得更为重要。尽管存在一些重要的技术挑战，但是修复工程的规划者和科学家们能够用一些小型的经过验证的工程来支撑其设计。大型的工程需要通过一个个小型的经过验证的工程才能得以进行。在我看来，有意识地预防远比修复有意义得多，这一点才是最尖锐的。我们能够非常好地修复复杂的湿地和河流生态系统，这一点是很好的，但是基西米河修复工程经过压缩的时间范围——人们开始要求拆除蓄水池之前，蓄水池几乎从不干涸这一事实——弱化了人们对于"修复即救赎"的信念。修复工程的运作完全取决于我们行为的细致性和我们与生态系统之间关系的忠实性。

超越生态限制：斯洛伐克共和国的摩拉瓦河的修复工程

1997年6月，时任生态修复协会主席的尼克·卢波金尼（Nik Lopoukhine）和我受邀就北美人对生态修复所持有的态度开设课程，为斯洛伐克共和国伯拉第斯拉瓦的一群科学家和环保主义者上课。

这次课程的经费来自全球环境基金生物多样性工程，实际上是世界银行为一个类似政府的机构所拨的款项，就这门课程而言，所用经费是由斯洛伐克共和国环境部提供的。提供这笔资金的目的是让在政治、社会和经济快速变更的国家，环境管理项目能稳定进行。尼克和我听说苏珊娜·古齐奥娃（Zuzana Guziova）和彼得·斯特拉卡（Peter Straka）两名组织者在斯洛伐克共和国做了很多尝试，并且取得了成功。

　　五天的课程进行到一半时，我们开始着手前往斯洛伐克共和国最西边的地区，进行一次实地考察，这次考察的目的是参观一些有关联的修复工程。这些修复工程是由达佛涅基金会负责的，达佛涅基金会是一个非政府性质的组织，得到全球环境基金的支持。这些项目可作为余下课程的个案研究案例。大家期待尼克和我能够作为专家级的视察员，对这些工程进行视察，然而和大多数要求对当地项目提出建议的外国专家一样，我们在这里看到了卓越的专业水平、技术熟练度、独创性和创新性。摩拉瓦河泛滥平原项目是生态修复工程能够同时实现生态目的和社会目的的一个例子，即使当地正经历着巨大的社会经济动乱。下面所描述的项目从技术角度来看，并不像基西米河修复工程那样雄心勃勃，但从人文的角度来看，这些项目更加有吸引力。而恰恰是因为人类的农业活动，使得这一地区的生物多样性得到保护与修复。因此，和全世界人类通过农业与土地及水资源之间长期保持密切关系的大多数地区一样，这项修复工程的目的主要集中于对文化景观的修复。从北美人的视角来看，关于修复工程中最关键要素的一些认识，在其他地区必须得到扭转，比如说斯洛伐克共和国。

　　摩拉瓦河构成了斯洛伐克共和国与奥地利之间的边境线，奥地利位于摩拉瓦河的下游区域。在这条河流泛滥的平原上，尤其是在许多曲折的河段，有着许多物种丰富的草原，这些草原既要遭受定期的洪水灾难，又要承受农业耕作，现在，这些草原主要用于牲畜放牧。在过去大约一千年的时间中，这些文化实践对于维持一个地区的生态特征起着决定性的作用。最近，大约在过去四十年的时间中，泛滥平原被局限在"铁幕"以内，这是一个高度军事化的区域，配备军队是为了防止斯洛伐克共和国国内和国外的人们采取任何未经授权的行动。同样，第二次世界大战之后，这个"铁幕"也限制了中欧和东欧地区人口、商品和思想的流动。军队占领这一地区所产生的两个主要后果是：对该地区的生态完整性既产生了积极影响，也产生了消极影响。当然，其中一个主要的好处就是河流沿岸的地区避免了集约化的开发进程。毫无疑问，第一次世界大战后农业的产业形式会导致物种和生态系统的丧失。而现在，意外的结果是，摩拉瓦河泛滥平原是中欧地区面积最大、保护最为完好的复杂的湿地生态系统。[8] 但从生态学的视角来看，它带来的第二个影响是消极的，"铁幕"沿线实施了广泛的开渠工程，以确保边境得到更好的防御，并且可抵御洪水的侵袭。开渠工程是成功的，但是导致河流沿岸许多草原都干枯了，整个地区的地下水平面也下降了。我们所考察的一个地区是自然保护区的一部分，这是一个生物多样性非常丰富的保护区，距离河流大约两千米，这个地区呈现出水平面下降所产生的严重后果。对于修复主义者而言，所面临的挑战是巨大的：如何对水平面进行评估，以确定足以维持之前的湿地复杂生态系统中整个湿地草原的水平面？如何推动可持续的农业生产实践，从而提供可维持湿地草原的文化进程？

摩拉瓦河沿岸的修复工程实施者们试图消除开渠工程所产生的影响，方法是将河水引流到已废弃的曲折的旧河道中。这一工程的经费仅仅占基西米河生态修复工程支持者们可用资金的一小部分，这就使得集约化的生态工程研究和公共咨询是不可行的。相反，这一工程的驱动力是微弱的，甚至是错误的。利用人力劳动和有限的重型设备将水从主渠道中引入曲折的旧河道中，这需要对河岸线作出调整，稳定河岸，并清淤疏浚。至少，这是一项长期的重大修复工程的开始。草原在摩拉瓦河下游地区的分布非常广泛，在较湿润的地区，这些草原经常遭遇洪水，并经受较高的水平面。这些草原主要受到洪水和水平面的影响，一年两次的割草活动使这片地区维持着草原植被，割下来的草用于家畜饲养。这一实践的起源可追溯到几百年以前。如果不定期割草的话，这些草原会经历快速的生长过程，首先会导致灌木入侵，最终会形成湿地森林生态系统。

修复工程的主要倡导者简·赛菲（Jan Seffer）和维埃拉·斯坦诺娃（Viera Stanova）都是达佛涅基金会的共同创办人，他们对于多种地区的技术特性以及传统生态和文化进程的修复工程所面临的挑战非常熟悉。毕竟，在国家开发和农业耕作的转折期，这些湿地草原的分布是非常广泛的。这些草原是人为因素作用下的文化产物，长期的文化活动赋予了这些生态系统具体的特征。其中一种可选方案就是仅对这些地区提供保护，避免集中化的开发进程在这些地区实施，同时确保复杂的草原生态系统在较低的水平面以及不实施定期割草的条件下也能维持。但是，这种方案意味着斯洛伐克共和国整体的生物多样性将会下降。与北美的观念相反，就这一地区而言，生态修复工程意味着保护和改进文化活动。我们所面临的问题是棘手的：我们如何确定哪些物种应当得到特殊对待？生物多样性是否是衡量生态修复工程成功与否的最佳标准？如果所实现的生物多样性实际上还不及不实施这些工程时丰富，那么这些文化实践还有意义吗？由于北美人对所谓的荒野存在偏见，因此生态修复工程在概念上几乎没有任何催化剂可用于消化这一问题。在这种情况下，生物多样性这一神圣概念将被摧毁，而且我相信，生态多样性也将成为生态修复主义者们在未来10年中需要面对的一个主要问题。决定将这一地区的生态条件修复到第二次世界大战之前的状况，而这一决策引发了技术变更问题。在过去的50年中，农业耕作发生了翻天覆地的变化，从以人工割草为主导的耕作方式转变为牲畜拉车的方式，然后又变为拖拉机驱动的机械割草、装载和运输的方式。

在接下来的几十年中，农业领域的转型可能会产生差异很大的结果。比如说，不稳定的国内农业市场和国际农业市场可能导致对动物饲料的需求量下降，而这又会导致对以草原为基础的农作物的支持减少，尤其是采用低强度的方法收割的作物。尽管尚未对此进行研究，但是生物学家们的评论常常指出，拖拉机驱动的割草机会对草原产生不同的生态效应。比如说，一辆机械割草机从地面经过之后，在地面筑巢的鸟类的存活概率也要远远低于在人工镰刀下的存活概率。诸如此类的问题为修复主义者们带来了困难，因为修复主义者们试图为日渐衰退的生态系统创建长期繁荣的可持续生存条件。在一个不稳定的以技术为驱动力的国内经济体中，是否有可能维持一种早期的收割技术，也就是一种对生态系统有益的技术？如果想要长期维持这样一种耕作方式的话，无论是由于这样一种耕作方式能够更持久地满足当地经济条件，还是由于这可以成为一个既尊重生态过程又尊重文化实践的公共示范区域，维持这样一种耕作方式都有了合理的依据。但是，考虑到斯洛伐克共和国的不稳定性以及农业技术和农业商品市场的快速变迁，我们认为，考虑采用可模拟先前的割草方式而非再现先前的割草方式的技术更为合理。我们需要通过研究来确认种植间隔期的类型——以及其他管理技术，包括烧荒和放牧——这些技术可以保护生物多样性。

摩拉瓦河的生态修复工程给北美人关于生态修复的典型观念带来了挑战。文化景观的成功取决于如何保护生态多样性，但是更重要的是理解和保护文化进程。常规生态修复工程的价值体系还增加了另一个层次：历史条件可能包括而非排斥人类的参与。资金充足且规模宏大的基西米河生态修复工程以及摩拉瓦河生态修复工作者所采用的小规模递增的方式都各有其优点。就这两个生态修复工程各自的当地监管规定和社会经济背景而言，两者都是合适的。两项工作都在朝自己的目标前进。生态修复看似并没有理想的模型，这就使得修复界限的设定相当具有挑战性。

园艺还是修复？加拿大安大略湖罗伯特·斯塔伯德·多尼花园

罗伯特·多尼是加拿大最杰出的环境研究学者之一，也是我的博士生导师，1987 年多尼突然逝世之后，一群基层社会的家庭、学生、教职工、技师和社区志愿者在安大略湖区的滑铁卢集结，决定通过修建一座花园来纪念这位伟大的人物。多尼是加拿大生态园艺界、地貌设计和修复领域的先驱[9]，因此我们提议在滑铁卢大学的校园里建立一个小型生态系统。二十多年来，多尼位于大学校园里以赛亚·鲍曼大厦中的办公室一直俯瞰着修剪过的草坪以及带有异域风情的苏格兰松树（欧洲赤松），这对于任何一位对本土物种的保护感兴趣的生态学家而言都是一个挑战。多尼致力于在加拿大修建微型本土生态系统，多年以来，取得了显著成功，但是多尼将这片松树林当作他人生的一个败笔。[10]多尼逝世之后，我们决定维持现状。

为了对校园中许许多多的环保组织表示敬意，我们砍掉了紧邻鲍曼大厦的十几株苏格兰松树，并且用旋耕机在那片经过修剪的草坪上耕作。志愿者们花费了上百个小时的时间来设计花园、收集种子和植物、准备土壤、修建物理要素、募集捐款、种植、浇水和除草。我们创建了一系列生态系统：一片短草和高秆草大草原、一块干燥的林地以及一块湿润的林地，所有的植物都是滑铁卢郡的典型植物代表，这个区域正好位于五大湖圣劳伦斯森林带与更靠南的多样化的卡洛琳森林带的交界处。我们设计了一些供游人坐下来休息的地方，在这里可以坐下来静静思考，还设计了一些适合散步的小径，走过这些小径，可以近距离地观察到 200 多种植物品种。罗伯特·斯塔博德·多尼生态花园是一个活着的纪念物，包括修建了一个1米高的陶瓷雕塑，还有多尼最喜欢的几种本土植物。

多尼花园是一个精心设计的社会构造体，是一个人造的生态系统——我们并不知道很早以前这块土地上矗立着什么样的物体。然而，这样一个工程尤其青睐于那些无法预测的生态过程。我们的目的是鼓励随意性，对野生的事物表示敬意。在仅仅3 000多平方英尺（约1207.7平方米）的空间内，生物的多样性是非常突出的。在这座花园中，生长着许多稀有植物和濒危植物。这些植物野性的外观是一剂有力的解毒剂，中和了滑铁卢大学校园内那些占据主导地位的经过修整的公园景观。人造的精巧和荒野景观之间的矛盾冲突给我们带来了挑战，让我们不禁怀疑这样一个工程是否真的称得上是一个修复工程。区分"过程"和"产物"有助于衔接"社会"与"自然"。在这里，"产物"就是这座花园，这座花园中包含着个人选择和放置于此的物质：有人把每一块岩石和每一株植物放到合适的位置。这座花园的生命过程，包括社会过程和生态过程，都有着连续和自我调节的特性。一旦这些过程开始运作，那么这座花园的最初设计样式就变成了一个终会被埋葬的工艺品。

但从社会相互影响的角度来看，这一差别并不那么明显。这座花园是志愿者所实施的一个项目。这个项目将一个社区的成员聚集在一起，这些成员都是怀着对罗伯特·多尼的敬意而走到一起的。这个项目运作背后的政治经济机制是对其结果产生影响的重要因素。早期人们决定推进开放的管理机制，让参与规划和体力劳动的人们共享决策权，从而削弱了层级控制力。这些参与者的才能和信心千差万别。有能力的天生的园丁和植物学家加入了这个团队，而初次尝试创建生态系统或修建花园的人们也加入了这个团队。让专家级的植物学家和二年级的哲学系学生能够在一起合作的纽带是他们为此投入了同样多的心血和劳动。这个项目打破了传统的专业从属关系和地位。每个人都以自己的方式思考如何为一个植物选址，或思考一条小径的宽度应该是多少。讨论的范围非常广泛，当然，前期都有必要的破冰期，这一点与任何一个志愿者项目都一样。当衡量这个项目是否成功时，最重要的标准大概就是这座花园是否有一个道德中心，也就是人们相信这座花园构成了人类关于自然知识的一个符号，且这座花园代表了多尼的理想，他曾激励无数人思考并重新思考他们对于生态知识和实践的理解。[11]

几年过去了，最近我再次参观了这座花园。对于鲍曼大厦里面的人和它周围的人而言，这座花园仍然是一个焦点。但是我注意到，花园中的小径看起来有些杂乱，花园中的长凳在长达 10 年的时间里受到太阳的暴晒，因而发白并且起泡了，秋麒麟草和肆意生长的漆树以及由鸟儿播种的野生葡萄藤侵占了花园中的大面积土地。我咨询了环境和资源研究部的一名教授格雷格·米哈伊伦科（Greg Michlenko），他是一个热心的园丁，也是多尼花园项目的创建者之一，我向他打听了这座花园当前的状况。他列出了一长串难题，包括资金不足、难以长期雇用看护员、志愿者的帮助缺乏协调度以及关于花园的管理存在的观念冲突。他将这座花园看作一个正在运行的生态系统，但是这座花园的规模显然太小，难以维持自行支撑的草地和林地生态系统。需要通过集中化的管理以确保生物多样性，并体现设计者的意图，尤其是保留对多尼所表示的纪念的目标。关于管理秋麒麟草（黄花属）的最佳方法发生了分歧，并陷入了僵局，后来发现这种植物在花园中如野草般疯狂生长，导致这一工程的整体生存能力下降。[12] 曾经，我以为我们对这座花园投入了如此多的心血，以致没有任何东西能够威胁到它的长期发展。而现在，10 年过去了，原来的那些倡导者已经散落各处，机构所提供的支持也只是昙花一现，然而这样的支持对于确保明确的管理授权和项目的持久性而言是必要的。这座花园最终可能会触犯校园景观设计者和每天经过此处的人们的神经。最终这座花园可能会被另一种形式的花园所取代，或者重新开始修剪草坪。

我们从这里所得到的经验是失败的教训，在任何类型的长期修复项目中，这种问题都可能重复发生。对于多尼花园而言，更为显著的问题是：这实际上到底是不是一个修复工程。这个项目的规模之小以及人为设计的程度都倾向于证明这并非一个修复工程。但是，这个项目的确反映出了历史生态系统，我们本来期望这里的植物群能够在合理的条件下自行生长（至少是在可能的情况下，只需很少的人为维护），并借该花园来纪念贯穿多尼一生的修复精神。多尼花园是一个接近生态修复的外部界限很好的修复范例。这个工程对修复一词的定义提出了质疑：我们想要的是自由定义还是一个独一无二的定义？确定一个清楚定义的重要性何在？

这三个案例帮助我们为现代修复实践划定了范围。我选择这三个例子是为了展现在对修复下定义的过程中所遇到的多种挑战。我们都知道生态修复是关于修复生态系统中可识别的损害，尽管"修复"和"损害"这两个词是有问题的。尽管将所有相关条件都考虑在内或者收集所有重要信息是非常困难的，但是理解生态历史条件和理解文化历史条件都是非常重要的。修复工程的规模差异很大，从基西米河这样大规模的修复工程到志愿者修建的多尼花园这样的微型工程。其中一些工程是自上而下的，并且是采用科学方式推动的，然而其他一些工程则是自下而上的，而且是由业余志愿者执行的。文化价值和实践确实非常重要，这一点在这三个项目中体现得都非常明显。这些价值和实践决定了什么是应当被修复的，拿其中一个例子来看，在北美洲，人们崇尚重塑荒野景观的做法；而在欧洲，人们则更多地关注于文化景观，这是一个鲜明的对比。

任何对生态修复工程的描述说明，必须包含多种要素，实际上就是多种可能性。修复一个沿海盐碱滩所采用的技术和沿海淡水沼泽地的修复工程所采用的技术和挑战是不同的。尽管有一些通用的规则、概念和途径，但是生态型有多少种，修复方案就有多少种。[13] 即使是在相对较小的区域内，土壤也存在很大差异，因此可能需要采用多种不同的特殊技术来重建适合植物生存的环境。野草类物种的肆虐会决定我们需要投入多少精力来除草，以及使用除草剂和除草行动哪个是必要的，还是两者都是必要的。其中一些项目集中于重新引进某种特定的物种，而其他的一些项目则致力于修复完整的生态系统。这里引用生态学家们常说的一句老格言是很恰当的："生态系统并不仅仅比我们所了解的更为复杂，而且比我们所能够了解到的更为复杂。"

罗伯特·斯塔伯德·多尼生态花园可能并不能作为生态修复工程的一个例子。一些人会争辩说，这是一个"天然的花园"，是天然地貌的代表，或者可能接近于景观构造。许多人会说，这个项目包含的人为设计过多，因此不能被称之为忠实于区域性历史条件的修复工程。

这个工程对人类作出了太多让步，首先是用来表达对某个人的纪念，其次是用来作为忙碌的大学校园中的一个散步和娱乐场所。这座花园对修复一词的定义提出了两个关键性的问题。第一，在哪种情况下，所谓的生态修复工程并非真正的生态修复工程？第二，在生态修复工程的四周设置防护屏障的用途何在？为什么需要设定界限？看待这一问题的另一种方式是，确定一个人是愿意接受一种包容性的定义还是一种排他性的定义。简单来说，支持接受包容性定义的一方的观点是：接受一切事物，包括降低风险的项目、替换项目、重新创建生态系统及正式的自然化花园。这种做法可确保设计者发挥最大限度的创造力并使项目获得广泛的公众关注度。反对这一观点的反方认为，应当设定更严格的边界和定义，以便于区分生态修复项目和非生态修复项目。如果想要保证严格的专业标准，并且担心生态修复工程会偏离初衷，变得无意义，或者被社会上流行的地貌景观流行趋势所取代，对于这样的群体而言，第二种观点是有优势的。这些争论对于修复主义者而言是切实存在的，而且随着修复实践的发展和扩大，这种争辩也会愈发激烈。回顾修复工程的发展历程，最为突出的就是发展过程的曲折性，实践和思考都曾遭遇浅滩，这对当代人关于修复工程的理解产生了显著影响，并让我们对于界限的定义有了更好的认识。

如果不关注历史的话，那么对修复一词的任何概述都是不完整的。我认真对待历史，不仅仅是因为历史勾勒出了土地的变迁和发展趋势，而且历史在修复领域占据核心地位。修复意味着使其回归到最初的状态，无论我们如何具体说明最初状态。任何一个强大的工程都必须考虑长时间以来所发生的变化，这就能够将历史意义深深植根于实践过程中。历史帮助我们理解修复工程本身就是一个动态的实践过程，在我写下这段话的同时，修复工程也在发生着改变。修复一词50年后的意义必定与现在的意义不同。对修复一词作出定义，无论是现在还是将来，都需要我们对多种不同的趋势有所了解，在实践过程中，这些趋势会越发明显。在第3章中，我对修复一词作出了更加详细的定义；第4章解决了历史问题。将研究转向修复实践的历史发展进程，这就为下面两章奠定了良好的基础。

常规的历史

许多来自北美的修复主义者，将修复工程追溯到20世纪30年代阿尔多·利奥波德（Aldo Leopold）及其同事在位于麦迪逊的威斯康星大学的植物园中所做的试验。经过几十年大范围的农业开垦之后，本土的草原面积大幅缩减。1934年开始投入修建威斯康星大学的植物园，这时正值大萧条的低谷期，利奥波德说：

> 这座植物园可以当作一个特殊的地方，随着时间的推移，我们将在此展现历史，并展现这个地方应有的模样。这座植物园未来的命运是不明确的，在这种情况下，我们将植物园的大部分用于重现历史上的威斯康星，而非"收集"一些进口的树种。[14]

修复工程开始于 1935 年年初，总指挥是植物园的植物学家诺曼·法塞特（Norman Fassett）以及新招工作人员西奥多·斯佩里（Theodore Sperry）。在斯佩里与植物园修复工程结缘的这 6 年中，他的影响力一直持续着。生态修复协会授予斯佩里各种各样的荣誉是对他所取得的成就的一种认可。[15] 在 20 世纪 30 年代初期，风沙侵蚀区的经济因素与生态因素结合在一起推动了植物园的工程。接连而来的干旱持续了几年，导致几百万英亩的地表土从干旱的土地表面吹走，许许多多地区变得贫瘠，成千上万来此定居的人们梦想破灭。[16] 这一时期，北美经济整体下滑，迫使人们不得不重新思考农耕技术，并探索如何解释这一地区所遭遇挫折的原因。1935 年，罗斯福政府专门拨款用于重新开垦被破坏的土地农业种植，并且组建了美国民间资源保护队（CCC）为这一项目提供人力，同时也是为了缓解失业率高居不下的状况。因此，植物园也修建了一个美国民间资源保护队营地，为正在实施的项目提供服务。修复工程对人工的需求量总是很高。

在多种因素影响下，植物园最终取得了成功。经验丰富且颇具影响力的科学家们从一开始就参与进来，他们参与研究如何使荒弃的农田恢复到原来的生态条件。这可能并不是华盛顿投资人的意图，因为与重获生态潜力相比，这些投资人对如何改善经济条件更感兴趣。但是，威斯康星大学的植物园提供了一个实践的机会，直到今天，这座植物园仍然是修复工程的一个研究中心。生态学青睐于从整个生态系统的角度出发，获得关于土地健康状况的整体性。现在，这门学科正与其他领域的学科结合，在科学和土地管理领域也越来越受欢迎。作为一个公共研究所，并且作为一个政府提供土地的大学，这座植物园承担着对公众进行教育的使命，植物园向有抱负的修复主义者们有效地传播这一概念。最后，早期草原修复工程还体现着修复主义者们的勇气和新奇感。草原是一种微妙的地貌，对于一般观察者而言，草原并不能给他们留下深刻的印象。来此定居的人们破坏、翻土，然后重新种植，而没有任何懊悔之意。尽管草原地貌相当微妙，但是对于那些用心观察植物的生长、倾听虫鸣，以及这些植物在风中起伏的运动形态的人而言，短草和高秆草草原都会给他们以回报。需要一双专注而细心的眼睛才能看到在这些草原中存在着可实施大规模修复工程的潜力。

自从 20 世纪 30 年代以来，修复工程通过多种方式在美国遍地开花。修复工程的前辈们，无论是科学家、地貌建筑师、牧场经营者、土地开垦者，还是独具天赋的业余爱好者，都建议我们关注一个特定的时期，在那个时期，"修复"一词还不常听到也没有得到公众的广泛认可，更不用说"生态修复"了。比尔·尼尔宁（Bill Niering），科学期刊《修复生态学》的编辑，也是这本期刊的创办人，将修复工程追溯到 20 世纪 50 年代。对于大多数现代修复主义者而言，修复领域的最初创建时间是 1988 年，也就是生态修复协会经过批准，正式成为一个非营利性协会时，协会的成立提高了生态修复主义者的兴趣和目标。最初，这个组织的基地位于美国，负责召开年度会议，有一群热情高涨的志愿者参加，这个组织本身拥有的资源却很少，后来这个组织发展壮大成为一个国际组织，成员来自三十多个国家。生态修复协会的成立标志着"修复"这一概念的时代到来了。威廉·乔丹三世（William Jordan Ⅲ）是位于麦迪逊的威斯康星大学的一名员工，也是植物园和修复工程的倡导者，他于 1983 年开始出版《修复和管理笔记》，这是专门为对这一领域感兴趣的人们而写的。最初就是简单的剪切复制操作，因此与其说这是一本期刊，不如说这是一份简报。到 20 世纪 80 年代晚期，乔丹出版的作品成为一份从业者期刊，订阅者快速增长，而且拥有忠实的读者群。后来他又出版了几本针对公众读者群和科学领域读者群的书。

小约翰·凯恩斯（John Cairns，Jr.）和托尼·布拉德肖（Tony Bradshaw）是生态修复科学开发领域的两位重量级人物，他们于 1980 年出版了几本书，这些书分别代表了美国人和英国人看待生态修复的视角。1979 年，约翰·伯格（John Berger）出版了《修复地球》一书，这本书在 20 世纪 70 年代引起了广泛的关注，并促使人们就环境问题采取了行动，书中对生态修复的可能性作了更通俗的描述和说明。乔丹与迈克尔·吉尔平（Michael Gilpin）和约翰·阿伯（John Aber）召开了一次研讨会，随后对修复概念作出了整体性的综合描述，这一描述在科学读者和修复工程践行者中得到了广泛认可。最近，又出现了许多关于修复概念专业化的科学概括总结，还有一些针对生态修复工程的哲学维度、社会维度和情感维度的书籍。[17]

生态修复工程的成功主要取决于科学成就、修复概念的吸引力，以及公众对环境问题的敏感度。20 世纪 60 年代和 70 年代标志着环境问题、环境组织和环境立法全球化时代的到来。修复工程所提供的概念是为了解决当时许多严重的环境问题所面临的现实性和对未来的展望：有毒废弃物污染、物种灭绝、栖息地丧失以及生活质量的下降。那么，修复工程不仅仅成为一种有前途的实践，而且是一项有益的工作，对于日益增长的技术化思维模式的吸引力尤为突出。在最坏的情况下，修复工程被视为对过度工业化的一种解释，也是对进一步的工业化活动的辩护。毕竟，如果我们能够清理这些混乱，或修复这一问题，就可以维持正常的业务了。早期关于修复工程的那些语气比较谦逊的文章和书籍，以及从 1989 年开始的早期召开的生态修复协会会议，主要关注的是生态修复工程是否能够展现社会理想和科学理想。

1993 年创办的《修复生态学》期刊，标志着这项年轻的运动又向前迈出了重要的一步。这是生态修复协会的官方出版物，它提供了一个平台，在这个平台上可以汇报科学实验和成果，并为关于修复工程的理论维度和概念维度的讨论提供一个更加宽广的平台。琼·埃伦费尔德（Joan Ehrenfeld）对修复工程进行了历史分类，包括四个领域的发展。她说，修复工程植根于保护生物学、地理学（地貌生态学）、湿地管理以及资源开采地的恢复。就这四个相关的领域而言，在每个领域都可以看到明显的进步。比如说，在过去的 20 年中，在保护生物学领域，关注点从濒危物种的保护转移到了濒危社群的保护。三年时间内，当她把这四个领域的分类标准的文章在《修复生物学》期刊发表时，埃伦费尔德发现当代科学实践反映了这些历史源头，并且仍然保持其异质性。这使践行者们对目标设定的看法产生了影响，这可能是一个成功的修复工程所具有的更重要的特征，当然，在修复理论的发展过程中，这也是一个更具争议性的要素。正如埃伦费尔德所写的那样："修复工程目标设定是一个项目最重要的组成要素，因为目标决定我们的预期，推动我们将计划转化为行动，并决定着项目结束之后所采取的监测类型和程度。"[18] 埃伦费尔德并不提倡为修复工程设定一系列统一的目标，相反，她提出了三大重要主题，即物种的修复、完整的生态系统或地貌的修复以及生态系统恢复服务功能，每一个主题都需要采用不同的途径。在修复工程中，过度概括或提倡某种方法都是不可行的。

埃伦费尔德还描述了修复生态学的各种不同目标，而不一定是生态修复，这就使问题更为复杂。区分这两个术语是非常重要的，而在文献中，这两个术语常常被混淆。我把修复生态学看作是所有能对生态修复学有所贡献的实践的集合。[19] 生态修复是生态系统的修复过程中所涉及的所有观点和实践（社会、科学、经济、政治等）。[20] 这个明显的语言混淆之下掩盖着一个更严重的问题。将修复生态学置于比修复实践更加重要的位置，随之而来的是专业化程度越来越高，这是存在风险的。修复工程丰富的结构、已取得的成功和公众接受度与志愿者的参与度、小规模的不受控制的试验以及不断发生改变的美学价值都是密切相关的。

尽管这些观点可能受到很大争议，但是修复概念不仅仅局限于修复生态学，且修复工程取得长期成功的前提条件是承认其差异。简单地说，修复生态学对于好的修复工程而言是一个必要条件，但非充分条件。而且由于我们中的许多人，包括我自己在内，当有人质疑科学的支配权时，我们就立即开始捍卫科学。我还要补充一点，就是好的科学，包括理论的强势发展，对于生态修复工程的成功是至关重要的。但是，如果修复生态学逐步取代生态修复工程，也就是说，如果科学变成了修复活动独一无二的中心，那么修复学的领域就会缩小。这一领域的历史展现出了多元实践的特征，反映出了科学的明晰性和创造性思维的最大优势。这正是当我们定义生态修复工程时，引起这么多问题的根源所在。

偶然性和理想

对历史的解读不仅仅是将这些事件和观点排序。当进行比较性的历史叙述时，修复活动的偶然性就暴露出来了，比如说，比较两个国家不同的实践途径，或比较两个观点相似但专业研究方向不同的个人，采用统一的视角是不可能的。文化理想塑造了我们与我们的居住地之间的关系，这赋予了修复活动多重含义；一名生态学家和一名地貌建筑师对修复一个棕色地带的看法是不同的。因此，不同地区、不同国家所采用的修复活动的实践途径也是不同的。这就使得对修复活动下一个统一的定义是很难的，但是相对于过度简单化，这种复杂性是更可取的，这是关于修复工程的历史文献的共同特点。

我们有理由认为威斯康星大学植物园是生态修复学的诞生地。这是一个很好而且很典型的例子。在这里，有一群非常卓越的人物值得我们崇拜，例如阿尔多·利奥波德、亨利·格林（Henry Greene）、约翰·柯蒂斯（John Curtis）和特德·斯佩里（Ted Sperry）。这里是生态修复协会的第一个家[21]，修复学期刊《修复和管理笔记》也是在这里创办的。

这里的草原的确吸引了修复主义者的关注。斯蒂芬妮·米尔斯在讲述修复工程的发展历程时，充分利用了这些要素。[22] 从几篇简短的历史文章开始[23]，她还引起了人们对修复学早期影响的关注。例如，1920 年，伊迪丝·罗伯特（Edith Robert）在纽约的达奇斯县实施本土植物的修复工程，以及 19 世纪晚期，弗雷德里克·劳·奥姆斯特德（Frederick Law Olmsted）对本土植物和自然花园设计的兴趣。

奇怪的是，与这些主题相关的信息却少之又少：修复工程的早期起源、开垦荒地与美化项目之间的关联、园艺活动和公园运动之间的关联、美学品位和环境价值不断变化的标准，以及各个地区的修复实践所存在的差异。这是否意味着修复学领域的历史学家人数不足呢？[24] 根据我的个人经验，我认为宝贵的信息就隐藏在表面之下等待发掘。20 世纪 70 年代晚期，我曾担任环境影响评估专家一职，供职于安大略湖南部的一家小型咨询公司，但是这是很短暂的一段经历。我曾遇到一个来自伊利湖湖畔的农民，在 20 世纪初期，这个农民曾在洒肥机中装入香蒲的块茎，并将这些块茎当作肥料撒入田中。他的逻辑是，这块地之前是一块湿地，因此向猎户收费比常规的农作物种植产生的收益更多。这一逻辑是否适用于修复模式呢？他是唯一这样做的人，还是说当时还有其他人也在尝试这种新方法呢？在此之前发生过什么事情，他的行为与后来发生的事情有关联吗，也就是与一条将成为历史主渠道的小溪联系在一起？20 世纪 30 年代，这条位于麦迪逊的小溪成为历史上一条主渠道，流经那些修复工程。

马库斯·霍尔（Marcus Hall）曾在美国和意大利对修复工程进行比较研究调查，他说："主要是人们缺乏对早期修复活动的理解，而不是缺乏早期修复实践活动。"[25] 最开始，霍尔和其他修复主义者一样，屈服于历史的压力：

> 实际上，我曾经想象，当一些如阿尔多·利奥波德之类的重要人物简单地把先辈的观点结合在一起创建了这一领域时，修复学就"诞生"了。但是现在我很确定，这种看法将修复概念的发展和扩散简单化了，也把修复概念的创建背景简单化了。相反，我认为，我们可以把修复技术和修复原则追溯到很久以前，而且对于更深入地探索自然保护事件、阶段和观点的发展历史而言，理解修复概念的发展过程是必要的，当代的修复概念就是从这些事件、阶段和观点演变而来的。[26]

随着我们一步步深入探索，生态修复的许多其他源头也会逐渐浮现出来。找到这些源头意味着一定要规避我们关注文化限定事件的倾向。我听说，威廉·乔丹曾经把麦迪逊的植物园称为修复领域的"小鹰号航空母舰"，它以1903年莱特兄弟（Orville and Wilbur Wright）在北卡罗来纳州建立并维持的第一个动力飞行场地作为参照。尽管这样的事件值得庆祝，但是赞颂这样的事件会遮盖前期所作的已经被遗忘的试验所产生的贡献，正是这些试验为这种重大事件奠定了基础。历史发展的丰富事件压缩成一个简单的人为的开始，这种方式至少存在四个问题。首先，尽管对于像1903年莱特兄弟试飞这样的事件而言，这一点并不适用，但是可能有一些之前发生的事件在这一实践的发展过程中占据同样重要的地位，具有同样重要的意义。第二，围绕某种实践的标准界限常常会僵化，因为人们常常以某个特定事件或一系列事件为参照，这可能会导致对这一实践的描述存在曲解。当我们研究修复的意义到底是什么时，这一点对于我们尤为重要。第三，一种实践的历史涵盖的地理范围可能超过人们常规的理解。比如说，生态修复历史包括许多发生在北美范围以外的活动，因此，也超出了麦迪逊的经验所折射出的观点。最后，可能也是最重要的一点，就是当代历史学家建议我们规避"辉格党"历史，或是规避那种从现在可直接追溯到过去的历史。毫无疑问，20世纪初"修复"的意义和21世纪初"修复"的意义是不同的。意义发生了变化，我们强加于过去的观点是幼稚的，而且是危险的，就好像我们对于"修复"的理解是连续变化的。我们可以追溯这一术语的词源，并考察将被毁坏的土地恢复到之前的理想状态的常见做法。但是，我们不应认为修复知识有一个牢固的核心，也不应认为实践随着时间的推移，会发生缓慢变化和改进。"修复"一词的意义是自认为是修复学专家的人所赋予的，他们利用这一术语来描述他们那个时代的活动。就算考虑到修复活动的所有源头，我们所了解的修复活动也不过是一项新的尝试。

当然，挑战就是如何找到合适的文件来阐明过去的活动，还可能为当前的目标提供正当理由。尽管一些践行者保存了一些完好的记录，但是其他的践行者却忙于执行而非写作，因此他们的工作大部分都未得到记录。社会因素和政治因素也影响着随后人们会如何记录和解释一个事件。那么，我们为什么仍然把 20 世纪 30 年代的威斯康星草原当作生态修复活动的时间起点呢？这是我们应当谨记在心的一个问题，当我们探索这一领域的历史时，我们应当时刻牢记这一问题。

霍尔窥探了 19 世纪的历史，企图从中找到一些线索，可以揭示当时的人们是如何将被损坏的土地恢复到理想的状态的。用他的话来说："我内心所扮演的历史学家的角色总是在问，修复活动的历史有多久远，或者说，几十年以来，修复实践发生了哪些变化。我内心所扮演的环境保护主义者的角色又问道，这些早期土地管理者的经验能否帮助我们改进自身的修复实践。"[27] 他提出了对修复活动进行分类的一种方法，这种方法是以意大利修复活动和美国修复活动之间的对比为依据的。他建议说，以人们看待被破坏的土地和理想的土地的不同角度为基础，有三种关于修复活动的观点。这些不同的观点决定了什么是应当被修复的，以及如何修复。他的分类方法的吸引力在于，这种分类方法能够解释人们理解和践行"修复"的方式所体现出的文化差异。这有助于为我们理解各种不同的视角提供宝贵的线索——比如说，在欧洲，当前的关注点是文化地貌，而在北美洲，当前的关注点是荒野，或者说各个不同的地区过去和现在所实施的修复活动存在的差异。当然，在这里我犯了概括化的错误，因为我知道在过去的 50 年中，欧洲的人们越来越多地关注修复荒野区域，而北美洲人也越来越多地关注文化实践。这种两分法至少有助于我们理解修复活动的复杂性。

霍尔将修复活动分为三类，第一类在 19 世纪的意大利土地管理领域非常突出，他将第一类称为"花园维护"。一个高度管理的文化景观，一座花园，是理想的状态，修复的含义就是改进自然衰退过程。我们很容易把花园的景象与伊甸园联系起来：人们竭力重建原始花园。就这种途径而言，文化实践和文化价值与生态过程和生态模式在诸如小规模农场和畜牧业之类的环境中是并行的。由于人类的疏忽而破坏土地，然后人们又通过细心精妙的方法修复土地。霍尔所划分的第二种类别和第三种类别，承认文化应当对土地的退化负责，但是这两种类别蕴含着不同的解决方案。就第二种类别"培育退化的土地"而言，理想的土地状态就是花园，和第一种类别一样，但是人们对这种地貌的理解发生了变化，从而解释人类所造成的破坏。矿区土地复垦就是一个很好的例子。另一个例子是20世纪30年代墨索里尼在意大利所发起的"开垦重整"运动，这个运动试图重新开垦那些因人类的行为而被破坏的土地。但是，这里的复垦运动的主要目标是文化性的，而非生态性的。第三种类型的修复活动在北美洲非常流行，这种类型包括"使退化的土地自然化"。自然过程被当作一种抵制改善地貌修建花园或使土地退化成荒地的倾向的方式，因而得到捍卫。理想的地貌就是人类未曾接触过的地貌，理想的地貌应该像伊甸园那样，这是最原始的荒野地貌，是亚当和夏娃堕落之前世界的样子。

霍尔所划定的这三种类型都是以受文化影响的关于"退化的地貌""降级的地貌"和"理想的地貌"的观念为基础的。他的论据非常复杂，因为当代的北美洲人很难想象土地如何会被自然破坏，或文化实践为何意味着改进与提高。在过去两个世纪左右的时间中，修复实践所发生的变化也让这一问题变得复杂：意大利人从第一种类型和第二种类型的修复活动转向土地管理的方式，而北美洲人则从第二种修复活动转向第三种修复活动。正如霍尔所解释的那样：

> 美国人和欧洲人曾一度觉得人类只会改进土地，而后来他们逐渐相信，人类不仅能够改进土地，而且能够破坏土地……许多欧洲人仍然把人工栽培的花园视为理想的土地状态，而许多美国人则开始相信，理想的土地就是人类不曾接触过的荒野。[28]

本质的变化使得任何简单的修复历史都对关于具有修复意义的教条式观点产生怀疑，并且对此进行纠正。然而，这种整体性的途径呈现了一种不断变化的修复观，一段活生生的历史，我们自身的实践也需要据此重新定位。

广义的修复学历史还必须包括北美洲以外的其他地区所实施的修复活动，这也正是为什么霍尔的比较研究揭示了一个更为丰富的修复学历史，并呈现了范围更广泛的分类方法。达到怎样的范围是合理的？一名来自威斯康星州的修复主义者能够理解苏格兰的修复活动，反之呢？哪种工作更深入荒野，针对修复活动的目标和文化以及自然的意义（假定这些术语即使在一个不同的文化环境中仍然是有意义的）？国家历史和当地文化观点在哪一点上发生了分歧？在美国太平洋沿岸西北部地区修复鲑鱼栖息地的人能否完全理解在沙漠化的地貌中种植树木所存在的问题呢？这是一个不可定性的问题，缺少一种通用的衡量标准。以这一章前半部分所提到的摩拉瓦河的修复工程为例，这些修复工程将生态完整性与文化生动性结合在一起。头脑中满是荒野概念的修复主义者会对保护一片高度管理的湿地草原复合生态系统感兴趣吗？尽管这种活动是具有区域性生态意义的？基西米河修复工程践行者的最终目标与摩拉瓦河沿岸修复工程的践行者们的预期目的是不同的。基西米河修复工程的践行者们的目标是使这条河和与这条河相关的生态社群恢复野生的状态，而摩拉瓦河沿岸的修复工程的践行者们则试图在历史农业实践和生态实践之间寻求一个微妙的平衡点。不同的群体对土地持有不同的价值观，这里取"土地"一词的广义含义，他们所发起的修复工程体现了当代人对于地貌所持有的视角。

比较不同视角的魅力就在于它们突出强调了可选方案的多样性。当我遇到来自其他国家的科学家时——来自以色列的泽夫·那维（Zev Naveh），来自哥伦比亚的卡罗来纳·穆尔西亚（Carolina Murcia），以及来自澳大利亚的理查德·霍布斯（Richard Hobbs）——我意识到有许多的工程正在进行，有许多的事情需要了解；每个区域的修复活动都有其独特的历史和未来。修复活动不是美国或北美独有的，而是一种国际化的实践，包含许多独立的分支。在北美本土践行修复活动的我们一定要小心，不要过于固执地强加我们自己的观点[29]，甚至不要断言修复活动是一种统一的国际化行为，以免最后发现这种方法非常不利于开展当地的实践活动。[30]

单是欧洲历史就揭示了多种不同的修复策略——这些策略在北美洲也有所体现。结果发现，意大利人从1816年开始，就致力于研究"模仿自然"的方法，以水文学者弗朗西斯科·蒙戈蒂（Franscesco Mengotti）的研究为起点。同样，在法国，在19世纪中叶，有一项旨在修复被侵蚀的山坡以及过度放牧的土地的活动（也用"修缮"一词）。乔治·帕金斯·马尔什（George Perkins Marsh）可被称为北美洲早期自然保护运动中最重要的力量，但是这一点是存在争议的，从1861年到1882年，他被派驻意大利担任大使。他的文章中渗透着对欧洲土地管理实践的评价。他最著名的作品是《人与自然》，这本书的第一句话就声明了"修复资源耗尽地区的可能性与重要性"。[31]毫无疑问，在马尔什的著作中，北美洲盛行的观点和欧洲盛行的观点被融合在一起，而且欧洲大陆的修复技术和途径有可能给美国人带来了很多启发和灵感。

打破信仰，从而暴露出修复实践文化偶然性的一种方法就是挖掘历史。甚至今天支持重建无人类存在的生态系统并将其作为修复活动的首要目标的北美修复主义者也受到"双重传统"的影响，这些修复主义者一方面包括受功利主义影响的土地管理员和资源管理员，而另一方面又包括受美学影响的土地建筑师和设计师。类似地，意大利的修复主义者找到了自己独有的修复途径，他们的修复途径以渗透文化和历史的地貌为基础，特征显著。由于最近几十年经济的发展和城市化进程的加速，北美的生态学家和修复学家经历了生态系统的快速变迁。20世纪60年代初期，我还是一个小孩，我记得在多伦多北部，我家门前马路对面的农场被改建成了1 500户住宅。10年以后，多伦多又侵占了我们的旧房子。在这种情况下，修复主义者呼吁回归人类迷失前的状况，或者至少回归早期的状况，对此我们丝毫不感到惊讶。但是和欧洲人一样，北美洲人与蜕变的植物和动物生活在一起的时间已经很长了，因此回归原始状态对他们而言几乎是毫无意义的。北美人和欧洲人这两个群体互相都不能理解对方的做法，对对方的修复途径心存疑虑，有时还表示反对。

因此，修复学的研究可以从两方面出发，一方面是不同群体对破坏所持有的不同观点，另一方面是修复活动践行者致力于追求的不同的理想状态。对于我们看待"破坏"的方式而言，这是一个至关重要的见解，无论是由于人类活动过多还是过少，都会影响到我们选择哪些区域进行修复，以及我们采用什么样的途径进行修复。对于许多美国人来说，"破坏"与任何干扰生态完整性严格定义的人类行为相关。对于许多意大利人而言，牧场地貌和农耕地貌是标准地貌，如果没有实施放牧活动或农耕活动，那么对土地是有损害的。对于意大利人而言，文化特征和生态特征都可创造价值。

如果更进一步地阐述关于修复活动的常规表述的话，那么我们所修复的对象也取决于我们是否认为地貌上有人的存在能够改进这块土地，以及我们是否认为生态过程对于修复活动是最有效的。对于霍尔而言，这一点区分了园艺活动和自然化进程：

如果一个人相信人类活动能够最好地改善土地，那么这个人就会通过与园艺活动近似的过程实施修复工程；然而，如果一个人相信自然活动才能最好地改善土地，那么这个人就会通过可被称为"自然化"或"恢复荒野状态"的进程实施修复工程。园艺工作者提倡在自然地貌上应用人类文明，而自然主义者则倡导在文化地貌上恢复自然状态。[32]

美国人采用自然化的进程，而意大利人则采用园艺活动，这可能只是一种大致的说法，但是这也是归纳这两种相反的修复途径各自特征的最简洁的方式："因为修复活动是使土地回归理想状态的过程，因此现在我们就能够更好地理解为什么意大利人认为美国人在自然地貌上应用的人文要素过少，而美国人则认为意大利人根本就不是在实施真正的修复工程。"[33]

难怪我们很难找到用唯一的观点来概况修复工程！当比较北美人和欧洲人关于修复工程的不同看法时（假设美国的实践象征着北美的修复工程，而意大利的实践反映了欧洲的修复工程），我们忽视了南半球，在南半球，如此多的修复工程正如火如荼地进行着。随着修复工程的历史上添加了越来越多的篇章，关于"破坏"的不同理解以及从更广的文化范围中提取出来新的理想状态对于我们对修复工程的理解都会起到一定作用。

每种文化传统各有特征，这种特征产生的根源是复杂的。地貌建筑师和园艺工作者在塑造北美的生态修复工程的特征中发挥着重要作用。美国的地貌设计师弗雷德里克·劳·奥姆斯特德在他生活的年代被视为一个激进派，他的作品迄今仍然受到高度称赞，并被当作一个展现如何把自然带到城市居民触手可及范围内的典型例子。尽管受到这样的称赞，但是奥姆斯特德在其所有作品中都运用了一个突出的技巧。纽约的中央公园是他最著名的作品，几乎可以说是从一块基岩建造起来的；所有的河流、池塘和树林区域都是设计出来的。大多数人会争辩说，这不能称之为修复工程。但是奥姆斯特德对自然化地貌的看法帮助他在地貌设计中创建了一种非主流的传统，从而产生了一系列非常引人注目的项目，其中许多项目要么展现了自然化的地貌，要么充分利用当地的植被展现了设计者设计的地貌。整体说来，公园为倾向于修复主义的人们提供了丰富的画面。几乎每一个走过温哥华史丹利公园的人都会对这个地方所具有的荒野特征留下深刻印象，其中包括公园修建前就已存在的一些森林，游客也会对这里经过修整的区域留下深刻印象。伊恩·麦克哈格的《设计自然》一书出版于 1967 年，这本书对拥有强烈环境意识的地貌建筑师和环境设计师产生了深远影响。[34] 将生态概念融入地貌设计项目中，引起人们对生态完整性和持续性更广泛的关注。这么多的地貌建筑师都是生态修复协会的成员，这一点丝毫不让人感到惊讶。

来自北美不同传统的园艺工作者都对提高人们对于自然进程和自然形式的意识作出了贡献，因为他们将自然置于人类居住空间的中心地位，并迫使人们承认在任何花园中能够完全得到控制的只有这么多。许多园艺工作者都是业余爱好者，他们的天真以及缺少规范性使他们执行了一些高度独立的试验和途径。对于修复活动志愿者，例如威廉·史蒂文斯（William Stevens）在对芝加哥北支草原修复工程的叙述中提到作为中坚力量的志愿者，他们中不乏严肃的园艺工作者。这是那些自行从事播种育苗工作、研究植物的科学名称、详细记录其所实施的活动的园艺工作者。[35] 当然，多尼花园就是这种情况，参与多尼花园修建工程的许多志愿者都曾有当园丁的经验；他们已经适应了和土壤及植物打交道，并且习惯于高强度的体力劳动。

自然化园艺运动开始对当代修复活动产生影响。风格是园艺至关重要的组成部分，从西南部的节水型园艺到东北部的农业复合园艺，都是园艺风格。在所有园艺活动中，美学评判也愈发突出，无论重建一个微型生态系统的意愿是多么纯粹，园艺工作者总是在修整、剪枝、装上栅栏、移栽植物，等等。高度发展的园艺形式，如日本园艺，其目标是创建一个微观世界，从而将复杂的结构和自然意识纳入一个独立的空间中，这些与修复工作相关吗？如果我们在园艺活动和修复工程之间划定界限的话，那么区分这两个领域的界限就是一个常规与判断的问题了。

在这条分界线附近有许多观点是由不同的价值观、实践和历史构成的。因此，修复主义者、复垦主义者、生态学家、地貌设计师和园艺工作者对于自然应当呈现怎样的外观以及应当怎样运作所持有的观点是不同的。每个人解决问题的方式都是不同的，看待急需解决事情的方式也是不同的，判断答案正误的标准也是不同的。但是，他们中的每个人都与修复主义者有着共同的忧虑和关切：他们以土地先前的状况为指导，或多或少地以生态完整性为中心点。在我看来，我们所面临的挑战并不是描述哪种类型的修复活动更加纯粹；

相反，我们面临的挑战是弄清楚人们所理解的必要性以及任何一项具体的修复工程所设定的目标背后隐藏着怎样的观念。如果我们提出相反的建议，坚持认为我们已经弄清楚了所有事情，并且确切地了解生态修复的长远意义，那么我们就犯了狂妄自大的毛病了。

正确理解生态修复的意义和它涉及的范围，既容易又难以把握。直觉会引导我们去追求回归更好原始状态的愿望为基础的修复活动。但是，在这种闪光的表面之下，隐藏着的是环环相扣的历史痕迹。几十年以来，修复生态学从一系列不同的视角开始一步步演化发展，这些视角包括保护生态学、应用生态学、地域管理、湿地恢复、复垦以及其他相关领域。然而生态修复不仅局限于此，以社群为基础的运动、城市重建、自然园林种植、地貌设计和社会争议视角也包含在生态修复领域内。修复一词的定义应当包含上述所有内容，这就是为什么人们花费笔墨写了这么多关于生态修复的核心和界限的文章，以及为什么人们爆发了这么多激烈的争论。对修复活动进行定义是一种挑战，这种挑战就在于如何面对修复活动所具有的跨领域特征。这种跨领域特征使得对自然和文化的常规区分方法不再适用，并且颠覆了我们对于人类参与这些宝贵地方修复的看法，影响现代地貌状态，或者如某些人所说的，影响后现代地貌状态的核心。修复活动处于当代文化信念的边界位置，修复活动邀请技术社会对其进行评价。其中一些界限促使我思考生态修复的意义：在生态修复协会所举行的会议上，可能性与历史遗产之间的界限；我在空中之屋所看到的沼泽地和劳德代尔堡之间的界限；在基西米河畔所实施的修复活动与迪士尼荒野度假村仿制自然之间的界限；修复主义者在生态修复协会会议上衷心付出的努力，与内河航道沿线游艇发出闪闪光芒之间的界限。

3 什么是生态修复？

修复的本质是一种克服某些人为因素的尝试，而这些因素将限制生态发展。这给了我们很好的机会，用实践来测试我们是否了解生态发展和生态系统运作。实际的修复过程通常会受到工程或财务因素的主导，但是其基本的逻辑必须是生态性。

——A.D. 布拉德肖（A.D.Bradshaw），《修复：生态系统的试金石》

毫无疑问，要是有个固定的术语肯定是有益的，但是目前似乎还没有一个统一的术语。我们认为，针对该如何命名我们在生态修复领域的工作所展开的无休止的争论，是偏离现实且浪费时间的事情。

——R. J. 霍布斯（R. J. Hobbs）和 D. A. 诺顿（D. A. Norton），《建立修复生态系统的概念框架》

修复工程与其他工程（复垦工程）的区别是什么呢？生态修复系统的最基本定义是什么呢？核心概念是什么？我们是否应该关注如何定义生态修复？霍布斯和诺顿的观点是正确的：人们一直无休止地在争论什么是生态修复。对于这个术语的定义，每个地区的差别很大。一些人将修复生态视为生态性恢复，尽管这两个词是一个意思；但有些人却仔细区分这两个词的意思。环境修复与生态修复的意思一样吗？在北美地区，修复一词一般是将环境恢复到其原始状态，即恢复至人类使其退化之前的状态。在第2章，我提到过这种想法不太适用于大多数欧洲地区的生态恢复者，因为他们所面对的环境已经被人类改造了千年，而且在世界上很多地区都是这种情况（包括美国）。实际上，"原始"这个概念在世界上大部分地区有着重大意义。一些人将生态健康视为生态修复的正确目标，而还有人想要捍卫生态完整性。这些概念的差别是什么？它们是否会造成不同类型的生态修复？

尽管我赞同霍布斯和诺顿的观点，即"无休止的争论"已经开始，但我认为他们没有重视术语混淆的严重性，所以这种做法是错误的。对描述和定义的混淆反映出他们没有足够理解这个概念，即其在广泛引用的文章中宣扬的概念。这就好像一个植物学家声称自己懂得分类学，而实际上没有真正理解分类命名法。除了霍布斯和诺顿，其他人讽刺性地评论道：针对这个定义的各种各样的争论只是语义争论。在某种层面上，这是真的。修复工作是很重要的，因此不能因为无休止的技术争论就拖垮修复工作。但我认为，在20世纪80年代后期，很多人没有意识到定义生态修复有多难。直到现在，一些理论问题才被宣扬出来。否定性概念争论忽视了语言在塑造信仰和实践过程中的作用。通过在语境下使用文字，语言有了意义，但是如果将语言与使用语言的人分开，语言就是枯竭无意义的。这表明，我们应该学会小心使用语言。

由于社会和环境的发展往往偏离我们的期望值，因此在表达对社会和环境发展的不信任时，美国散文家温德尔·贝里（Wendell Berry）说道："最糟糕的危险就是一种发展使得语言丧失，即混淆意义与实践，或被敌人抢占。"[1]令他恐惧的是，他的直觉表明，有机农业一词（他将其视为社会和环境活动）可被同化至工业单一文化中。对于生态修复来说，也是这种情况：很有可能对生态修复的解释将无视其支持者的意见。需要对修复工程进行监控，以确保不改变初衷，修复者也应该监控修复概念，以保证理念忠实于原意。忽视语言的作用也会造成对生态修复的认知差异。我们必须先给出一个可接受的定义，才能决定什么是好的生态修复。若无法区分项目的好坏、优劣，或者是无法区分是否是修复项目，那么生态修复活动——科学、专业实践、社区志愿者活动以及任何其他类型的活动——就会存在失去其优势的风险。

本章探讨了生态修复的几种不同含义，目的在于确定广泛适用的核心概念。我的结论是，有两种生态概念：生态完整性和历史保真度。当整理出生态修复实践和理论的复杂组合时，剩下的问题就是关注生态修复（完整性）所产生的生态系统质量，以及在何种程度上反映该地区的历史（保真度）。关注历史条件是生态修复的一个主要特性，使其与相关的实践区分开来，例如再生和恢复。通过提及变化范围，我在本章中引入了历史保真度，这个概念对于生态修复专家和环境管理者来说会越来越重要。对于参考条件的概念，在第4章将会有更详细的解释。除了考虑生态因素，文化因素也塑造了生态修复的特征。在第6章，我提出了第三个关键概念，即焦点实践，以确保良好的生态修复包含社会参与，并强调添加生态修复的生态和文化值。最后，在第7章，我提出添加荒野设计。生态修复基本上是设计实践，而面对的挑战将会增强我们良好的生态设计能力。

由于各种原因，用语清晰度变得很重要。首先，文字塑造世界，需要提高注意力以理解我们如何使用语言描述理论和实践。女性主义理论家曾经告诉我们，要警惕如何使用语言，这是很重要的。例如，若我们根据干扰条件对生态修复预先制定规范，本质上是激发强烈的荒野观，那么世界上很多农业生态项目将在生态修复范围外。其次，在强调生态修复的定义多样化以及与其使用相关的争议时，很容易显示出该区域的可塑性。很多人处于观望等待状态。再次，我赞成包容性定义，能够适用于多种项目，但是这是很危险的。若发生任何不利情况，那么那些只看到生态修复商业价值的人们就会参与到生态修复中。最后，在我看来，为了更好定义良好的生态修复，还需要参考我们的整体观点，包括社会、文化、美学、经济、政治和道德价值。那么，本章的重点就是得出一个定义，明确生态修复的文化意义，这将在后面的章节中论述。这种概念始于以常规方式定义生态修复，以及与我们一般概念的生态修复的关系。生态修复与很多类似实践相关，对于这些实践活动，人们也正在环境管理的新兴领域展开激烈竞争。我建议对生态修复进行分类，使其与各种实践活动联系起来。接下来，我想谈谈1994年在生态修复会议上的有启发的活动。人们对几个案件进行了严格评估，以确定核心生态修复概念。曾经确定了很多正式的生态修复定义，又取消了，回顾这些定义，就能得出当代生态修复的核心。我关注生态修复协会在1996年和2002年制定的官方定义。根据这些定义，我得出了一些关于生态修复的基本想法：过程和产品、协助性修复、管理、变化的历史范围、参考条件和生态完整性之间的区别。最后，为简单起见，将这些概念简化为生态完整性和历史保真度。

专用名词和分类

生态修复是相对较新的实践活动，因此词典上还没有记载能够使我们满意的定义，这也不足为奇。但是，修复（restoration）一词却具有相当长的历史。《牛津英语词典》给出了六个不同的含义，其中第四个定义是"将某事恢复至未受损或理想状态的活动或过程"[2]。这是指对一些事物的修复，即建筑、艺术作品、几乎灭绝的动物、牙齿结构以及适用于恢复至以前状态的任何事物。[3] 当我们转为研究一个古老的拼写变体时，研究逐渐深化，这个词就是restauration（修复）。该词是法语restauration（修复）的衍生词，也衍生出英语restaurant（餐厅）一词，用在14世纪时，其包含决定性的神学内涵。这个词的四种定义中的第二个定义与当代定义最接近，尽管其在14世纪末期开始普遍使用："将物质性的东西恢复到其正常状态"。这些不同的定义确定了一种情况，即修复的含义取决于不断变化的社会习俗。这当然是个适应不同语境，且有可塑性的词，被广泛使用于不断变化的环境中。[4]

当然，修复是个名词，而且动词的修复也有很多不同的含义，比名词的含义还要多。例如，《牛津英语词典》中所列的九个定义中的第六个定义表明，该词的意思远不止恢复至原始状态："使（人或事物）恢复至之前的、原始的或正常状态。"这个定义更适用于该理念，即生态修复不一定是将生态系统恢复至任何原始状态，即使这是可能的。"正常状态"这一理念与生态完整性和生态健康的理念是兼容的。

我们假设在概念性世界里，有修复物种属于生态修复的领域（图3.1）。在生态系统管理中发现这类领域，以及无数其他类别，例如保护生物学、复垦和缓解。对该体系进行分类，其中所有实践都是对环境有益的，即至少实践者认为其是有益的。这种概念性分类在全球存在很多争议，即这些实践活动是否真的是对生态和环境有益的。当然，关于什么是好的定义是随着时间在变的，这就导致不断的变更分类。此外，这种分类会根据区域差异有所变化，而不是通用的，这就意味着一些人认为属于该体系的实践活动，其他一些人可能不这么认为。对类别的排列变化也很大。例如，一些人可能会认为保护生态学是把保护伞，其采用了一系列其他措施。持这类观点的分类学家（主要是保护生物学家）认为保护生态学应该是个单独的包容性体系。因此，生态修复应该是该体系中的一个分支。还有一些生态修复者捍卫生态修复的核心地位，将其视为大时代文化下的实践活动。这种霸占情况迫使环境实践活动被安排在单一体系中。因此，无论如何定义，都可将单独的实践活动视为单独类别，若需要，可创建附属类别。由于分类讨论不可避免，争论将会围绕着分类问题不断出现。生态修复是一种包含所有实践活动（包括复垦、植被恢复和缓解）的大类群吗？或者生态修复是否最好地保持了单纯的范围，使一些其他实践活动归属在其自身类别中？

属群生态修复的基本结构提出了具体的实践做法，即在实践中赋予历史性目标。这意味着通过定向活动可以找回失去的东西，或者重申之前的广泛字典定义之一，即"将事物（生态系统）恢复至之前的、原始的或正常状态"。有时将生态修复和环境修复视为同义，且文学中有时会互相借鉴使用这些术语。[5] 尽管我还未看到过针对该问题发表的辩论，支持每种观点的辩论均在不同程度上存在。我更偏向于生态修复，因为它强调修复工作是系统性的，且植根于对生态进程和模式的深入理解。此外，生态修复已经变成记录术语，比如生态恢复学会的命名。

修复生态学是否应该有其独立的属群呢？回顾第2章，修复生态学是应用生态学的一个分支。生态修复结合一些实践活动，以创造广义上的生态修复：协助进行生态（以及文化）完整性修复的全球性运动。修复生态学从属于生态修复。威廉·乔丹认为，生态修复是一种运动，也是一种生活方式，还是一种科学追求。正是这种抑制性，使得生态修复协会会议很刺激；行动者、科学家、政府官员、哲学家、顾问和社区志愿者都参与。生态修复不是专业化的，尽管很多专业人士称其是专业性活动。[6]

到目前为止，我已经为生态修复提出了一种属群概念，其中至少包含了修复生态学的科学实践和理论。还将发现什么？还应排除什么呢？这将用到第2章提到的边界设定问题。生态修复占据了中间地带，其中有关环境管理传统的价值观和信仰遭受挑战。是否应将语言和活动"复制性"，即复垦、整治、恢复、植被恢复等归入生态修复中，或者是否为其设定足够范围，使其在广泛的类群中保存其自身属群？需要对修复给出更严格的定义，使其便于辨别，这也是我们在本章后面将要讲述的。首先，让我们先来看看其他方面。

复垦与修复密切相关。复垦某种东西就是指从一种不良状态中拯救它。一般来讲，复垦旨在改变因资源开发或不良管理造成的土地破坏，使其能够重新生产使用。这在很大程度上取决于人们如何解释"生产使用"。"改造"一词在19世纪后期出现在环境词汇中，用以说明使土地适合耕种。美国的复垦局在1902年开始运作，主要在水源有限的区域创建耕地，安装永久和较小的水坝、运河和改道，复垦局从种植的角度将边际土地改造为生产性种植地。该词在20世纪中期有了更多的含义，在某些情况下可称为修复：将受损的土地转化至其之前状态。露天采矿作业留下的洞是复垦的主要对象。复垦目标也很多，包括工程，例如堤岸加固、砍伐木材和农地。在某些情况下，这些复垦目标主要是促进野生环境和植被生长。贾斯珀国家公园外面有卡德莫河煤炭公司山坡复垦项目。这个项目非常成功，它为落基山脉的山羊提供了草料，尽管如此，但从其他方面讲，这个项目的生态价值还有待商榷。

与复垦紧密相关的是"整治"这一概念，是弥补生态侵犯的过程。这是协助性修复的重要工作。但是，通常情况下，由于缺少对历史条件和生态完整性恢复的关注，使得修复和整治之间的差异很明显。

恢复与修复几乎是同义词。恢复就意味着重新建造或恢复至之前状态，或者如E.B.阿伦（E. B. Allen），J. S. 布朗（J. S. Brown）和M. F. 阿伦（M. F. Allen）所说，是指

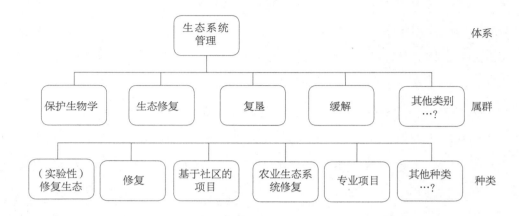

图 3.1
生态修复的分类学关系

创建"一个与之前不一样的替代性生态系统,具有实用性而不是保护价值"[7]。在通常情况下,恢复是个更灵活使用的词。它可指根据生态目标进行修复,或创建一个以谨慎和美学为基准的可接受的生态状态。或许与修复相比,恢复的历史因素更少。

植被恢复是个常见术语,有很多含义。基本上,它是指在裸露或不能提供自然再生的区域建造植被覆盖层。这个过程涉及种植和播种,且没有特别使用当地物种。天然植被恢复是指允许通过生态进程建立植被保护层,而无须人工干预。这种方法可能会涉及当地物种的培育;通常情况下,在地况不好的地方,杂草丛生的外来物种是主要的生存者。

在这个大体系中有很多重叠的且与生态修复相关的做法,一些做法仅仅是开始寻找熟悉的使用方法。"重新安居"这个词是斯蒂芬妮·米尔斯推荐的,他是《服务荒野》这本书的作者,因为这个词促使人们在生态系统中寻找有意义、互相尊重的生活,而不是在一个地方不断重建历史状态。她说道,住宅这个词确实对生态系统的长期完整性特别重要。生态修复协会的定义中使用修复这个理念是为了说明将某事物还原到以前状态的这个过程。再生是个给人以希望的词:它所描述的过程更为积极,这意味着在产生新事物的同时还原至之前的状态。

再回到分类这个话题:应不应该将上述做法和与其类似的做法归入生态修复中?关键

的标准是生态完整性。若某种做法承诺增强受侵害地区的生态完整性，且这种完整性是受历史因素影响的，则这种做法就属于这个属群。如这种做法没有达到这些要求，正如一些只关注生产能力而忽视生态完整性或历史保真度的复垦项目，则属于另外的属群，也许也在统一体系内。因此，像"恢复"这样的做法可能是属于生态修复属群的，但像复垦、整治和植被恢复这样的做法就不属于生态修复属群。杂交无处不在，就像植被恢复项目，其使用天然种植，最终类似于修复项目。在这种分类系统中需要灵活处理，尤其是因为人们正在努力试图清晰地认识生态修复。

鸭子测试

从分类学的角度来看，生态修复应被视为环境保护大类下的一个子类。在这个子类中，有很多相关的做法都是为了实现历史保真度和生态完整性。从这种背景中我们可以提炼出怎样的定义呢？让我们回到 1994 年，这时生态修复学会刚刚成立，政治和政策也在不断变化，人们为"修复"一词给出官方定义的尝试再次失败。围绕定义展开的争论表明在实践描述方面达成共识是多么困难。这是在密歇根州东兰辛举办的生态修复协会第六届年度会议。

密歇根州中部八月的天气非常可怕，热度和湿度都让人难以忍受。一群三十岁左右的参与者坐在室内开研讨会，标题就是"定义，定义，定义！"通常我们会避免这种像瘟疫的事件，因为这是支持包含了至少幻灯片或实地考察的会议。但这是在 1994 年，也只是生态修复协会成立之后六年。在这种局面背后，董事局正面临财政危机、领导纠纷的问题，且在仅仅六年中，已经对"修复"一词给出了至少三种官方定义。这种不受欢迎的会议加速了在定义和整治领域的变革，部分原因是生态修复协会的领导们决定出乎意料地收敛。[8]

这次会议的目的在于提出如何定义"修复"这种哲学问题。相反，我们发现自己处于激烈的政治辩论的旋涡中。我们背负着压力，急需找出解决这种定义问题的方法。邓恩·阿波斯托尔(Dean Apostol)是生态修复协会的长期成员,他认为我们应该暂离议题,通过"鸭子测试"达成共识。茶歇来得恰到好处，在此期间，阿波斯托尔草拟了五组案例。这些案例被称为"鸭子",古谚云,若某物看起来像鸭子,叫起来像鸭子,走路也像鸭子,那它肯定就是只鸭子。因此,若针对某一特殊案例是不是修复项目我们能够达成共识,那么这将有助于确定核心要素。这种战略是有效的,至少我们是这么认为的。

阿波斯托尔首先奉上一只最硕大的"鸭子":柯蒂斯草原。正如我们所看到的,美国生态修复主义者 20 世纪 30 年代在威斯康星大学植物园将草原修复看作是当代生态修复的起点;他们将柯蒂斯草原(以古老的威斯康星州的植物学家约翰·柯蒂斯命名)视为黄金准则。也就是在此,特德·斯佩里、柯蒂斯和其他人开展了很多早期试验,包括采种、处理、栽培和制定火灾等。[9] 在专题讨论会上,我们针对这种所谓的强大修复立即展开了辩论。我们是在评价一个产品或过程吗?需要多久时间才能将柯蒂斯草原评为有效的修复?一些人认为,修复的目标是消除人为干预,以便发挥自然进程的作用。柯蒂斯草原就是一个项目范例,需要定期维护以维持所需特性:避免灌丛更替和杂草侵袭,以确保物种多样性和丰富性。令人惊奇且愤怒的是,阿波斯托尔又奉上了第二只"鸭子"。

这个案例包括将烧荒引入之前野生的森林景观中,以便在自然变化范围内将其恢复至原状。在 20 世纪早期,引进烧荒的做法使得过去几十年景观发生了巨大变化,这也是北美地区常见的现象,包括贾斯珀国家公园(请参阅第 1 章)。通过精心控制的烧荒带来一系列改变,这种做法算不算生态修复呢?立即会出现一个问题:我们称它为修复项目,是就它的做法而言,还是从它所取得的结果中推论出来的?我们是否要等到某种烧荒的模式成熟后,才将它称为修复项目?烧荒这种方法在更大面积的景区会起到不同的作用吗?抑或是与在小片草场上所起的作用类似?在禁止几十年之后,我们如何谨慎地将原住民的烧荒引入景区中?后来成为协会董事会成员的迈克·牛津(Mike Oxford),曾由于使用"enhanced(增强)"一词引起了社会的强烈批评,这使得"enhanced(增强)"一词在英国和美国有着不同的含义。对于很多北美生态修复主义者来说"enhancement(增强)"一词带有不好的含义,因为正如安迪·克里韦尔(Andy Clewell)指出,它意味着"打了鸡血的生态系统"。但牛津其实只是想强调我们追求的不只是修复并保持现状。他的谈话被曝光,被视为代表北美的观点。对"修复"一词的定义可以是通用的吗?

第三只"鸭子"涉及类似于野生森林模式,只是森林被替换为耕地。在使用几十年之后，某农场被废弃。这十分适合这地区残存的野草，生态系统面临着相当大的威胁。废弃的农场将有助于这种野草地修复，尽管记录显示在开垦之前这里被森林覆盖。这也算是只"鸭子"吗？与会者马上开始了激烈的争论，大多数是围绕着这个论点，即为了修复某种事物，这种事物在之前某些时候是存在的。有两种防守策略思路。第一，若我们足以回到以前，当时气候条件和区域生态发展进程和结构都完全不同，那么就可以找到各种各样的替代方案的理由。第二，对于这样的修复，什么样的目标是合适的？尼克·卢波金尼（Nik Lopoukhine）认为，应该根据生物多样性的要求制定一个合理的目标；野草地属于受威胁的生态系统，必须创造条件使其蓬勃生长。劳拉·杰克逊（Laura Jackson）想到了一种折中的局面："更现实地讲，人们会通过选择一种物种将其变为一个大草原，所选物种代表该地区边界，因此这是试验性的。在某个区域内，这可能是创造性问题，但在大环境内，所选物种若与历史上或史前植被一致，这可能就是修复问题。"

这只特殊的"鸭子"向我们提出了一些基本问题，即生态修复将要实现或应该实现什么。我们完成，然后再舍弃，尽量消除我们的存在和干预，这真的是一种良好的修复吗？或者，持续参与，变成系统的一部分或生物群的成员，才是修复主义者的最高追求？詹妮弗·赛菲认为，每种修复都有三个相互关联的方面：意图、过程和成果。明确的意图即目标，换句话说，必须在开始任何修复之前实现，这其中包括各种各样的潜在生态和文化考虑因素。还需要合理的过程，以确保适当参与修复，并确保项目保持在修复的规范范围内（即制定合理界限，确保修复的长期过程中涉及了多少人为管理）。最后，最常见生态修复的传统核心是成果：努力修复的实际结果是什么？赛菲的观点很简单，即必须同时考虑以上三个方面。

第四只待测试的"鸭子"包括通过放牧、切割和农业来改变的一些植被，这就更接近之前的状态。这次在新的经济体系中，主要关注的是小规模的采伐橡子、粮食、蘑菇、花卉、树木以及蜂蜜等。这种情况下，生态修复是指重新开发一套生态网络以及新的经济。阿波斯托尔认为这将是只特别有争议的"鸭子"，但是在座的人达成了高度一致：只要精心设计，这个项目实际上也可以视为创新性生态修复的典范。生态修复将成为一种加深与土地文化关系的方式，而不是扩大机构的维护方案。

第五只也是最后一只"鸭子"是基于在华盛顿和俄勒冈州将要发生的情况，这对阿波斯托尔来说是重要的案例："我们有着相同的野生森林，受到了小规模的树木砍伐和道路建设等行为的影响，大约 15% 至 30% 的原始森林保留了下来。我们的环境出现了问题，因此我们制订生态修复目标：一万到两万英亩。我们选择将原木放入溪流中，以改善鲑鱼的栖息地，我们选择退还 50% 的道路以减少水土流失，我们选择减少种植园以提高结构多样性……这算是只"鸭子"吗？针对这个问题，有各种各样的意见。一些人仍然回味着下午的谈话，他们认为这是明智的行为，但不是生态修复。另一种说法是，生态修复的连续性延伸，像上述那种项目可能存在大量"待实验性内容"。或许"rehabilitation（恢复）"一词更适用于这种工作。这个词意味着正在恢复一些明确的破坏性做法，以实现生态目标。作为一种过程，这或许可以叫修复，但最终产品不是生态修复，因为上述做法产生的结果不足以达到经过修复的生态系统要求。

在密歇根州整个潮湿的下午，植被演替的话题被提了一次又一次，会议要结束时，来自英国的吉姆·哈里斯（Jim Harris）问道：若蓄意干预已经像田园般管理了近千年，针对植被演替所威胁到的草原，协会人员会作何反应呢？北美生态修复主义者会提出怎样的意见呢？若放任目前的情况不管，则草原将消失。无论是通过重建之前的人类实践或通过制定管理制度来模仿之前的演替活动，都需要人为干预来确保这片残余区域永久的生命力。通过文化解释得出的答案是：在英国，人类历史活动的时间更长[10]，而这些活动对民族身份至关重要，生态修复主义者可能会选择干预政策。很可能在北美的生态修复主义者将选择放手不管的做法，尽管很难通过任何精度来比较这两种做法。似乎环境质量标准和生态修复主义者所持的文化观点对这片区域的影响很大。不管如何定义"修复"这个词，即使像国际协议这样重要的机构，定义也必须包含这种不同的做法。

在理解"修复"一词的过程中，存在很多的思路：从土地储备到植被恢复，到外来物种控制，这些都被纳入一个超大的属群。与此同时，对这种广泛使用所暗示的内在矛盾，人们都保持着可怕的沉默。[11] 对不同的人来说，"修复"有着不同的含义，这种情况就使得很难定义什么是"修复"，但更重要的是，"修复"应该是什么。一般来讲，很容易识别"修复"，这也是最普遍的定义得到认同的原因，但若施加限制和规范，则我们对定义的思考就混乱了。密歇根州的讨论会是为了消除疑惑。若疑惑没有消除，那么我们就会感到惊讶和愧疚。

传统的定义

丹尼斯·马丁尼兹（Dennis Martinez）是原住民修复网络的创始人和董事长，1995年11月，我被生态修复协会董事会邀请去管理科学和政策工作组。毫不夸张地说，董事会成员正陷入"定义大战"中，但这些忠实拥护者几乎每两年就通过一个官方的协会定义，大家疲于应付。本来是万无一失的定义又被证明是错误的。马丁尼兹和我针对不同的定义选项咨询了董事会和协会成员，我们几乎用了一年时间得出了一个可接受的定义。我们在1996年罗格斯会议上对草案展开讨论，最终，在1996年10月，董事会投票通过了这个新的官方定义（详情见后）。

1990年最初采用的定义使用的时间相当长，但争议也最大："生态修复过程是人为地改变一个地方，建立一个规定的、原始的历史生态系统。这个过程的目的就是模拟指定生态系统的结构、功能、多样性和动态性。"[12] 这个定义（包括之后提出的一个类似定义）表明在什么是最基本的"修复"以及修复主义者想要实现什么这些问题上没有达成一致意见。例如，有些人认为对于之前的标准不能望文生义，从这方面讲，准确性的锚定说明了为何某个时间段优于另一时间段。还有人认为之前的标准在一些地区是不切实际的，即之前的生态痕迹已经被消除的地区。使用"原始"一词是为了掩饰广泛和长期的人为参与，即原住民已经参与大多的生态系统，而这些生态系统被欧美人视为原始的。欧洲修复主义者困惑于什么是原始：在能够追溯至千年以前人类活动的地区，可以把什么称为是原始呢？

随后又出现了其他生态修复协会的定义。在所有这些定义中，都或多或少反映了科学原理和社会意识之间的平衡。当然，生态恢复协会没有垄断对"修复"一词的定义。其中一个最广泛引用的定义源于美国国家研究委员会（NRC）的报道：

将"修复"定义为生态系统恢复至最接近人类干扰之前的状态。在生态修复过程中，对生态破坏进行修复。对生态系统的结构和功能进行重建。若只重建结构而忽视功能，或者人工修复的功能与天然的生态功能不相似，也不能算是生态修复。修复的目标是模仿自然的、正常的、自我调节系统，并调节系统中的生态景观。通常情况下，自然资源修复需要以下过程之一：重建前期物理水文和地貌条件；化学清理或调整环境；生物处理，包括植被恢复和重新引入缺乏的或目前不能存活的本地物种。[13]

这个定义因其细节以及关注功能修复和结构准确性之间的平衡而受关注。但是，这个定义没有体现出生态修复实践更广泛的文化背景。布拉德肖和查德威克的早期定义很类似："将生态修复作为一个术语，描述寻求改善受损土地或重建被毁掉土地的所有活动，并将这些土地恢复至有益的使用状态，与此同时，生态修复具有多样性潜力。"[14] 文献中符合这一技术水平的定义很多。

一些生态修复主义者，特别是约翰·凯恩斯（John Cairns，生态修复界的鼻祖，美国国家研究委员会的主席）和丹尼尔·简森（Daniel Janzen，生态学家，以其在哥斯达黎加的陆地热带雨林的修复工作著称），提出 1992 年版的定义应将科学和社会因素考虑在内。凯恩斯提出"生态修复，这也是重新审视人与自然社会关系的过程，以此平衡修复和破坏之间的关系，也许修复性实践活动最终会超过破坏性实践活动"。[15]

简森建议在热带生态系统中进行生态和生物性修复，这使得人类和自然之间的间隔持续存在，但他认可了一个更显著的互利关系，比农业生态系统的经济可持续性更加互利[16]。马丁尼兹描述了北加州的辛克尤利田园（Sinkyone Intertribal Park）项目，将人类与自然的统一性推进一步。在这个地区，土著人居住了上千年，他们与生态系统一样在不断发展。该地区生态修复所面临的挑战是确保生态健康和可持续性经济活动（例如影响不大的采伐），并优化文化实践活动。若这种实践成功，这个项目会恢复这里的景观，包括背离很多生态主义者直觉的文化和经济实践活动。辛克尤利为大规模生态修复提供了范例，并包括了与生态修复工程不相符的文化、政治、经济、美学、历史和道德实践。[17]

有些看了这种定义的人们仍然疑惑，针对"修复"的适当定义展开辩论是否会对修复性实践活动的定义产生重要影响？定义一个明确功能就是划分包括什么、排除什么。太狭隘的定义会产生风险，将"修复"一词的定义边缘化，将会苛求广泛的生态管理实践活动。太宽泛的定义会使修复性实践活动变得模糊，出现一些潜在不相关的举措。因此，面临的挑战就是找到一个可接受的定义，既体现生态现实，又意识到文化意义。

1996 年，马丁尼兹和我在讨论官方的生态修复协会定义时，从我们与生态主义者的对话中收集了这些观点。我们想要确保定义足以适用于广义背景，并提供标准，以便能够区分修复性实践和非修复性实践。最后，我们无法用一个单句解释这个定义。因此我们想出以下定义：

生态修复是一个过程，有助于修复和管理生态完整性。生态完整性包括生物多样性变化的关键范围、生态进程和结构、区域和历史背景，以及可持续性文化实践活动。[18]

虽然这个定义很冗长，但被证明相当实用，因为它包含了各种各样的实践活动，并指定了核心要素。这个定义足以包含一套适用于世界各地的修复计划，包括文化景观的修复和农业生态的修复，同时还忠实历史，这也是任何修复活动的核心。但是在生态完整性问题上，这个定义受到了质疑，这似乎是一种不必要的抽象问题。2002 年，加拿大劳伦森大学的一位退休生态学教授基思·温特哈尔德（Keith Winterhalder）以及致力于修复安大略省萨德伯里由于镍矿开采而受损景区的主要负责人带领了一群国际生态主义者，对生态修复协会的定义和政策进行审查。[19]我们再次修订了定义，对"修复"一词进行了良好的反射性描述："生态修复是一种协助修复已经退化、受损或破坏的生态系统的过程。"[20]一些丰富的附文填满了这些空白，并指明不同实践活动的重要性。这个新的定义刚刚好，在我看来：它在充分尊重历史条件的前提下，足以使很多不同的修复活动蓬勃发展，并帮助生态修复。让我们来看看与这些定义（1996 年版和 2002 年版）相关的一些核心概念。

进程与产物

我们可以将生态修复视为一种产物或一个进程。如果看作产物，就意味着关注的是生态修复行为所产生的结果，如被修复的盐沼地。在某种意义上讲，这是应该被重视的。若生态修复达到特定目的，且实现功能完整的生态系统，那这个生态修复项目就是成功的。[21]这只是能看到的一部分，我们可以简单地看待生态时间，将其视为过去持续延伸至现在，然后从我们眼前扩展至未来的生态系统。在任何给定时刻，生态系统均作为一个特殊的结构和模式系统。若将其视为一种包括每一瞬间的连续性功能，那么生态修复就是一种可持续时间非常短（例如，保护某个地区，消除对其的特殊干扰）的干预活动，或者是一种持久性活动，这要取决于所需的管理工作量。无论什么条件，生态修复始终是一种过渡过程，一个正在不断形成的生态系统。将生态修复视为一种产品就意味着忽视了这一过程中的所有条件和实践活动的重要性。实现修复的另一种方法就是，从严格意义上讲，生态修复从来不会结束。我们可以在生态系统发展良好时，并且达到某些目标、到达某种特定时间线，或自然进程在没有人类干预的情况下称生态修复项目完成。但这些都是武断的决定。

对于之前总是将生态系统视为动态实体的生态学家来说，偏向"过程"的生态修复观是自然的。但是当对生态项目进行评估时，这个问题又变得模糊。我们的评定标准是什么：过程、产物，还是两者都有？若取决于性能标准，那就是倾向于将生态修复视为一种产物。水文状况恢复了吗？完整的植物群落复苏了吗？杂草类入侵物种控制住了吗？这存在一些问题，即过多考虑产物，而不是过程。第一，人们倾向于忽视过程本身的重要性。例如，项目是否授权于地方人员？从科学角度讲，从项目中学会了什么？新的从业人员是否经培训过？围绕着传统的评估方法，这些考虑因素一直存在着。第二，关注产物掩盖了对项目的长期管理。一些项目长期需要修复性干预活动，这是与人类共同进化的过程。因此，永远无法完成一些生态修复活动。第三，在如今的消费性社会，人们的耐心不足，把最终的产物看得比生产过程中的背景条件更重要。若是这样，我们就将更多关注生产源，不公平的劳动行为，以及"多数国家"的环境破坏。无论是以夹心面包或是以盐沼形式出现的产品或商品，在 21 世纪早期，对我们来说都很重要。生态系统可能变得商品化、法规化或制度化，至少在缓解措施、生态主题公园和企业生态修复（详见第 5 章）减少的发达国家里是这样。这种心态会使我们关注被修复的生态系统的生产效率，因为生产所需的条件对我们来说不是特别重要。

辅助性生态修复

生态修复主义者仅仅是生态修复过程中的能动因素。认为我们有能力支配生态修复过程的结果，这是一种傲慢的想法。我们最好还是参与这些修复过程。比如我们移除水坝，安装导流结构，清除河流中的富养生物，清除杂草，引进灭绝生物等。生态修复是一种生物化学反应的过程，能使得生态系统恢复至没有大量人为干扰前的状态。生态修复也可在无人类作用下完成。只要没有了马，之前牧场的草原就会恢复。当然，这在很大程度上取决于取食的程度和引进外来物种的程度。若没有其他生态修复过程，例如很多草原生态系统中常见的低强度火灾，演替性生态进程会慢慢将草原转化为灌木丛或森林。所有这些过程都能够在无人类干预的情况下发生。这样的话，生态修复基本上就是辅助性修复，这主要从两方面发挥作用。

首先，生态修复主义者致力于加速自然发展进程，他们试图短时间内创造无人类干预情况下需要几年、几十年甚至几百年才能达到的效果。其次，生态修复进程指向生态修复主义者特定的目标。这些目标都基于一系列因素，主要是生态因素，但也有经济、社会、文化、政治和道德因素。

一个重要的理论问题是，生态修复和生态恢复的底线是什么？所需的最小人为干预是多少？假设房屋建设需要移除一片森林，但工作毫无进展，土地又无人问津。30 年后，灌木层替代了早期的草本层。100 年后，这片土地已经开始变得像人类清理之前的样子。据此推测，若有足够长的时间（200 年或更久，这取决于地理位置和生态系统类型），这片土地将恢复至接近历史的大致功能和结构。在某些情况下，这种修复将会使生态系统恢复至所谓的原始状态。尽管在大多数情况下，经过几千年的缓慢演替和最小干扰，演替进程并不一定能快速恢复至以前状态。[22] 类似这样的案例很多：废弃的地段和农场，改变用途的土地，被废弃的基础设施。美国东北部土地使用和利用模式是最强、最确凿的证据，就是被美国著名的环保作家比尔·麦克（Bill McKibben）称作的"绿色爆炸"：

经过大量伐木和农业发展，在不到 200 年的时间里，90% 的新罕布什尔州被森林覆盖，尽管该州的人口大幅增长。1850 年佛蒙特的森林覆盖率是 35%，如今已达到 80%，甚至马萨诸塞、康涅狄格和罗得岛的森林已经几乎占据新英格兰南部60%的土地。这种进程始于人们废弃东部寒冷的土地和岩石牧场，去寻求中西部的良田，因此，这种过程还没有结束。20世纪六七十年代，森林、田野和牧场还是和1800年的一样，这种景象很像美国大革命以前。[23]

这种自生式植树造林进程，即没有人类直接干预的生态修复是无意识活动，所代表的无非是合理弹性森林系统中的次级演替。没有人会设计森林覆盖目标或颁布制约性法律。这是由于特定生态条件（土壤肥沃，气候温和）、经济转型、农民流动性，以及农村非农产业的发展所产生的结果。这也在很大程度上取决于北美东部森林的生态条件，这使得生态修复可能发生。生活在不同区域的人们的看法各不相同，例如，在中西部地区，在已退化土壤上生存下来的植被已经覆盖了被人们遗弃的草原。

东部地区的阿卡迪亚森林状态并不是很好，麦克的很多文章描述了人类对已修复森林的侵袭。以惊人的速度增加的工业采伐使得东部各州出现大型零碎状土地。人们除了植树造林，并没有人特别关注这片土地的使用方式或景观区里的生态因素。麦克介绍了当地居民和荒野项目工作人员的工作，他们通过描绘生态特征和分裂力量来展示生态修复机会。他们的目标是使土地恢复到类似荒野的状态，即被定义为工业用地之前的状态。麦克并没有追求栖息地和物质多样性。事实证明，在20世纪，无人类协助的造林进程无法保证恢复类似或相同的物种栖息地类型。我们应该为东部森林的自我修复感到高兴，但我们不能想当然地认为这就是一种生态修复行为。这更多应归功于生态修复主义者，麦克将其称为"新的捍卫者"，这是人们有意识地试图将土地恢复至之前的健康状态。

"恢复"比"修复"一词更好地描述了当前在北美东部森林发生的情况。"修复"一词偏向于认为演化进程产生了完整的生态系统。"恢复"一词并不代表经过恢复的土地必然恢复了其历史保真度。在一些有限情况下，若自发性恢复过程产生的结果与人类干扰之前的状态差别很大，则用"无人类协助的修复"这种说法更适合。在恢复方法这点上，要做到轮廓分明几乎是不可能的。这就是为什么术语上所谓最安全的公约是假设生态修复必须包括人类的意图或作用。若生态进程发展没有人类协助，则恢复一词是适用的。

几年前，我在一次演讲中对生态修复中日益增长的技术特性感到担忧，同时一群来自德国的学生使我对"生态修复"的概念有了更多的想法。他们认为，生态修复是对大自然的另一种霸占，快速发展的技术文化对需较长时间的自发性修复缺乏足够的耐心，这种情况频频发生。在某些方面我同意这种看法：我们没有耐心，且有时我们进行生态修复项目主要是为了使生态系统能够满足我们的利益（请参阅第5章）。但是，德国学生的假设是自然恢复进程将使生态系统恢复到人类干扰之前，这种说法有待商榷。在极端情况下这可能是真的，但是经外来物种的侵害、受持续毒素污染的生态系统很难靠其自身的能力恢复至之前状态。若人们的目标是将生态系统恢复至人类活动干预前的状态，那么人类参与生态修复是必要的。例如，尖塔般的白松（五针松）在19世纪的布鲁斯半岛（加拿大安大略省）大量存在，开始是给英国海军作舰桅杆，后来被商家海员和农民清理掉使用土地，之后这片森林就再也没有恢复过来。可供恢复的生态条件不复存在，其他物种已经占据了这片土地。尽管之前白松树遍布这个半岛，现在却很难在此看到白松。只有修复活动（认真补植并进行森林管理）才能重建白松。

我很谨慎地用医学类比来说明生态修复，类似这种关系的就是卫生保健提供者和患者之间的关系。若得了严重疾病，生命受到威胁，则医疗干预会使身体恢复进程生效。若没有医疗干预，人就会死掉。若病情不严重，自然恢复过程也会很有效，这种情况下就不会有太多人为干预。在某些情况下，例如普通病毒，身体的恢复能力足以在无外部干预的情况下使身体恢复健康，尽管为适应恢复过程改变了一些日常做法（即增加睡眠、改变饮食等）。就如卫生保健提供者，生态修复主义者必须尊重自然恢复过程的能力，并与其配合，实现完整的修复。若相信生态恢复仅靠生态系统的内因就能办到，就等于是相信人类无须医疗干预就能保持健康。这种想法很幼稚。

在协助修复的过程中，生态修复主义者无法避免在生态系统中不留下人类痕迹。成功的生态修复有赖于设定可追溯并可评估的目标。这些目标通常是生态目标，但潜在的动机和明确的利益可保证生态修复项目反映出生态修复主义者的一些价值观。可以从两方面看待这种情况，一种是主张通过生态修复活动尽量控制生态修复主义者的痕迹，另一种是主张承认并赞扬生态修复主义者的作用，这很大程度上取决于人类和生态系统之间的关系。若某人将人类与生态完整性分开，或认为两者不兼容，则生态修复就必须意味着减少生态修复过程中人为的参与。我更倾向于将生态修复看作使人类更多参与到自然中，只要人类动手挖泥，移植树木，拔杂草，为刚播种的斜坡浇水，这种目标就能实现。

管理措施

经过修复的生态系统需要后续管理，多数情况下是通过正在进行的管理工作来完成具体目标。由于"管理"这个概念饱受争议，所以 2002 年版生态修复协会的定义中去掉了 1996 年版定义中的"管理"这一概念。虽然字被去掉了，但是许多生态修复项目仍然需要持续的管理干预来保证持久的成功，这一问题仍然存在。根据传统观念，生态修复只起辅助恢复的作用，也就是说，生态修复专家的工作干预得越少越好，持续时间越少越起作用。一旦为恢复生态创造了必要条件后，生态修复专家就靠边站，生态过程成为主角。但是遗憾的是，很多事例都证明这种模式在现实中行不通。生态修复通常是保护遗迹、珍稀动植物群和濒临危险的生态系统。在这种情况下，为了达到预期目的（比如保护珍稀物种），保持连续的生态过程很有必要。例如来自威斯康星大学麦迪逊分校的斯佩里和同事从 1930 年开始研究，针对草地生态修复做了大量实验，发现关键就是靠经常放火来防止灌木丛的蔓延。草地相对稀少，所以把恢复草地生态系统放在首位，并且为了能够长期保护生态系统，持续管理也非常关键。这些决定就类似于：如果想吃动物的话，必须要杀掉它们。可能这个比喻太刻板，但是确实有这样的案例，说明生态修复需要面临受人折磨的道德选择。

班夫国家公园的管理人员在冰碛湖保留雄鲑鱼的行为就是如此。加拿大比冰碛湖更著名的湖为数不多。多年来，美丽的冰碛湖为加拿大 10 加元纸币背面增色不少。冰碛湖面覆盖着冰川，靠近高速公路，景色叹为观止，值得推荐。很少有人知道，班夫国家公园的水生生态系统已经被外来鱼类改变了，其中以可垂钓的红点鲑和加拿大鳟（一种杂交鳟鱼）数目最多。冰碛湖中的脊椎动物和无脊椎动物品种与几十年前相比已经截然不同。湖中的原有雄鲑鱼已经没有攻击性，比较友好。如果要保存雄鲑鱼的话，绝不意味着重新引入那么简单。它们没有能力与更有攻击性的外来鲑鱼抗争。这项生态修复计划由公园管理人员提出，其中包括长期捕鱼计划，即把那些外来鲑鱼尽可能全部捞出，然后把剩余的为数不多的几条用药毒死，以便腾出空间来重新引进雄鲑鱼。我们可以想象轰动效应有多大：动物权利组织谴责这项计划太残忍。当地环境保护者对此也出现了分歧：就他们的价值观来说，是否应该为了生态修复来支持杀戮活动。钓鱼爱好者心生疑惑，即使这些鲑鱼产自本地，为什么要用大家都不感兴趣的另外一项活动来取代颇具挑战性的捕鱼游戏？对此，杂志《真正的垂钓》（*Real Fishing*）的主编克雷格·里奇（Craig Ritchie）评论说："你们把鲑鱼捞出来又放进去，结果是一样的——湖里有鲑鱼。" [24] 这不是真的，虽然是一个鳟鱼品种取代了另一个，但是冰碛湖的整个水生系统已经改变了，变成了适应那些具有攻击性物种生存的地方。生物修复常常会包括一些令人痛苦的管理决定。

有些人声称，生态修复和后续管理工作中所作出的痛苦选择是错误的，杀掉动物来获取食物也是错误的。这就是为什么我们应该关心生态修复适当性的主要原因。一个人是否拒绝食用动物？毫无疑问，动物权益运动激励人们要尊重动物，尽量不要伤害它们。类似地，不论是杀光外来鱼种，或消灭那些因过度放牧数量骤增的蹄类动物，还是集中烧荒行为，那些对采取措施心存疑虑的人都力劝在生态修复群体中小心为妙。无论我们多想脱离生态系统而生存，不再参与其中，但是我们这样做是对生态完整性不尊重的最大表现。只有注意到行动带来的后果时，我们才会从行为中得出结论。对生态修复来说，现场的长期监管非常关键。一旦生态修复任务完成了，也就是说，一旦按照预先设定的流程完成具体目标后，一整套长期的监管协议应该已经拟定完毕，来确定最初目标的达成。

我更倾向于将修复中的管理看作修复者和生态进程之间的协调过程。如果认为管理就是控制，将会导致修复失败，因为太过独裁。另一方面，如果认为生态过程是不断适应的过程，并不需要管理，则不过是在逃避一个艰难的问题：若没有进一步的人为控制，一些人类入侵将造成无法挽回的后果。因此，有时成立相应机构也是件好事。这两个极端中间就是参与，有人将其称为共同进化——在这个过程中，修复者凭借技能、智慧，共同参与进来，不骄不躁。在有可能冒犯那些认为修复就是给自然一点推动力的人的情况下，在1996年版生态修复协会的定义中，我们冒着风险将管理的概念纳入其中。这些人承认，无论好坏或复杂的修复在人类修复道德观念时尤为重要。

生态修复不确定的历史范围

自相矛盾的是，"修复"这个词对于我们打着生态修复旗号做的事来说并不恰当。之前在字典中查到"修复"的定义为：使某物回到"以前的原始或正常状态"。这一解释用来描述画作、古建筑或西斯廷教堂再合适不过，因为最终目标就在退去层层灰尘或污垢。物体可能遭到毁坏，创作时的确切情况也无从知晓，但最终目标是清楚的。对于生态修复来说，这一问题要复杂得多。生态修复的主体是生态系统，而生态系统又在不断变化。其变化程度取决于人们想象的抽象程度，生态系统根据预定好的剧本般行程，经历着植被变化，应对着诸如风、洪水、火灾、人类活动、物种入侵以及许多目前仍超出我们理解的、复杂的相互作用的随机过程。这些过程，至少在多种相互作用方面，很可能继续保持其神秘。

发展的系统并没有确切的起点或创造时间点，因此，修复生态系统涉及对历史条件的随意选择，在某种程度上，历史贯穿修复过程。然而，更不可思议的是随机过程使得生态系统的确切轨道也变得难以捉摸。即使我们可以解决过去引发修复项目的一些干扰，也无法确定平静的生态系统是否会随着时间流逝而结束。究竟是一个确定的历史时间点还是一系列特定的生态条件，很难确定合适参考条件就是生态修复的核心挑战之一。解决这些问题要搞清楚两个概念，第一，变化的历史范畴是指一个合理变化的、长期的界限。我们可以决定这个界限并利用其为特定的修复目标定位。第二，密切关注有参考条件的概念，是指从记载或现实的生态系统中得出的历史推断。这两个概念是第 4 章主要讨论的内容。

可持续的文化实践

可以说，1996 年版生态修复协会的定义中最激进的就是在对生态完整性的定义里加入了短语"可持续的文化实践"。从西方科学技术角度看来，自然和文化之间的分歧虽不明显，但现已占据主导地位，而且发展迅速。无论这种分歧是来自一些人所谓的犹太教与基督教教义，还是来自穆雷·布克钦（Murray Bookchin）提出的天生交际意识，事实是人文学科与自然之间存在巨大差别。人文学科是综合了所有人类智力、活动和成果的学科，相反，自然则通常被定义为一切其他事物。[25] 这种区别体现在我们所做的、所表现的所有事情上。从我们的体系来看，我们把自己与自然世界隔离开来，或者是通过室内的植物、电视上播放的关于自然的节目还有其他一些类似的、相关的东西来区分自然。自然与文化的区别最关键的部分是关于我们如何看待这个世界，最大的挑战就是想象一个文化与自然二者并存的一体世界，或者从根本上改变人类与自然的关系。

自然与文化、荒野与文明地区的界限已经受到越来越多的挑战。深生态学、社会生态学和生态女权运动的研究者们都已经广泛质疑到底什么是自然，更不用说那些致力于解决这类二元问题的人类学家了。这个概念定位问题变得复杂而且难以解决。是否我们像人类学家所承认的那样，所有创造的价值都像定义所说的，来自我们自己，因此我们就应该像文明的组织者那样履行自己的义务？或者我们是否应该站在生态角度，认为价值是通过所有事物表现出来？

我们很难将生态修复划分到任何传统领域里。人们努力探究，想把退化趋势扭转过来，偿还过去所作所为欠下的债务，试图寻求一种新方法使其与自然事物相关，与人类无关，或者享受工作带来的欢愉，这时一种特殊的共享状态随之形成。这种停滞状态摆在了诸如深生态学的领域面前，因为这可以看作自大的表现。生态修复确实有发展这一可能性的趋势，传统保护主义者对此感到烦恼。企业家惊讶于生态修复的高成本，担心越来越高的赔偿投入。生态学家或人类学家在这一点上不会做出振奋人心的举动。一个人成为一位人类中心学家，就意味着生态修复最大程度上利用了人类能力。生态修复也可以兼顾二者，尽可能地给予非人类物种特权，通过这种价值体系来消除文化与自然之间的界限。与其他问题相比较，生态修复的问题更能引起环保人士的广泛讨论。

所有的政治派别都支持修复，这是因为大家广泛认为这样能带来好的结果。然而，修复的过程似乎会改变人类在生态系统中的角色。生态修复远不只是简单的科学或技术活动。生态修复具有内在的潜力，需要从本地参与实践中汲取营养（第6章）。[26] 为了顺利恢复繁荣，即良好的生态和文化完整性，必须扩展任何定义，使其包含可持续发展的文化实践。无论是周六早晨沿华盛顿铂尔曼溪流建造护岸的一群大学生和高中生，还是恢复由于重建加州北部的马托河流域所遗失的知识，参与生态修复项目的人都能讲出文化完整性的故事。[27] 开始的涓涓细流已变成一条大河。丹尼斯·马丁尼兹（Dennis Martinez）问道："我们想要修复什么？我们想修复生命，修复人类与地球间现存的可怕关系。我们想在修复大地时修复我们的精神世界。我们想要修复我们的文化、我们的歌、我们的神话故事以及小溪和泉水的印度名字。我们想要修复自我。"[28]

可以肯定的是，对于将可持续发展的文化实践概念完善到生态恢复的核心中，还存在一些问题。我们如何区分尊重参与、谦虚、谦卑和那些旨在颂扬人类骄傲、贪婪、自然和傲慢的文化实践？我们怎样确保人类价值不会陷入生态学家的智慧沼泽？对此，并没有简单的答案。最可靠的方法是通过检验从实践中得来的经验教训。这就是在《图腾鲑鱼》这本书中，弗里曼·豪斯（Freeman House）想要在马托河流域修复时试图做的。也是在《野生环境服务》一书中，在密歇根州北部半岛生活的斯蒂芬妮·米尔斯的个人观点。虽然这些经验不能转换为公式，但是我们可以收集一些通用案例。在修复过程中，如果要确保一个项目能长期生存，参与是至关重要的，谦卑是必要的，以避免将修复视为一种技术挑战，并遵循规定的规则。反思可以使我们确保先思考后行动，确保我们在生活中进行持续调查。我借用托尼·布拉德肖（Tony Bradshaw）的观点，对生态学来说，生态修复是一场"严峻的考验"，我对这个观点的使用更为普遍。增强我们的生态学知识就是理解生态的相互依赖和文化的完整性，这就是生态修复的严峻考验。

生态完整性

生态完整性的理念已在1996年版生态修复协会的定义中确定下来，并且已成为当今许多保护条例中的核心理念。然而在2002年版的定义中却被去掉了，原因是它太抽象，本身就需要定义。听上去是赞美之词，但是我还是倾向于生态完整性的直观、具有感染力。完整性最根本的就是完整的概念，在保护和修复的环境下，生态完整性目标应该是实现完整的系统。詹姆斯·凯（James Kay）是滑铁卢大学的系统理论专家，他建议"完整性"应该是一个适合于各种特征、无所不包的术语，包括恢复性、灵活性、应对压力等。生态完整性可以让一个生态系统适应环境变化："完整性可以看成一把伞，可以把一个生态系统中许多不同的特征整合起来，当这些不同特征整合在一起的时候，就描述了一个生态系统维持自身的能力。"[29] 生态完整性与生物完整性密切相关，美国生态学专家保罗·安格梅尔（Paul Angermeier）和詹姆斯·卡尔（James Karr）将此定义为："在有组织的生物界，当地物种数量和种类一直相互影响。"[30]

有两种定义生态修复的方式，但是都夸大了生态完整性的理念。第一种方式对生态修复应该是什么着重进行了说明。威廉·乔丹三世、斯蒂芬妮·米尔斯和弗里曼·豪斯的作品中用抒情性的语言描述了这种自然环境。第二种方式用的是分析的语言来描述，大部分是用模型的形式来描述实例、构建理论。法国生态修复专家詹姆斯·阿伦森（James Aronson）及同事们已经计划以生态系统属性和环境属性的形式来构建生态因素和环境因素（包括人类活动）的可测量指数。[31] 这些属性可以用来评价生态系统的退化程度，为测量生态修复项目在生态系统和环境方面达到的程度提供参考。一系列相关指数的发展是推进生态修复科学向前发展的关键渠道。如果再加上解释说明，这个系统肯定会变成有用的工具。[32] 尽管如此，在为生态修复提供可转移的一般原则方面，相对来说，这些仍然都是较早的尝试。R. J. 霍布斯和 D. A. 诺顿说："现在明确的是，生态修复学在特定条件的基础上取得了很大进步，但是那些从一种环境转换到另一种环境的方法论或原则没有获得很大发展。"[33] 建立这样一种框架还需要时间，没有一种固定框架对所有形式的生态系统、区域变量和环境都有效。可能我们最希望看到的是一套生态型或特殊区域的框架，这样就可以为当地生态修复专家提供有效建议。

在争当整个生态系统最受欢迎的目标时，生态健康这一概念是生态完整性的主要竞争对手。1990年，为给生态管理定义合适的目标，有人提出生态健康这一概念。在某些方面，生态健康是一种更直观的描述，因为生态健康着眼于人类健康的观念。从纯粹的描述来看，健康非常重要，这意味着使我们所理解的生态系统（或人类）保持积极的条件。然而，作为一个概念，生态健康并没有做到这些。众所周知，定义人类健康并不容易，这些定义往往以提供一串特定的评价术语结束。同样，生态系统中也有很多变化，确定健康的标准，不是太宽泛没有实际作用，就是太具体而不能包含所有意义。不仅仅生态系统在变化，健康这一概念也在变化。例如，今后几十年，我们会把杂草和外来物种定义为什么？我们会由于本地动植物的入侵而寝食不安，向这些物种发动全面战争，以提升这种生态健康的说服力吗？又或者我们会向杂草和其他动植物让步，采取复杂的控制政策，大范围接受杂草和其他动植物吗？我们对于生态健康的标准会随时间而变化，任何严格定义生态健康的尝试都注定会失败。安格梅尔和卡尔这样区别完整性和健康："完整性是指未受损的条件或完整、不被分割的性质或状态，符合某些原始条件。另一方面，健康是指一种蓬勃的状态，幸福安康、充满活力、欣欣向荣。"[34] 如果没有安格梅尔和卡尔所认为的"原始"完整性，即之前干扰状态的特点，生态系统可能就是健康的。关于生态修复，可以支持任意一种观点，但完整性包含修复之前状态的概念。如果要在这两种引人注目的关于生态修复的描述中作出选择，我更愿意选择完整性而非健康。

语言与世界的演化

这种对生态修复的定义过程突出了定义的难度和其他类似问题。生态修复是一种过程，也是一种产物，目的在于帮助修复整个生态系统。生态修复主义者的工作是配合生态修复进程。对生态修复的定义随着不断变化的情况和时间而变化：毕竟，生物进化对语言和世界都产生了影响。但我的观点是，无论定义如何变化，有两个原则将始终成为生态修复的核心：生态完整性和历史保真度。若生态修复主义者想要确定其领域的核心概念，那么必然要引用上述两种原则。（在第6、7章，我会探究另外两种核心概念：焦点实践与焦点设计）。

一旦确定了某种实践活动的核心概念，就能制订具体的标准和目标。即什么是完美的生态修复项目？所谓黄金准则，即对所有其他事物的衡量标准。其偏向于将生态修复视为一种产品，而这只是说明了项目的一部分。2000 年在利物浦召开的生态修复协会哲学会议上，马丁尼兹强烈地提出了自己的观点："有没有人见过完成了的生态修复项目？有人可以告诉我项目是什么吗？"他很擅长提出焦点问题。当然，修复项目能够实现具体目标并监控是否达到要求，但是，在生态系统生命中，在所有生物的生命中，包括人类，是谁为其创造了家园，生态修复是无漏洞的。我称为保真度测试的一项简单测试有助于得出这个观点。[35]

假设一个完整但孤立的亚热带混合森林生态系统与一个由于采伐、其他人类入侵活动、杂草物种入侵等而受严重破坏的生态系统相邻。我只想说，大多数人都会认为第一种生态系统是完整的，而第二种是需要修复的。一群有才华的跨学科科学家、博物学家和志愿者花了很长时间研究完整的林地，将其作为参考点。他们为其制订了一套具体的生态修复目标，涉及清除杂草，限制除草剂的使用，通过物理方法改变一些地区和结构特点，种植，以及选择性收获。他们完整实施了计划，并实施了后续的维护和管理计划，以确保达到目标。假设过了 200 年。一支精干的未来生态修复科学家团队，配备着最好的分析仪器、经验和知识，他们被分派到这两个地点。尽管他们作了广泛的准备，但是没有告诉他们有关这两个生态系统的历史情况。他们对森林结构、土壤状态、养分循环情况、物种丰富度、空间特性以及形成生态系统的其他因素都进行了广泛调查。这个团队开了个会，然后就做出了判决。若大多数人员将一个林地错误地选为经修复的林地，或者无法决定哪个是经修复的林地，那么这种生态修复项目就被视为成功的项目。

或者又是什么呢？这个测试延伸了合理性极限，年龄结构本身可能是一个大破绽。还有一个实际的问题也困扰了这项测试。应该将此次对比建立在有干预时间的参考生态系统上，还是建立在完成测试之后的生态系统上。这些生态系统处于持续的变化过程中。若选择了干预时间，那么如何收集足够的数据来正确告知未来的科学家？此外，为什么只是通过测试参考生态系统的保真度来测试生态修复？生态修复主义者制定的目标（包括具体的生态目标，也许也是文化目标）不应该是衡量的主要基础吗？最后，生态修复的完善性取决于复制程度（这是令人鼓舞的，也是无法实现的），或者对自然的人文看法。怎样才算是好的生态修复，这要结合两方面的因素，即生态完整性和历史保真度：这是基于先验标准的可衡量成分；以及可评估的因素，它确定首先应该考虑什么。但是，这两种衡量方法最终都与不断变化的价值体系相关。我们认为重要的衡量因素会随着时间的变化而改变，这是不可避免的。

若生态完整性和历史保真度有赖于两种相连的可调节的衡量尺度。其中一端是虚构的、无法实现的、具有显著完整性（根据预定的措施）且完全与历史状况相同的项目。另一端是另一种项目，其完整性被拉伸至合理极限，且历史保真度几乎很少（图 3.2）。两条线上的某一处（无疑是一个活动点，反映上述演化进程）是区分生态修复项目和那些未达到最低修复标准的项目。分界线右边的所有项目属于生态修复项目，其中一些项目比另一些项目更符合生态完整性和历史保真度的双重标准。请注意，我说的是更符合，而不是更好。有很多因素可以影响对生态修复项目的定义，这些因素因地区和项目不同而有所不同。在复杂的农业生态系统中成功的生态修复项目［例如斯洛伐克共和国的河边草地（请参阅第 2 章）］的修复成功性的衡量标准将与佛罗里达州的基西米河生态修复项目的衡量标准不同。这两个都是好项目，只是修复标准稍微不同罢了。

完整性是一个耳熟能详的词，但在生态语境下保真度是个新词。忠实于某事物是指忠诚和可信，也是指真实和准确。第二个意思最适用于生态系统修复面临的挑战。历史保真度是指忠实于人类干扰之前的状态，这可能不会涉及真实再现，请记住，目前还有社会、经济、文化、政治、美学和道德目标等因素。我对保真度的看法是，它鼓励我们要忠于为自己或为生态系统所制定的目标，这可能会涉及对完美历史保真度标准的妥协。历史数据的欠缺或缺乏可靠性，合适人员的缺乏、种子／植物库存的缺乏以及现金不足和其他因素限制了任何特定地点可实现的目标。只要我们意识到这些限制因素，我们就会尽最大努力调整我们的判断。我们的判断会考虑生态现实因素；我们的判断是根据复杂的不断变化的矩阵制订的。我们作为生态系统的管理者，制订我们认为是最好的，各种各样可能的方法。生态项目的修复没有办法摆脱人类的参与。

在早些时期，保真度对于描述好的生态修复项目特别重要。在 1997 年发表于《保护生物学》期刊的文章中，我说道，保真度包括三个附属原则：结构／成分复制、功能性成功，以及持久性。[36] 结构／成分复制最明确地反映了保真度的目标。经过修复的生态系统必须与适当的参考生态系统的结构和成分极度相似。功能性成功与成分和结构复制是密不可分、相辅相成的。生态系统必须与设计的生态系统相符。生物的化学演变过程必须符合具体的生态系统预期情况（例如冲洗率、离子交换、分解）。功能性成功通常取决于管理。持久性是衡量和确定生态修复是否成功的关键标准。生态修复若要成功（即实现保真度整体目标），就必须坚持很长一段时间，时间长短与生态类型相关。弹性被视为成功的生态修复项目的一项重要标准。很多人会将这个标准归于持久性，但我认为一个生态系统可以有弹性，但不会持久。例如，外部地区的压力（例如受到杂草物种的整体入侵）可能过于强大，使得最有弹性的生态系统也变得无法管理。在设定性能标准时，需找到长久性和便捷性之间的平衡点，这通常给监管机构出了难题，超出了它们可处理的范围。

我早期的生态保真度模式仍然有效，但它不像生态完整性和历史保真度的组合模式那样强大。我们仍然面临着挑战，需要将文化价值和实践纳入生态修复模式中。这两种核心原则（生态完整性和历史保真度）是否有效，还有待观察。第 6 章将再次讨论这个问题。或许现在提出这个相当明显的问题有点晚：即"生态修复"一词和概念是我们想要的吗？在对新加入实践的人们解释生态修复时，我发现很难解释，有时候不得不承认修复一词是个有误导性且最终会产生混淆的术语。大多数人认为的修复更适合艺术或建筑修复的定义，即恢复至之前或原始的状态。我们知道，这种静态概念不适用于生态修复主义者的想法。此外，除非有人想要严格定义该词（这也是生态修复学会避免的），否则生态修复的传统观念不适合目前正在进行的实践。若有选择，在说明正在进行的诸多项目时，我不会选择"修复"一词。还有更好的词：修理（这个词看起来有"落后"的意思），或者再生（这个词看起来有"进步"的含义）。

这带来了两种选择：其一是接受"修复"作为一种概括性术语，适用于各种各样的实践活动。这不是无限适用的范围，而是比历史精确性概念更广泛的范围。另一选项是为生态修复开辟一个特定的生态区域，为广泛的实践活动制定更具包容性的术语。理论上讲，我同意后一种替代方案，但考虑到目前对"修复"一词的普遍使用，前一个方案更现实。作为一个实用主义者，我将通过同时考虑这两种选项来推进目前站不住脚的理论，希望能

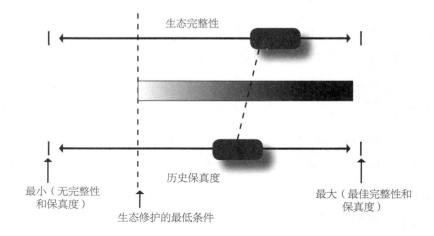

图 3.2

生态完整性和历史保真度

在生态完整体和历史保真度两个维度来定义生态修复项目。虚线表示确定符合生态修复项目的最低条件；这条线之外的项目将被视为其他情况，例如复垦项目。

够在未来得以发展，同时又可推动研究目前定义的生态系统修复的原因。我们应关心定义和术语的细节，因为他们最终将影响实施生态修复的方式。

追溯到20世纪80年代，威廉·乔丹和其他人认识到了术语的问题，各种术语开始合并。他和约翰·阿伯（John Aber）赞同更灵活的术语合成词（尽管合成后的新词并没减少混淆），以传达生态修复的建设性目的，他们将其作为一种新的生态试验模式。对于这种方法，可查阅以生态修复为概念的一份早期出版物《修复生态学：生态研究的合成方法》。[37] 乔丹、吉尔平和阿伯反对传统的生态修复概念，这种想法不顾一切只为回到过去，仿佛生态系统是肮脏的画，他们所做的一切都是在消除多年累积的污垢。在承认由历史经验在生态系统恢复中扮演主导角色的历史主义，和目前这种允许参与者有权主动干预的实用主义之间，需要作出平衡。最佳的发展方向必须确保生态系统修复的定义既重视生态完整性又重视历史保真度，去掉那些影响这一核心理念的做法，让更多人居住在已经恢复健康的生态系统中。

4　生态修复的史实性和参考系统

当然，自然并不是壁毯，它会随着时间而不断变化；
即使没有人为强加的改变，自然也不会是一成不变的。

——彼得·赖特，琼·沃克，《接近大自然的变化》

寻找变化中的避难所

——特里·威廉姆斯,《避难所》

我在本章中关注的焦点是历史，它是生态修复工程两大基础要素中更不确定的一个，另一个是生态的完整性。我们知道，随着时间的推移，生态系统在不断变化，因此，生态修复工程也是不断在变。这就给生态修复主义者带来各种问题，许多实践者与观察家远离这项工作的原因是恢复历史容貌的代价太大，他们认为高度的历史吻合度是不合理的，付出的代价也太大。人们开始怀疑，恢复历史容貌是否真的值得我们今天甚至将来去努力。作为历史的一员，随着时间的推移，我们对真实性的理解会发生怎样的变化？在历史上的什么时间点该做出怎样的计划？如此精确的计划有必要吗？这些在固定历史条件下让人头痛的问题，对于生态修复工程来说一直都存在，并且属于理论与实践的核心部分。这些现象表明我们对生态修复的信仰产生了变化。我的观点很简单：生态修复能在很多方面改变未来。生态修复可以更贴近文化实践，可以同时多层面开展，从被历史束缚的紧身衣中逐渐走出来，它或许可以由私人而非公众部门承担。但它不能完全抛弃历史，如果那样做，我们将强加给历史太多现代的东西。

有一次，我与两名充满热情且学业精湛的研究生交谈，他们的专业都是生态修复学，我问他们，对他们而言，怎么看待历史在生态修复中的影响。他们都肯定地说，历史对于项目的顺利执行就是一道障碍。在他们看来，在一个曾经备受污染的地方重新创造一条具有功能性的河流是非常重要的，但是否还原了历史并不重要。他们的回答折射出了他们的观念，也就是说，尽管他们承认在一个信息体系越发趋于完整的世界里，恢复项目在计划与实施的过程中需要考虑历史的因素，但他们坚信修复生态系统的完整性是最重要的。我本以为他们可能会发现所做的工作本身就存在矛盾，是存在矛盾的修复工程，但实际上这一两难的困境并未体现出来。对他们而言，他们所从事的工作就是生态修复。这可能只是一个孤立的例子，但我觉得这个例子可能并非偶然。

大多数修复主义者认为历史是重要的。但是，历史在生态修复工程中所占据的中心地位尚未得到充分理解、评价和维护，甚至这一点根本没有被意识到。因此，本章是关于历史的，或者更准确地说，是关于历史保真度的——也就是与忠于历史有关。[1] 认真对待历史保真度有三个主要原因：怀旧情绪让我们更积极地看待历史这一常识性观念；构建连续的故事结构的能力，让我们真正理解一个地方，或者按我的说法，就是叙事连续性；以及时间的深度（后面会对这三个概念逐一进行阐释）。从更实际的角度出发，我分析了参照生态体系这一概念——也就是能够对当前生态修复主义者的工作起到指导作用的历史或当代的生态系统——在修复领域，这是一个棘手却至关重要的概念。在这一概念中，历史扮演了中心角色。生态参照系统的概念并不是新建的，但是有待生态修复主义者们对这一概念给出明确定义。[2] 我对生态参照系统这一概念进行了延伸，将人类和生态存在囊括进来，甚至将人类的存在看作生态存在的一个方面（在第 6 章中我将详细阐明这一观念）。让我们再回到贾斯珀国家公园这一话题，通过这个例子我们可以看出历史信息对生态修复工程会起到哪些帮助（或带来哪些困扰）。

拍摄历史

1996 年 7 月，珍妮·雷姆图拉（Jeanine Rhemtulla）发现了一组照片，这组照片后来改变了她的整个人生轨迹，也改变了我们看待贾斯珀国家公园历史的方式。81 年前，也就是 1915 年的春末，莫里森·帕森斯·布里奇兰（Morrison Parsons Bridgland），受雇于加拿大联邦政府的领土勘探员，同他的 6 名队友到达了阿萨巴斯卡山谷上游，他们乘坐火车从加拿大首都渥太华出发，经过一路颠簸终于达到山谷 [（首都渥太华位于阿萨巴斯卡山谷东面 2 000 英里（3200 千米）以外）]。

布里奇兰是一位非常优秀的登山运动员，之前他曾是 A.O. 维勒（A.O. Wheeler）的一名助手，A.O. 维勒是一位高级勘探员，也是加拿大阿尔卑斯俱乐部的创办人之一。布里奇兰的任务是攀爬尽可能多的岬角，尤其是山峰，并认真地拍摄照片，进行测量，这些照片和测量数据随后将用于绘制贾斯珀国家公园的第一幅地形图。当时，在应用照相技术进行勘探和绘制地图方面，加拿大人在全世界都是领先的。传统的勘探技术采用经纬仪和短的瞄准线，这些技术非常枯燥乏味，而且耗时。1885 年，爱德华·蒂娜（Edouard

DeVille）被任命为领土勘探总指挥，他得到这一任命之后，很快，新的勘探技术陆续被运用，包括采用照相技术进行勘探。通过将照片、精确的角度测量和方位观察以及繁重的几何绘图工作结合在一起，就能够绘制出地形等高线，采用这种技术能够在短时间内绘制更多地区的地形图，因此在 20 世纪最初的 10 年里，照相技术的应用非常广泛。这种绘图技术的效率非常高，使得绘图成本得到大幅下降。新技术的应用结果就是，在加拿大西部山区，山区地形的勘探技术得到整体改变，这样的转变使得人们对技术引发淘汰潮进行了一轮近乎完美的历史研究。[3]

　　布里奇兰对其技术进行了改进，后来他写了一本手册，专门介绍照相勘探技术。[4] 在 1915 年的夏天和秋天里，布里奇兰在指导两位队员工作期间，一共建起了 92 个勘测站（其中一些分布于同一座山上的不同位置点，还有一些建在平地上）。在每个勘测点，他们至少拍摄 4 幅照片，最多可拍摄 16 张照片，并且利用常规的指南针以及经纬仪（一种用于测量水平角和纵角的光学勘测仪器）进行测量。有一些山坡非常陡峭，给他们的工作带来了很大挑战，尤其是在当时有限的登山技术条件下，许多山坡都是首次被人类征服。没有公路、整齐的轨道、道路或路径指引、直升飞机、轻便的户外和露营用具的帮助，尽管这些东西在我们眼中是理所当然的，但在当时，他们在没有任何帮助的情况下完成了这项艰难的勘测工作。

　　勘探队员们随身携带着笨重的、木制包装箱的摄像机、玻璃材质的底片、拍摄用的化学品和一个便携式暗室。在天气晴好的时候，布里奇兰就在户外工作。但是在 1915 年的夏天，这样的好天气并不多见，通常他从黎明时分开始工作，一直持续到深夜。到了 10 月底，冰雪和严寒的天气迫使他返回卡尔加里。在户外，他使用玻璃底片拍下了 735 幅黑白照片（如图 4.1 所示）。1915 年 7 月 29 日，悲剧发生了，另外一名照相师 A.E.凯悦（A.E.Hyatt）落入博韦特湖中溺亡，布里奇兰作为负责人不得不与加拿大皇家骑警会面，还不得不前往不列颠哥伦比亚，负责死者的葬礼和下葬事宜，还不得不招录了一名新的照相师，并重新对他进行培训，最后才终于完成了勘探工作。[5] 对布里奇兰而言，这也是一个很意外的事件。

图 4.1

基于照片的绘图技术示例

照片绘图技术示例（位于唐奎山谷的山壁，贾斯珀国家公园）。取材于布里奇兰的《照相勘探术》一书。

在布里奇兰的整个人生历程中，他是攀爬位于加拿大落基山区的贾斯珀地区和班夫地区许多山脉的第一人，而且他至少实施过约 20 次其他地区的勘测工作。[6] 布里奇兰回到办公室以后，经过几千个小时的辛苦工作，才绘制出了地图，这些地图于 1917 年出版（如图 4.2 所示）。

领土勘探局是 1875 年成立的，这个机构成立的目的是监督加拿大联邦对广阔但不完善的地图绘制工作。即时通信技术出现以前，在这样一片广袤的土地上，要想实现政治和

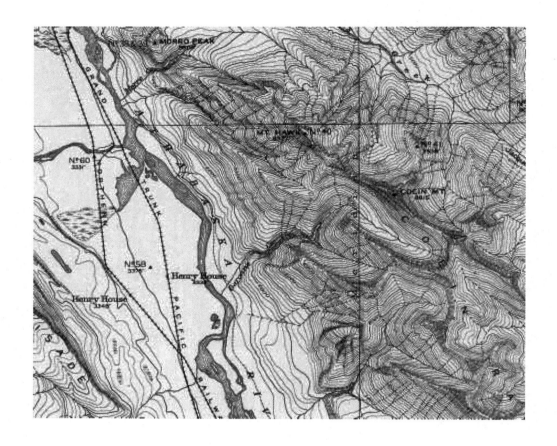

图 4.2

1915 年绘制的地形图部分

贾斯珀国家公园中北部地区六幅地形图中的一幅地图的部分，这幅地图是利用布里奇兰在
1915 年采集到的勘测相片而绘制的。图中，阿萨巴斯卡河非常突出，现在的帕里萨德中心就
位于这幅地图的左下角。

社会凝聚力，是非常困难的。1885 年，罗杰斯隘口被炸开，修建了一条横跨大陆的铁路，
这条铁路穿过了现在的班夫国家公园和优鹤国家公园，优鹤国家公园就位于贾斯珀国家公
园的南边，与贾斯珀国家公园相邻。

领土勘探局就像连接这个国家的一条粗绳，它的成立一方面是受民族主义的驱使，而
另一方面则是由于人们对以科学的方式描述本国领土内的土地和河流越来越感兴趣。[7] 地
图的绘制有助于确认对一个地区的管辖权，因为地图的绘制让地区的神秘性消失了，并且

为开发活动提供了帮助。布里奇兰绘制的地图是经济开发的关键，也为进一步探索贾斯珀地区及更远地区铺平了道路。到 1915 年为止，贾斯珀森林保护区——也就是贾斯珀国家公园的前身——已经有 8 年的历史了。两家相互竞争的铁路公司——加拿大北方铁路公司和太平洋大干线铁路公司的铁路修建工程尚未推进到阿萨巴斯卡山谷中，也没有穿过耶洛黑德隘口进入不列颠哥伦比亚。一个小的铁路城镇菲茨赫（后来的贾斯珀）成为这一地区的管理中心和铁路中心。贾斯珀地区早期的参观者和开拓者们目睹了南部铁路沿线大型的铁路酒店所取得的成功，他们开始谋划贵族旅游生意，于是修建了贾斯珀公园度假村，这在一定程度上满足了他们的构想。该度假村将这种宏大的传统风格传承了下来，尽管用一个国家公园的当代评价标准来看，这种风格有点不协调。富有的观光者、登山爱好者、探险家以及移民都从贾斯珀地区经过，但是贾斯珀却抵制着这种大众化趋势，位于贾斯珀南部的班夫公园已经深受这种大众化趋势的困扰。尽管现在无论以任何标准来看，开发的压力都非常大，但是贾斯珀地区仍然很低调，避免了班夫的遭遇（请参阅第 1 章）。

两组照片被扭曲的历史整理到一个小册子中，而这个小册子又被带到了贾斯珀国家公园。珍妮·雷姆图拉，生态学家，1996 年刚刚开始其研究生学习。拥有时间和机会的她决定在贾斯珀度过暑假，尝试发现一个有前瞻性的研究项目。对于她来讲，这是文化、生态和修复工程组合在一起的第一个夏天，这是一个跨学科创新的研究项目，其目的是为阿萨巴斯卡山谷上游的山区生态系统长期修复工作提供一些新的可行性选择。[8] 在帕里萨德研究中心，研究员们对生态修复理论、公园的发展道路和环境价值进行激烈地讨论。我对我的队员们提出了挑战，我让他们回答这一问题："我们实施修复工程，预期达到什么样的目标？"这一问题不可避免地引发了回归历史的倾向：是否应当使生态系统恢复成公园建立之前的样子？是否应当回到皮毛交易时期之前（1811—1855）的状态？甚至更早以前的时期，那时的气候条件与今天我们所处的气候条件类似？雷姆图拉认为，解决这些问题的方式之一就是获取与历史上的生态条件相关的可靠数据，由于可靠的历史数据非常稀缺，因此这种方法是很难实现的。她的研究兴趣倾向于理解植被的整体动态变化，而非某个具体的进程（例如野火）。历史上所拍摄的鸟瞰图给了我们很大的帮助，尽管最早拍摄的鸟瞰图也不过是在 1949 年拍摄的。甚至通过一次粗略的观察，就能够发现在这 42 年的时间里发生了哪些显著的变化。森林变得更加茂密了，人类活动增加了，有些地方河流改道了。如果仅仅根据这两组鸟瞰照片就对植物的类型作出解释，那会是一种非常直接的做法，但也会非常艰难，可以采用一个计算机绘图系统将这些照片进行数字化处理，并比较其空间特性。问题是时间差只有 42 年，对于漫长的植被变化历史而言，这仅仅相当于一次心跳的时间。这一点变得明朗之后，雷姆图拉就开始在公园办公室浏览各种文件，公园的守园人罗德·华莱士（Rod Wallace）建议她查看布里奇兰拍摄的照片。她对其中一些照片做了影印，而白天在阳光下她所看到的山区景象与她手中的资料大相径庭（如图 4.3 所示）。1915 年时，成片的森林在照片上非常突出，而现在，树冠浓密的罗奇波尔松树林取代了当时的森林。变化的规模是非常显著的。她预感到，如果布里奇兰能够处理复杂的几何数据，从而根据这些照片生成精确的地图的话，那么他肯定会对同一个地点拍摄多幅重复的照片，那么现在就能够制成植被图，与 81 年前的植被形态进行比较。那样就构成了生态历史上的两次心跳，或者说时间能够被延长到大约 80 年。然而事实并非如此简单，但在当时，布里奇兰的重复摄影项目也诞生了。

重复摄影艺术和科学——也就是比较当代的照片与历史上在同一地点拍摄的图像——在过去的 30 年中得到了快速发展，成为一种较为流行的考察人类活动、植被、岩石形成形态、冰川、水道和许多其他地貌特征的历史变化的方法。哈斯廷斯和特纳所著的《变化的英里》（*The Changing Mile*）一书是对地貌变更所做的经典研究，本书着眼于亚马孙地区牧草植被的变化和气候变更。从那之后，全世界有几十项科学研究都采用了重复照相技术，包括对大不列颠中部地区植被变化所做的示范性研究、对科罗拉多地区的植被类型和土地使用类型的变更所做的研究，以及对位于科罗拉多地区的落基山脉前山的生态变化所做的研究。

在贾斯珀地区所执行的两项研究与我们的工作具有类比性。玛丽·米格尔（Mary Meagher）和道格拉斯·休斯顿（Douglas Houston）收集了几组三张一组的照片（20 世纪初，20 世纪 70 年代初和 20 世纪 90 年代），这些照片拍摄于黄石公园，展示了这一美国标志性地区所经历的变化，这些变化是明显的。黄石公园的许多问题对于在贾斯珀地区工作的研究人员而言非常熟悉。罗伯特·韦伯（Robert Webb）和他的同事调查了科罗拉多河

图 4.3

从发电站边悬崖上拍摄的一对照片

从发电站边悬崖上拍摄到的画面，该峭壁位于贾斯珀镇的北部，与鹰山隔阿萨巴斯卡河而相望。这是布里奇兰奇所建立的第一批拍摄站之一，也是布里奇兰奇所建立的第一批拍摄站之一，左侧的照片是布里奇兰奇拍摄的，这幅照片拍摄于1915年，这幅照片是布里奇兰奇拍摄的，重复画面（右侧）是1998年在同一个地点拍摄到的（由 J. 雷姆图拉和 E. 希格斯拍摄）。

沿线的许多地区，比较他们所看到的画面和 1890 年斯坦顿拍摄的照片（斯坦顿用照片记录了潜在的铁路规划路线），韦伯发现了多种多样的生态变更（比如说，动物的食草性、沙漠植物的寿命、河流结构等）。他的研究是跨学科的，而且在某些具体案例中，他还采用了定量分析技术。[9] 定量分析技术的应用标志着早期研究和近期研究的分界点。照片也是有声音的，当把一组重复照片并排摆放在一起时，尤其是当经历了翻天覆地的变化时，就像贾斯珀地区那样，我们的心灵被烙下了永远的印记。对产生的影响而言，没有什么能超过一组照片所带来的影响。但是，我们必须超越主观印象，摒弃像"在近期拍摄的照片中，森林看起来更为茂密"这样的模糊描述，而是对什么发生了变化，以及变化范围有多大作出精确的评估。布里奇兰采集的图像与其他大多数重复拍摄的图像不同，因为勘测照片的综合性和系统性为进行定量分析奠定了基础。雷姆图拉通过自己对植被变化所做的研究已经证明，通过图像采样步骤可以对不同植被类型进行比较，从而较为准确地展现出植被和其他生态以及文化特性发生的变化。[10]

布里奇兰重复拍摄项目的发展远远超出了雷姆图拉最初的设想。[11] 在 1998 年的夏天里，我们走过了布里奇兰和他的队友们在 1915 年所走过的大多数小径，我们开始复拍照片，按照他所做的最初勘探工作，逐渐将照片复拍完整，一共采集了 735 幅照片。1999 年 9 月 11 日，我们爬上了金字塔山，这座山峰正如其名字所描述的那样高耸挺拔，占据了贾斯珀镇整个西面的地平线，在这里我们完成了全部工作。

我们的大多数工作都是徒步完成的，正如布里奇兰一样，尽管偶尔我们也利用直升飞机。与布里奇兰的时代相比，现在道路的状况整体而言要好很多，而且许多路径都已为人们所熟知。我们的设备更轻便，尽管我们还随身拖着一个古怪的、笨重的 4 英寸（10.16 厘米）×5 英寸（12.70 厘米林哈夫 Linhof） 牌大画幅照相机，还有一个笨重的三脚架。幸运的是，我们不用再去使用玻璃底片。尽管拥有这些优势，但是我们仍然准备了一个有益健康的行囊背包，以助我们应对不稳定、恶劣的山区天气环境，并克服在野外旅行过程中可能遇到的各种困难和危险。让人吃惊的是，布里奇兰在当时也有许多优势。他来到贾斯珀地区的时候，正是有史以来最大的一场野火发生之后的第 25 年：1889 年和 1890 年连续的干旱导致阿萨巴斯卡山谷上游的森林一半都被烧毁，且在整个亚伯达地区和西部山区的其他地方也引发了同样的效应。从被大火烧过的森林中穿过，要比从茂密的森林中穿行容易得多，20世纪90年代，当我们穿越这片区域时，那些树枝不停地扑面而来，当时已经连续一百多年没有烧过一场野火了（禁火措施和严格控制火源相结合所产生的结果）。而且布里奇兰还得到了一支受过良好训练的勘探队的帮助，有充足的马匹以及后勤支持。我们沿着异常崎岖的峭壁攀登，当遭遇恶劣天气时，我们就细数这些优势，重振信心。然而，有时候我们也会对自己产生怀疑，对前人产生敬畏，因为布里奇兰在一个季度里就完成了这么宏伟的勘探工作，这着实让我们感到震撼。有时候我们感觉自己就像半大的孩子，被一个健康而有条理的叔叔督促着前行。

我们已经实施的，以及我们所继续追求的，就是重现贾斯珀国家公园中北部区域1915年时所呈现的样子。当时两条穿过阿萨巴斯达山谷和耶洛黑德隘口的铁路刚刚完工，那是为了给这片土地的项目建设腾地方，也就是莫提斯一家被驱赶走之后的第4年，也是这座公园成立之后的第8年，也是历史上所记载的燃烧范围最广的一场野火发生后的第25年，也就是皮毛贸易商初次来到阿萨巴斯达山谷之后又经过了一个世纪的时间，也是最后一次冰川作用撤退后又经过了一万年的时间，与人类最早出现在这片山谷的时间相距一万年，复杂而且大多是未知的变化为这段漫长的时期加注了时间节点，包括人类的变化、植物的变化、动物的变化和气候的变化。在这个时间轴上，布里奇兰的照片仅仅占据一个小小的刻度，更不用说一个世纪以后我们所拍摄的照片了。

利用空中拍摄的鸟瞰图和生态变更模型填充这空缺的8年时间，这样我们就可以记录地貌变更的进程。这些照片是对这些变更的有力证明，只需快速扫一眼，就能看到显著的外观变化——滑坡、森林更新、道路和小径。无论采用任何技术解释，我们都能够想象到，通过这些照片所能收集到的信息是很有限的。潜在的进程如营养物质的循环和土壤化学反应，以及细微的植被变化是无法从照片上感触到的。我们到访了一些地方，这些地方大多是高山区域，在这里，这些变化非常微妙，只有通过更细致的观察才能发现。这是一片运动中的土地，所有地貌都是如此，运动增加了复杂性。

土地的运动特性不足以让我们感到惊讶。我们知道生态系统是不断变化的，人类的活动与生态进程相结合，建立起持续的变化模式。在过去的20年里，生态学领域的研究模式发生了变化，从一个用平衡定义生态变化端点的模式变成一个认为生态系统是不平衡的系统的模式，认为生态系统包含复杂多样的轨迹线，经历了各种不同的稳定状态。[12] 有一种解释生态学领域的新理论的激进观点认为所有事物都是变化不定的，那么对于生态修复主义者而言，历史可能就变得无关紧要了。实际上，修复工作从表面来看似乎没有必要，或是没有保障的。那么关于修复学的一个主要概念，也就是历史保真度，就会让位于生态完整性（请参阅第 3 章）。因此，修复工作可能涉及移除直接和间接的人类因素，使许多生态轨迹成为可能（包括历史记录中并不明显的生态轨迹），更多地专注于当代区域性生态条件，关注自然主义，而不是关注自然的形式和进程。

当雷姆图拉和我追溯布里奇兰研究的脚步时，这些与历史相关的问题就被过滤出来了。了解一个地方的过去需要做如此之多的工作，如果能够意识到这一点，我们就会变得谦逊。难道，1915 年真的有什么特别之处吗？其实并没有。它实际上标志着照相勘探技术发展的中间阶段，这是在加拿大相对较新的领土上的一个狂热时代。1915 年所拍摄的照片的确勾勒了当时的地貌，偏向于植被形态结构的某个极端，也就是成片开放的那一端。如果认为 1915 年的照片或其重复照片展现了山谷如今的真实形态或当时的全貌，那就大错特错了。有理由相信这两组快照都是在一个较长的变化时期内拍摄到的，尽管当今这里的地貌以长有茂密树冠的树丛为主导，而从历史记录（不足五百年）来看，这一状况是罕见的。通过这些照片所获取的丰富信息却给了我们相对有限的指导，这听起来似乎很矛盾。然而，正像沃利·科文顿（Wally Covington）所说的那样，历史图像也许是"我们所能得到最后的、最好的信息"。[13]

我们越是深入了解历史，就能越发意识到历史的复杂性。当我们应用新的模型来理解一片土地时，这一点尤为明显。比如说，如果我们用文化的眼光来看待贾斯珀地区，在这里居住的人们塑造了这片土地的形态，那么我们就意识到了一种新的生命力。皮毛贸易商大规模的捕猎活动改变了某些哺乳动物物种的种群变化周期，这种改变持续了几十年甚至更久，19 世纪所产生的这些影响以及其他影响在今天仍然能够被感知。让我们放下"公园即荒野"的观念，而接受"公园是历史"的观念，这样我们就能明确认知连续性的重要性，也就是说，我们应当意识到过去所发生的事情对今天仍然有重要影响。不仅是过去的行为和动作会产生影响，而且影响过去人们行动的思维方式也非常重要，正如用我们的解读方式来解释这些变化的观点也非常重要。这涉及无限回归，让我们认识到我们的观念能够让我们理解他人的观念，理解他们在土地上留下的痕迹。如果认为我们能够对过去形成一个客观的理解，那是非常愚蠢的。就像马克·霍尔（Marc Hall）所说的那样，"我们还意识到，了解一片土地之前的样子是很难的，就像了解历史真实的事实那样难。修复工作未必是一个重现土地过去模样的过程，而是暴露出我们自己对于理想土地的模样所持有的偏见的过程"。[14] 对于修复工作者而言，历史太复杂了，因为历史既重要又难以捉摸。修复主义者呼吁寻找历史证据，但同时又必须面对这些数据的不完善性，以及在理解过程中随时可能迸出来的新观点。最后要提到的是，像布里奇兰所拍摄的照片，以及如此精细的历史数据并不能告诉我们该做什么。实际上，这些数据让我们的选择变得更加扑朔迷离。

怀旧情怀

首先我们要思考，为什么我们被拉到历史这个话题上呢？历史条件的哪些方面引起了如此多的关注呢？为什么不抛弃过去，采用当代的设计呢？我们首先会想到的答案就是，过去在一定程度上优于现在，或者说，过去更好。但是这种好并不能简而言之，至少对于大多数人而言都是如此。过去的地貌，就像古老的建筑物一样，他们的一些价值源于怀旧情怀，源于连续性和深度。这种对比尽管非常微妙，然而我们却极力地提倡修复古老的建筑物[15]（例如位于波士顿市中心的古老的州议会大楼），因为这样的建筑物标志着一种不同的生活方式，一种在某些方面更好的生活方式。

这些建筑物代表着一个简单而缓慢的时代，那个时代的人们更忠实于一种有机的生活方式。但是怀旧情怀让我们忽视了过去的时代所存在的许多困难，我们需要一些相反的历史叙述才能寻求平衡。无论在哪种情况下，历史都重点给我们展示了另一种模式，从一定程度上说，这种模式更为优越。过去的生态系统避免了大规模的开发活动所造成的破坏和践踏，而且与其他各种各样的生态系统相联系，形成了一个更大的不断变化着的拼接模式，留出的空间足够大，足以支持各种当地植物和动物的所有生存方式，然而这样的情况如今却已不在。修复活动暗含着一种信念，那就是这样的地方比现在的要好，值得恢复成这样的场景。对于许多人而言，修复活动折射出了怀旧情怀最本真的意义：对于已失去的东西所怀有的甜苦交加的渴望。

在布里奇兰重复摄影项目开始之初，我办了一场展览，是在亚伯达大学公共开放大厅里举办的。对同样的事物所拍摄的"之前"和"之后"的照片成对贴在厚厚的纸板上，并且固定在展示板上。我把展览交给了我的一个机械工程师同事，自己去喝杯咖啡。几分钟后，当我回来的时候，有一小群参观者聚集在展示板前，我的那位同事正在用手势比画，对参观者们解释照片中没有清晰体现出来的微妙的地貌变化。但是，他却把照片弄颠倒了，这样一来，展现浓密森林的照片被当作了原始的荒地而受到推崇，而布满片状树林的河谷则成了被掠夺的地貌。让人们信服长满森林的地貌更符合他们对于国家公园的理想预期是很容易的，然而让他们明白我同事的讲解是错误的，我可费了大工夫。考虑到荒野在人们心中的典型形态已经根深蒂固，这种观念影响着我们对像贾斯珀国家公园这类地区的理解，因此从直觉角度来看，这一现象也不难理解。对于荒野所持有的观念与一种文化遗忘症是相伴相生的，在殖民过程中，这种文化遗忘症的意义被忽略。毕竟，正是由于我们对荒野赋予了过高价值，因此 1907 年时，联邦政府官员才理直气壮地征用混血殖民者所占领的土地。建立起一种不同的、更加微妙的关于历史的概念需要好多年的时间，这种概念应当让人们清楚，人们的生活与地貌之间发生了何种程度的交织。

这次办展览的经历让我明白，文化形象无论准确与否，都决定着人们到底能够接受怎样的观念。要想摆脱这种影响，需要通过长久而费力的教育才能扭转。公园修复主义者们面临着越来越多的物质性决策，这就进一步加剧了这一问题：怎样的历史证据能够成为最好的锚点？在第 1 章中我曾声明，对于这一问题，是没有一个简单的答案的，将地貌修复成 1907 年公园修建之前的样子，还是将地貌修复成 1800 年前皮毛贸易开始之前的样子，这两种做法都有充分的理由，除此之外，气候的差异和变化也迫使我们重新思考确立合适的目标。对于这一问题，并没有先验的正确答案。这种决策带有随意性；决策总是涉及判断。生态修复工程所存在的这种主观维度是不可否认的：我们对于历史的了解，以及我们希望从历史中得到什么，这总是取决于当代的信念。

历史信念的偶然性是一个很关键的问题，需要引起我们的高度关注。但是，这并不能减少我们对更为基本问题的关注，那就是过去的生态系统并没有受到人类活动如此多的影响，而现在的生态系统却饱受人类活动的广泛影响。对于这种概括性的评述，我们需要确认是否能够推及整体。比如说，在贾斯珀地区，1800 年以前，以及 19 世纪下半叶的农耕活动开始之前，由于皮毛贸易尚未开始，因此并没有大范围的捕猎活动和诱捕动物的活动。在 20 世纪早期，与工业相联系的事物出现了：铁路、汽车、即时通信。工业发展所带来的变化在各个地区的体现都各不相同，但是对于某个特定时代的大多数人而言，可以以这种或那种方式回顾具有更高的完整度和简单的时代。例如 10 年前，我迁居到埃德蒙顿，买了一座房子，当时那栋房子位于这座城市的南端。

有一些邻居是 20 世纪 60 年代搬到这片新开发区的，他们记得当时还能看到一望无际的农田。一些在这里居住很久的住户还记得什么时候那些农民们排干了湿地的水，建起了牧场，砍掉了森林中的树，修成农田。当时我所居住的房子位于这座城市的南端，最近我了解到，现在这里却被认为是这个城市的中心地带，这让我非常吃惊。尽管我算得上是这里的新住户，但是我仍然认为过去是一个更为简单的时代，那时没有那么多零碎的片段，有的是生态进程的连续性。从生态的角度来看，50 年或 100 年以前，这里的地貌更为完整。从情感的角度来说，我真的很向往过去的那种优雅风韵。

有时候，怀旧情怀被当作一种愚昧的白日梦情结而遭到排斥，怀旧被当作阻碍进步的屏障。出生于 20 世纪 60 年代或 20 世纪 70 年代的我们被当作一群对进步持怀疑态度的人。我们明白，更快更大未必总是好的，实际上，简单和小规模的优雅才是更加可取的。这种思维模式中包含一种上升，像降低速度之类的想法会浮现出来，鼓舞我们摆脱生产最大化的桎梏。对怀旧情怀的这种回应与生态修复领域的关切和忧虑是类似的。降低速度的观念能够让我们回归到那种更简单、更容易获得快乐的时代，至少说来，如果以社会数据作为依据的话，这一点是非常肯定的。[16] 生态修复让我们恢复更加完整的生态系统，这就有助于实现 E.O. 威尔逊（E.O. Wilson）及其他人所谓的热爱生命的本能。[17] 对于自然景观和自然事物我们有着天然的喜爱，因为我们喜爱那种不加修饰本真的存在形态。因此，怀旧情怀从情感的角度来说是有吸引力的，但同时也是一个生态基础。在太多太多的例子中，过去提供了丰富的多种生态完整性范例（有些人可能会争辩说，应当称其为更好的范例）。这应该能够充分地回答我们前面提出的问题，那就是为什么我们更倾向于早期的生态系统，而非依照我们当前的喜好而"生产"出来的生态系统。

叙述的连续性

我们通过自身的经历对世界有了整体的理解，对生态系统有了特定的理解，而部分经验就来源于过去。这一点已经得到了证明，因为之前的经历已经体现了这些性质。我们对于生态系统所看重的价值源于我们对生态系统连续性的感知，甚至是那些在人类广泛存在的背景下衍生出来的价值，也是源于我们对生态系统的连续性的掌握。尊重与过去的联系是阻止我们仅仅根据自己当前的兴趣来创造自然的重要因素。历史知识给了我们启发，正如马克·霍尔所写到的那样：

> 环境修复主义者认为，一个更好的过去伴随着一个更糟糕的现在，但是未来却是充满希望的。在承认时间塑造了地貌或摧毁了地貌的前提下，修复主义者们利用历史来确定修复工作的必要性，也根据历史来判断修复工作是否成功。历史不仅对于理解修复工作而言是必要的，也是至关重要的。[18]

历史暗含着时间的概念。有许多模式可用来描述时间：将时间作为一条流动的河流，将时间作为一个从一点指向另一点的长箭头，或者将时间作为一个螺旋体或循环。从文化的角度来看，时间是多变的，有许多丰富而复杂的方式帮助我们理解事件的迁移。自从采用标准衡量时间的手段以来，过去与未来之间的联系变得普遍，也就是过去的事物会流到现在并进入未来。当人们谈到祖先、古老的智慧和传统时，这条线是从过去延伸到现在的。但是这种连续性并非不可避免。约翰·奥尼尔（John O'Neill），一位环境哲学家，解释说："现在、过去和未来并不是被一组简单的价值联系在一起的，并不是过去将一组价值传递给现在，现在又将这组价值传递给未来这么简单，而是通过同代人之间的争论和不同代的人之间的争论而将过去、现在与未来联系在一起的。"[19] 因此，从一定程度上说，我们对于过去的解释就取决于我们当前的价值观和观念。我们不仅在不停地积累新的知识，而且对于这种知识的理解也在不停发生着变化。我们对一个地方的描述，对一个待修复的地点的描述，也因我们对过去产生了新的感受而发生着变化。将来这个故事怎样才能最好地得到延续呢？过去为我们提供了哪些指导？

未来只是我们现在所想象的未来，也就是说，将来所发生的事件受到我们对过去的反思和理解的影响，也受到我们现在行为的影响。此外，未来的模样影响着我们今天作出的评价。这就是奥尼尔说"被看重的方式最后也会变得真的重要"的原因。在当前的任何一个时刻，过去和未来沿不同的方向发生撤退。在实施修复的过程中，对于几个星期内、几个月内或几年内集中发生的事情，过去为我们设定了判断现在的最好的标准，从这个方面来说，过去还会影响将来我们如何裁定今天（如图 4.4 所示）。过去推动我们保持坚定的决心，尽全力在尊重过去与将来的联系方面做得最好。

这让我们想到了连续性这一概念，我认为对理解历史保真度在修复工作中的重要性而

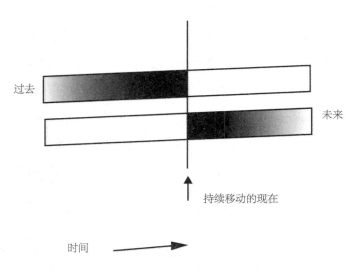

图 4.4
过去和未来：两个相互关联的连续体
图中所显示的过去和未来是两个相关的连续体，过去和未来的知识都随着
那个不断移动着的现在而改变。

言，连续性是一个至关重要的概念。连续性的含义是：对于某件事物，我们从过去起就对其保持着不间断的知识或经验。要明确这些经历的意义，就需要我们对这种经历作出详细的叙述，不仅是讲给我们自己听，也是为了讲给他人听。我们通过讲述关于某件事物的故事，以赋予这件事物意义，无论以什么样的形式来讲述：口头传诵、科学论文或创造性的声明。那么，叙述的连续性就是指复述一个故事的能力，或利用这种叙述来提高连贯性的能力。这里所存在的挑战就是务必确保所讲述的故事具有足够的吸引力，这样才能保证将来的几代人仍然对其保持关注，并采取相应的行动。而且，将来的一代代人所担负的这种义务将以社群的形式履行，随着时间的推移，这种社群的完整性在很大程度上决定了这个故事的力量。这是一种抽象的方式来概括说明某些事物通过动人的描述而让未来的人们感受到它的意义。

故事滋养着一个地方，赋予了修复工作意义。社群的出现增加了恢复一个被破坏的地方的支持力度，这就推动了修复工作的开展，或者一个之前不起眼的地方赋予了修复行为意义。

位于维多利亚（不列颠哥伦比亚的州府，一座人口达 30 万的城市）的天鹅河的一段流域，之前是鲑科动物天然的栖息地，而今，这里不过是一个被美化了的沟渠。一队修复工作者与一位当地的开发商协作，想让这条河流重现更加蜿蜒，或者说更加古老的河道的形态，这群修复工作者实际上是在前面所提到的那两位研究生的带领下来到这里的，这两名研究生并不看重历史，而这名开发商则迫切想要解决暴雨导致决堤的问题。他们创建了一些可供鱼产卵的河域，还有一个小型的自然公园，用于修建新的房屋。毫无疑问，这是一种折中的方案。甚至对于一种传统的修复定义而言，这也是一种不当的做法。但是这个工程却向我们展示了可通过修复工作展现出地方的一些特性。在这里，许许多多的志愿者们栽种温室里培育起来的本土树种、除草，与重型设备的操作员一起工作，与当地的开发条例所施加的各种限制规定作斗争，他们对这个地方获得了新的理解。这里再也不会是过去的那个地方了。人们讲述着故事，希望这些故事能够提升人们对这个地方的认识，尤其希望那些新迁至河边的人们对这个地方的认识达到相同的水平，希望这些故事能够滋养这个地方，延续这些故事，希望在短短几十年的时间里，天鹅河会被赋予意义，会有大批鲑鱼来这里栖息。

地点

一个地点的历史通过故事进行加工，这些故事塑造了这个地点的模样。我们或他人在一个地点的经历，又通过故事的形式讲述给我们。这样一来，这个地点对我们而言就变得有意义了。地点是空间属性的交织，与情感属性，或像某些人说的那样，与精神属性相结合。叙述的连续性让一个地点变得有意义，主要是通过对这个地点意义的讲述和对其在一个社群的生活中所处地位的讲述而实现。一些地点对于一个社群的生活起到了决定性的作用，因为这些地点保留了过去人们的行为和记忆。公园、宗教圣地、墓地、公共建筑物、教堂和出生地都是很好的例子。

我把地点和地貌看成自然主义表述和文化主义表述的混合，这采用了阿伯丁大学的人类学家蒂姆·英戈尔德（Tim Ingold）的术语。根据自然主义的解释，一个地点就是空间中一组自然属性得到说明的独一无二的点的集合，一个地貌仅仅是这些地点的汇集。没有任何一个关于地貌和地点的定义是纯自然性的，因为一定程度上，它们只是社会所定义的构造。我在描述我所居住的房子时，可能会将关于财产的法律性质的描述包含在内，而这又是以对客观属性的精确描述为基础的。是什么将我的房子赋予了意义？不是这座房子的数据或建筑属性，而是我通过自身的行为和经验与记忆的积累而带给它的意义，或者按照有些人的话来说，就是房子向家的过渡。这是一种文化主义的表达，但是单凭这种定义是不足以对这些地点作出完整的说明的，因为这些地点因科学观察、分析和理解才有了意义。这两种形式的表达都是必要的，有了这两种形式的表达，才能揭示一个地点的全部维度，或者说揭示出英戈尔德所谓的"居住视角"。英戈尔德建议我们放弃自然主义描述和文化主义描述之间的对立关系，采取一种将这两种描述融合在一起的视角。对居住的表达是最好的表述，客观观察与主观情感、分析与解释、在里面和成为一部分，也就是这些观念的相互渗透。通过强调连续性的故事揭示了地点和地貌："讲故事并不像编织挂毯那样，故事不能涵盖整个世界，而应当成为一种引导听者或读者的注意力的方式。"[20] 对一个地点的理解取决于你的记忆；记忆赋予了一个地区意义，这样的记忆在一定程度上应当属于个人。这就解释了为什么有些人可能会承认，我的家是一个地点，因为它对我而言有意义，然而并没有体会到那个地点特有的引力。从大小和意义上来看，地点都是流动的，这取决于一个人所处的具体环境。对于地貌而言也是如此。我把阿萨巴斯达山谷上游当作一个地貌，但是我从未停下脚步思考这个术语的客观界限是什么。这不是我一个手势就能囊括在内的；当然，这里不仅仅是一个地点。有时候这个地点的边界会发生变化，这取决于我的关注点是否在生态关系上，是否在河流本身，还是在于希望从这里居民的视角来理解这个山谷。巴里·洛佩兹（Barry Lopez）在提到内部地貌和外部地貌之间的差别时，也进行了类似的区分，然而几乎过了 20 年以后，这个问题仍然困扰着我。[21] 我自身的经历中产生了一些东西——我的内心地貌——这种内心地貌塑造了我看待当前周围事物的视角。

不久之前，我怀着朝圣的心情来到位于温哥华岛的卡曼纳谷。在这个山谷的底部，有一些巨型的树木，可以说是整个地球上最大的树木之一；它们位于不列颠哥伦比亚的一片野生热带雨林中，这里的树木生命力非常旺盛，位于沿海地带，在高温条件下生长。20 世纪 80 年代，卡曼纳谷成为国际抗议的中心，人们抗议砍伐古老森林，来自加拿大、美国以及世界其他地区的激进分子们作出了很多努力。在他们的努力下，卡曼纳野生公园建立起来了，后来瓦布朗山谷的下游流域也被纳入进来，进一步扩大了卡曼纳野生公园的面积。在抵制卡曼纳地区工业砍伐活动的抗议中，呼声最高的是兰迪·斯托特曼（Randy Stoltmann），这个人因将其毕生投入保护不列颠哥伦比亚湿地的事业中而得到了人们的尊重。1994 年，年轻的他在一场意外的雪崩事故中丧生，当时他正在做自己最热爱的运动——野外滑雪，为了纪念他所作的贡献，他的朋友们重新命名了位于卡曼纳的教堂树林，将这片树林更名为兰迪·斯托特曼纪念树林，这片树林里有十几棵大到让人难以置信的巨型树木（阿拉斯加云杉、北美云杉）。现在，那里有一个标识，解释了不列颠哥伦比亚公园管理局迄今为止都不愿在其公开文件中提到的一件事：由于像斯托特曼这样的人所做的不妥协的抗争，才让卡曼纳成为一个保护区、一个公园。人们把这片树林变成了一个纪念地，他们还围绕这个地方讲述了许多故事。实际上，这些故事造就了这个地方，而故事建立在一个更广更长的自然历史的基础之上，这些历史需要被传诵。每一次造访这里，每一次站在这些巨型卡曼纳树下思考时，它的故事就变得更加丰富，这个地方展现出更多的意义。现在这些故事与历史交织在一起，这些历史有关于那些巨型树木的，也有关于生长在这些树内部和周边的有机体的，还有关于曾为这个地区努力或抵制这个地区被破坏的人们的痕迹，包括现在对兰迪·斯托特曼的一生的探索，这种探索甚至超出了他本人的人生范围。很显然，因为这片树林的纪念作用，关于他的过去得到了美化。我认为，树林与兰迪·斯托特曼同在，后者也赋予了前者独特的魅力。这片树林拥有这个地区的特征，这个地区给这片树林提供了独特的保护，而且如果将来有必要的话，还能为有意义的修复工作提供基础。

问题在于，大家只认为被划分出来的地区有意义，也就是在那些有人类存在的地区才有意义。对于这一说法，我们有两种方式来理解。首先，我们应该认识到，尽管有些地区对我们来说并没有意义，但对于别人而言却有意义。当我们草率地采纳荒野代表着纯自然景观的无人之地这一观点时，我们忘记了过去的人们认为这些地区是有意义的。即使是贾斯珀国家公园中的那些偏远区域，也就是鲜有人问津的地区，仍然是一个有故事的地貌。这里的原住民所留下的小径，动物活动的痕迹，都带有特殊的见证印记。早期的登山者、捕猎者、冒险家以及守园人的描述给一个区域赋予了意义，例如像腾奎恩山谷这样的地区，这是贾斯珀公园中最偏僻也是最引人注意的地貌之一。[22] 由于人类的参与和人类的管理，这里才变成了有意义的地方。

在执行重复布里奇兰摄影项目的过程中，我们跨越了环绕着腾奎恩山谷的五座山峰（克里扎洛山、霹雳山、瑟普瑞斯山、腾奎恩山以及马克瑞布山）。在为期 12 天的旅程中，我们把公园巡逻人的小屋当作大本营，我们阅读了一些期刊，里面讲述了之前发生在山谷中的活动。我们遇到了旅行用品商人，他们骑着马来到山谷中，我们停下来听他们经商的故事，以及他们如何发展到现阶段的。我们比较了历史照片和我们亲眼见到的画面，观察到植被发生了细微的变化（并不像海拔较低的区域那样呈现出那么显著的变化），积雪层和冰川也都大规模地消退。经过一整天异常辛苦的攀爬和拍摄工作之后，当我们沿着瑟普瑞斯山的山峰巡查，我们时不时地会发现山脉的某些部分似乎被我们踩在了脚下（一句非常流行的当地习语所称："如果你喜欢加拿大落基山上的那些攀爬时的把手，那你就可以把它们带走！"），我们穿过浓密的灌木丛，试图找一条动物走过的道路，以便我们前行——或者说任何可以沿着向前走的东西——我们找到了一条被风化了的橘色标志带。这片未被标记过的区域中竟然有标记，这个标记改变了我对这段经历的描述。这并不是一片原始地带，并不是一片无人问津的荒野，我们这么艰辛地穿过这片树林，总觉得这应该是一片原始森林。是谁留下这样的标志带呢？那些人迷路了吗？是早期的一次科学远征留下的吗？很明显，之前有人从这片土地上走过。我很好奇，那些留下这样的标记的人会讲述怎样的故事呢？很有可能我的故事和他们的故事结合在一起就会赋予这个地区新的意义了，就可能会变成一个"地点"，它可能会被命名，可能不是地图上标记出来的那个名字，而是一个能够赋予这片地貌以本土和当地意义的名字。[23]

一旦我们明白这个地区是重要的，换句话说，我们发现了一个地区的特性，那么我们很容易会推定其他地区也有这样的特性。这是理解上面提到的问题的第二种方式，也就是说，我们最后会看重那些我们或其他人赋予其意义的地区。因此，如果我们留心的话，我们就能在日常的经历中发现那些生态进程，并能将其与其他经历相联系。这就能够让我们对于其他人所经历的事情具有更多的同情，对他们居住的地区更加关注。[24] 大多数地方都是"地点"，但是在这个星球上，有那么一些偏远的区域在历史上从未有人居住过，这些地点让人望而却步，或者意义非凡，以至于从没有人了解过它们。这并不是说这些区域就没有意义，只是我们需要通过扩展我们对于地点的理解，才能理解它们的价值。一个地方的规模也很重要。我可以说阿萨巴斯达山谷上游是一个地区，因为我在这里走过这么多次，从各种不同的角度观察过这个地区，仍然有那么一些小的隐蔽处我们没有走过，也没有看到过，这样的隐蔽处可能不计其数。一个人就算终其一生的时间也不能充分了解每一个大的地貌。这就是修复工程与地区的意义相联系之处：修复工程能够产生意义，给一个地区带来新的故事。

位于滑铁卢大学的多尼花园（第 2 章）也变成了一个有意义的地点。在一座不起眼的建筑物一侧，有一大片未曾被关注过的土地，在这里建起了一座花园，这座花园把学生、教授、社区成员都聚集在了一起。通过恢复历史特征和生态完整性，这座花园被改造成了一个地点，这个地点凝聚了人类劳动的汗水以及自然进程的能量。这个地点被赋予了力量，叙述连续性进一步增强了这个地区的力量，叙述连续性就是讲述关于这个地区的故事的能力——关于其创建之初的故事，以及鲍勃·多尼的人生故事，以及关于在这里所进行的谈话的小故事，比如在 7 月的清晨，晨光在地上洒下了斑驳的光点，在鸟声环绕的石凳上，坐着一些热烈交谈的人们。关于这些经历，我写了一些东西，这就为这个地区交织的叙述连续性又增添了一笔。500 年后大学是否依然存在？这座小小的纪念花园是否还会依然繁茂？对此我毫无概念。但是如果大学仍然在的话，如果花园依然繁茂的话，那么这座花园可能会成为一个象征，象征着人们的慷慨和尊重所能实现的结果，它可能会成为一片神圣的树林，在诸如剑桥大学、哈佛大学和鲁汶大学等古老的校园中一处隐蔽之地兀自繁茂。

英国哲学家约翰·奥尼尔和阿伦·霍兰（Alan Holland）写道："特定的地点价值往往来源于在此生活的社群的生活方式通过这个地点体现出来。"[25] 毫无疑问，这一点是正确的。具有超凡吸引力的地方往往是那些能够让人们直接参与或通过当代媒体的力量让人们直接参与的地点，尽管这种观点仅仅是通过代理机构而实现的，如杂志上的旅行游记、邮件征集、网站或电视纪录片，那么这些地区不可能持久。而且地点是以低调的方式被创建的。我父母的家位于休伦湖背风岸上，附近有一个低地雪松森林，我天天在那里散步。之前那是农场的边界地带，面积有几百英亩，而现在，那里则在等着房产开发商的开发。每次回家时，我都会沿着动物留下的小径和旧时农场的小路走上很长一段距离，沿着野外滑雪场留下的小道漫步，这是当地的一个滑雪志愿者组织留下的，或者我会穿过杂乱的雪松树丛，走到树林的另一侧（另一侧是更多的雪松树）。一个春天的下午，在小径上一块潮湿的地区，我停下了脚步，低下头观察一种茅膏菜植物，这是一种肉食性植物，相对而言比较罕见。在接下来的 10 年里，我总是在同一个地方停下来，欣赏这些繁茂的茅膏菜，它们在这一条古老的小径上不合时宜地肆意生长。我清楚地记得第一眼看到它们时的场景，这种回忆会带出许多记忆，如潮水般汹涌而来。对我而言，以及对于曾在这片废弃的农场和低地雪松森林中漫步的其他人而言，这可能是一个有意义的地方。正是由于我讲述了这个故事，才让这里可能成为一个有意义的地区。它非常短暂，然而许许多多有意义的地区都是如此，因为它们被编织进了我们生命的轨迹中。观察与情感的结合创造了地区和地貌，一个地方让我们留下印象的能力取决于我们自身感官的灵敏度和我们情感的开放度。当我发现市场价值最终攀升到如此高度，以至于促使这片土地的主人开始开发项目时，我感到了深深的悲伤。茅膏菜所在的那片林间空地在几年之内仍然是安全的，但是这片土地整体却在消失。更让人难过的是，这片土地不可能得到足够多的支持来为保护工作提供保障，或为充满敬意的开发活动提供保障。我自身这种瞬变的情绪在一定程度上也负有责任，而且我的故事还没有成熟。

一个地区的叙述连续性是由生态历史和文化历史所形成的；这两者是很难分开的，尽管事实上这两者总是被分离。大多数时候，我会参阅一个地区的文化描述，包括对自身经历的个人见证性陈述，以及关于人类活动的历史说明，但是对于赋予一个地区意义的过程而言，自然主义的解释也非常重要。有一天修复主义者会抵达腾奎恩山谷，来解决过多马匹运输对这片脆弱的阿尔卑斯湿地造成的过度践踏问题，以及拆除旧时的旅行用品商人所搭建的营地，但是这些修复主义者们必须明白，这些地区是如何产生的。甚至可以说，将自然主义说明和文化主义说明当作两条分离的道路分开的做法是有失公允的，而且可能有一天，当我们对文化和自然的分离、客观和主观的分离所持有的态度发展到一个更加统一的阶段时，两者就会结合成一条统一的且更加有力的道路。在讲述一个地区历史的时候，必须充分考虑到生态真实性，与此同时也要讲述人类的故事。只讲述人类的故事会导致地区被狭隘化，就像有些人抱怨的那样，科学观察和分析本身代表着贫瘠化的人生观。

由于起作用的各种进程相结合，才让一个地点产生了意义。就像奥尼尔和霍兰所说的那样："我们看重一片古老的树林，那是因为人类进程和自然进程的历史作用，这两种进程共同作用，才形成了这个地区：它标志着一代又一代人类所做的工作，以及物种偶然在此生长，正是由于这些让这个地点形成的进程起作用，才让这个地点有了价值。任何类型的复制都不可能具有同样的价值，因为复制之地的历史是错误的。"[26] 连续性至关重要。对于价值的形成和延续，必须有对一个地区的持续性理解，或者说有连续性恢复的可能性，当调查研究一个地区的历史并交流沟通时，就是这种情况。即使我们能够在短时间内从零开始创建起一片古老的树林，当然这是不可能的，但是这样的森林的价值也是大打折扣的，因为它缺少了连续性。我们之所以看重森林古老的生长过程，正是由于它具有连续性。

时间深度

历史进程的连续性直指时间深度，这是让生态修复的历史性变得至关重要的最后条件。深度是历史的延伸，是时间的长度，也是在此时间间隔中人和地区之间达成的约定。从时间长度上判断，（如果）没有较多的进程和模式上的人为简化，一个生态系统的寿命就越长，也就代表它越珍贵。深度取决于稀有程度：它们是一枚硬币的两面。然而，对于某些事物来说，不必历史悠久也可能变得稀有。稀有是稀缺的一种状态，也就是一些事物会因与众不同而增加附加值。我们十分重视那些因为生态约束性或者人类活动的后果而变得稀有的物种，后者是造成物种稀有的主要原因。价值增加是因为我们知道一些事物是不可替代的，同样，对于生态系统也是这样。在全世界，人们都是通过在稀有的自然风景上建立公园和自然保护区来保护生态。在过去10年甚至更早之前，加拿大亚伯达省开发油气、林业、耕地的进度是如此之快，以至于政府颁布了一项法案来保护所谓的"特殊地区"。这些由于掠夺式发展而正变得稀有的风景，仅仅是值得我们注意的冰山一角。值得注意是因为生态特征和文化特征有了结合。由于对稀有意义观点不同，保护荒野和开阔地的拥护者会和政府斗争，有时甚至很激烈。实际上，双方都认同稀有地区有重要价值。[27]

对拥有原始森林的地区来说，时间深度体现得最为明显。原始森林因其长久的延续性而变得很有价值。因此，深度是测量延续性范围的一种方法。深度帮助我们了解某物在什么时候特别与众不同。这种比较贯穿于文物和生态系统领域。比如，我们认为能够经得住时间检验的建筑物有较高的价值，即使这些建筑物相当普通。埃德蒙顿城市的大部分历史可追溯到19世纪晚期，从比较标准这方面来看的话，这个城市差不多所有的东西都是新的。从历史上看，有价值的建筑物可能不会在历史悠久的城市里引起同等的尊重。延续性是我们所重视的，但必须依靠大量的资源，有时是运气，来确保在长的时间跨度内的延续性。稀有性经常依赖于历史长度，但它也可以独立存在。在变得完全独一无二的观念下，一些事物可以变得稀有，这意味着它的价值流动独立于历史之外。所有的生态系统都是不同的，当然，有些生态系统的差异尤其突出。独一无二观念下的稀有性伴随着深度而发挥作用。

因此，一个地点的历史保真度取决于怀旧情怀、持续性和深度的结合。这就是第1

章中迪士尼荒野度假村还不如一片荒野之地有价值的原因。它可能是独一无二的，但很容易被复制，它的持续性在于其是否能创造故事，但它成立时间太短，以至于没有太多属于自己的历史。所以许多消费文化的典型产物没有多少持久的价值，比如快餐店和特许经营商店。消费性企业（例如荒野度假村）的可靠性是不真实的，所以我们推测其建立背后的动机也不真实。他们脱离了企业所在地区的历史，使其变成了与地点分离的、不完整的实体，不过是一个展览物而已。[28] 如果修复工程成为复制活动工业化模式的牺牲品，那么修复工程也会遭受同样的命运，并连同一起出现大量的降价、新的经济关系（授权的修复项目）以及风格和引领潮流的特征。在将来会有能创造承载企业独特风采和标志的有特色的修复工程的大型修复公司吗？这看起来是不太可能的，但明智的做法是不要低估视觉导向市场的力量。地区不能轻易被伪造。[29] 如果我们能持续关注真正的故事，那么其真实性将会显而易见。如果我们能持续地、真实地记录一个地区，那就绝对真实。

在本章和本书别处的例子中，修复实践活动是有价值的，因为它们有能力给我们展示出历史保真度对我们意味着什么（怀旧情怀），能讲述我们与某一地点联系在一起的故事（持续性）以及我们的归属感在时间上的深度。认为修复创造价值的观点是由一些环境哲学家提出的，他们将此作为修复工作在环境管理这个更大的舞台上所作出的独特贡献的一种方式。[30] 也有从一开始就创造价值的修复工作，在这些地点所存在的记忆逐渐消失到无法留下太多意义的程度，或者是存在的故事也是不和睦的。但这与都市化地点有什么关系呢？在这些地点，修复项目将生态系统恢复到一个数十年或数世纪都缺失生态系统的状态。这有两个回答，第一个是集约发展和掠夺仅仅是此地更多故事中的一部分，且我们评价这些中间步骤的方式依赖于当地的情况和当地的主流社会价值观。这里也有之前的工业活动被合并到修复工作中的情况。布里奥妮·佩恩（Briony Penn）是不列颠哥伦比亚省的一名生态修复主义者，她表明，在设计英国北部的伍德霍恩煤矿博物馆的过程中，呈现过去的景观所面临的挑战使她明白了如何理解并解释自然和生态景观。修复的过程会激发对历史的回忆，而构成回忆的事物往往就是联系人与修复项目的最强大的纽带。这是每位参与生态修复的人必须学习的一点。[31] 因此，通过修复加强了之前几乎被遗忘的连续性。第二，通过叙述以往的情况，生态修复创造价值。生态修复主义者通过他们的行动创造故事，这为更充分地解释这个地区做了累积。这个地区也因为修复活动而恢复其价值。

我已经注意到历史对生态修复实践的重要性，并认为通过三种相连的概念可将历史传达给我们：即怀旧情怀、连续性和深度。若我们通过修复的意义来决定修复实践，则修复必须依赖于历史保真性。毕竟，修复就意味着恢复因时间的摧残而消失的东西。但是我们需要小心谨慎。因为人们容易犯一些错误，即用语言来决定世界——通过定义来决定实践活动。我认为，让语言随着实践活动演变更好。有些学习修复的学生在文章开头谈论生态修复时认为历史不重要，这是不正确的。 我的第一反应就是反驳，告诉他们生态修复对历史来说是最重要的。但这又陷入一个陷阱，即假设一些关于生态修复的事情，而不是通过实践证明。根据不断演变的专业要求，生态管理的社会思潮以及生态学范式转换的要求，生态修复实践正在变化，且也将变化。在回顾为什么历史是重要的时候，我更相信历史对理论和实践都是不可或缺的，无论社会如何定义我们目前所理解的生态修复。

我比许多人更加相信历史，尤其知道生态修复项目中包含了多少复杂事物。我们担心介绍太多历史遗物会阻碍生态修复，使其被遗忘。毕竟，若历史向我们展示的是干扰情况，那么我们为什么还要修复生态？为什么不摒弃历史，按照一种明确的价值观进行修复？或许科学家和人文主义者对历史的理解方式也不同。科学家将历史看作描述事件的线性顺序，而人文主义者从故事的层面解释历史。当然，两种解释都是很重要的，但是人文主义者介绍的无休止的复杂性（或者我在更早时候继英戈尔德之后提出的文化角度）对任何方法来说都是诅咒，即用这种方法发现问题并寻找可靠的方法来解决问题。在最好的情况下，生态修复将继续作为人文主义者和科学家的综合体，尽管在这个日益专业化和管理技术化的时代来说是个巨大挑战。若我们能够通过研究历史来连接科学和人文，则生态修复将使我们实现保持过去完整性的愿望，确保管理好我们周围的历史性和现实性。

参考条件

因此，历史因素确实很重要，我之前所持的怀疑观点印证了大多数生态修复主义者已经实践了的。我们面临的严峻挑战就是了解历史指引修复实践的适当程度。若历史基本上不存在，那么会发生什么呢？在过去几十年左右的时间里，生态修复主义者已经精练了参考条件的概念以帮助其解决历史问题。参考条件是直观的：有关过去尽可能详细的证据提供了清晰的历史，就像画一样，也作为未来的目标。彼得·怀特和琼·沃克认为，"人们将参考条件用于设定修复目标，确定某地的修复潜力并评估生态修复实践的成功性"。[32] 参考信息有多种形式：基线研究，控制图，历史数据的内插和外推，古生态研究，围封研究，[33]等等。通过在现有场地实施对比方法来进行参考信息比对，也通过这种对比方法，制订了生态修复目标。参考信息有时候以参考地点的形式呈现：即这些地点反映了受侵扰之前的状况并提供重要线索，表明修复工程师如何在受侵扰的地区开展工作。生态修复主义者通常使用参考信息和地点来比较修复所产生的变化，并帮助设定目标方向。目前生态修复使用的所有技术中，参考方法无论在理论还是在实践上，都是核心的。

获取参考信息的重要途径就是长期的生态研究和实施监测。在北美已经建立了几个网络，以确保全面监测，尽管这类一般监测表现平平。[34] 美国长期的生态研究（LTER）项目与二十多个生态研究基地合作，包括新罕布什尔州的哈伯德布鲁克，这个地区从1963年开始就在收集广泛的生态信息，以及哈佛森林，这是运行时间最长的研究中心之一（自1907年开始）。在加拿大，建立了生态环境监测和评估网络（EMAN）以连接各个现有的研究基地，尤其是在远离人类直接侵扰的地区的研究基地，并为长期监测关键指标建立统一协议。

在哈伯德布鲁克的早些研究中，特别是过去30年的基阳离子损耗研究中，证明了长期生态研究的价值。[35] 这些研究创造了相当长时间的持续信息，且以后还将依赖这些信息。这些研究所创造的知识是依靠科研补助短期内就能完成的项目所不能达到的。另一个优秀的案例是安大略省西北部的湖泊试验区（ELA）。1968年，48个小寒带湖泊及其流域被人类从木材收集库存区移走，取而代之的是加拿大渔业和海洋部的研究基地。在大卫·辛德勒（David Schindler）的领导下，研究人员从几个参考湖区收集了数据，将这些数据作为科学项目研究的根据，其中许多用于研究淡水湖的管理策略。[36] 1968年，辛德勒开始在湖泊试验区工作时，他并不知道对湖泊的物理和化学监测能够为理解水生生态系统对温暖气候的反应提供线索。广泛的测量提供了参考条件。20 世纪 70 年代和 20 世纪 80 年代持续的温暖和干燥气候为大型森林火灾创造了条件，火灾烧毁了一些项目区域。一旦溪流干涸，湖泊水位就下降。对溪流和湖泊的长期研究揭示了之前未曾发现的气候所造成的一些变化。[37]

在为长期、跨学科生态研究创造条件的过程中，我们获取了长期数据，收集了湖泊试验区三十多年的数据信息，且在新英格兰的哈佛森林和哈伯德布鲁克项目收集的数据信息时间更久，我们已经拥有最好的了解生态系统的机会。这并不是说我们能够完全了解生态系统的复杂性，而是说这些长期研究为我们的了解提供了深度和广度。深度是指生态系统的动态范畴，即在不同气候和人为影响下发生的变化；测量广度提供的信息能证明在未知环境下的作用。这样的纵向研究也提供了另一种可能性，即通过实验操作来模拟生态退化和修复。从实验操作中可以学到很多知识。长期研究也为怀旧者构建一处景观提供了足够的时间深度。在湖泊试验区的两个实验都是很好的例子。

1970 年，围绕着是什么造成了伊利湖和安大略湖繁盛的藻类窒息而死这个问题展开了激烈的争论，而产品中含有磷酸盐的洗涤剂企业强烈反对这一理论，即其产品含有大量的磷。1973 年，在湖泊试验区的早期工作中，辛德勒及其同事通过防水尼龙帷幕分隔了两个盆地中沙漏状的湖泊 226。按照污水中的常规比例向两个盆地中添加氮和碳，还在一个盆地中添加磷。添加了磷的盆地产生了一种巨大的蓝绿色藻类。只添加了氮和碳的盆地中保持基准状态。结果清楚地表明，是磷造成了水体富营养化的问题。这个结果通过辛德勒在试验开始几周后借助小型固定翼飞机在空中拍摄的照片，形象地图像化了。[38]

20 世纪 70 年代早期，由于酸雨使斯堪的纳维亚和安大略省萨德伯里冶炼厂附近的湖泊和溪流中的鱼消失了。假设美国东北部酸敏感型地质和酸化物排放是造成加拿大广泛问题的原因，且没人注意到鱼以外的其他生物，1976 年，辛德勒开始刻意降低小湖泊 223 中的 pH 值以研究湖泊酸化的早期影响。结果出人意料：在 pH 值为 6 状况下作为湖红点鲑的主要食物的水生无脊椎生物和小鱼开始消失，即比 pH5 级别的酸性还少 10 倍的 pH 值为 6 状况下，开始对湖泊造成破坏。结果表明，早期食物链损坏对湖红点鲑数量的影响在酸性条件致使鱼死亡之前就发生了。研究还表明，与酸性湖无法被修复这一理念相悖的是，只要停止向湖中添加酸性，像湖泊中硫酸盐还原和脱氮这样的微生物作用可以修复酸性湖。湖泊 223 试验和后续的研究表明湖泊的弹性有限，强大的酸化致使湖中的物种构成发生巨大的改变，从而使得湖泊的修复变得没那么容易。[39]

长期来看，实验性整体生态系统研究对生态修复有很大益处。在这种条件下，不仅参考条件变得更加容易理解，也使得寻找对修复最有效方法的机会出现，包括工业活动之后的大规模修复和复垦试验。随着 20 世纪 80 年代政府广泛宣传的伐林之后，在 20 世纪 90 年代早期开始盛行的大量伐木作业以生产纸浆的亚伯达省北部，这个问题非常尖锐。分布于美国整个国家的森林被加工白杨的新技术公司砍伐。大量的砍伐，却没有真正了解白杨林、针叶林（也被砍伐制成纸浆和锯材）、湿地、湖泊、河流和溪流。这种情况在全球很多地区一遍又一遍地重复。

政府和工业资金促进了研究，虽然很多研究调查从科学和实践角度来看是有用的，但这些研究缺乏长期试验的深度和广度。此外，这种研究方法的成本很高，至少比湖泊试验区这样的项目高。亚伯达省北部的另一种替代性策略采用了集中试验方法，用来收集长期信息。对于收集那种必须且不会立即使用的数据，这种方法很重要。无法判断将来什么样的知识是有价值的：这是从湖泊试验区项目中学到的。此外，配有试验设备的纵向项目可能为将来评估新的发展事项提供了最佳研究途径。但是，这种方案始终存在风险。[40] 这不是顺应潮流的科学，通常缺乏配备大量后续资金的项目，也缺乏战略途径的优势。科研经费问题已经日益变得战略化和有针对性。生态系统的问题在于，它不是顺应潮流的，理解生态系统所需的科学还需要更加全面。此外，长期项目为参考信息的获取设置了高标准，通常是大多数生态修复项目实现不了的。生态修复能够作出的最重要贡献之一就是建立并促进长期试验项目的发展以及精确参考概念的发展。

对于那些为长期项目工作的人们，生态系统的参考信息是很基本的。但是，这种项目很少，而且对于大多数生态修复科学家和医生来说，参考信息更难获取。很多人提议通过生态修复实现谨慎的生态干预，这为研究生态系统和景观如何在时空中变化提供了很重要的科研机会。[41] 参考信息对于此项科研工作很重要，因为它提供了所有测量和分析所必需的数据。这种想法说起来简单，做起来就很难。

参考信息不断出现，成为首选术语。对于其他用于闲谈和科学报告中的竞争性术语（基准线、基准、标准），通常没有过多考虑它们的基本含义。基准线是对一种生态系统的简单划分，特别用于进行前期和后期对比。但是，它与参考信息不同。基准线可以是参考条件的特定案例，或者是用于确定适当参考的信息储备。布里奇兰的历史照片构成了一种基准线：80 年前这里的植被等景观特点是什么样的。这些照片只是用于确定参考条件的组成部分。基准线是指任意的参考点，需要考虑到生态和进化变化。与此类似，基准一词通常用于讨论生态修复。我认为基准与标准一词的意义不可以互换。应避免互换两词，除非意图是描述一种离散状态。参考信息是不断出现的，实际上往往是涉及描述参考条件的动态进程。参考信息的开发和部署有赖于理解变化中的生态系统，且没有固定的时间点可以提供所有所需的信息。怀特和沃克认为："选择和使用参考信息要求我们用它们来解决生态中的基本问题：理解生态系统和景观变化的本质、原因和作用。"[42] 变化是随着时空而变的，因此理解相关的尺度问题是很重要的。观察尺度是通过颗粒和程度单位来测量的，颗粒是分析的相关单位，而程度是观测分布的范围。从时间方面讲，颗粒和程度成为分辨率和持续时间。选择适当的颗粒大小和程度决定了项目的有效性和可行性。通常在两个样本之间需要适当的介质，这种介质要很精确，以至于忽略较大的事物，否则颗粒太大的话，美好的事物就被忽视了。从不同层次了解生态系统能够帮助我们避免出现显而易见的问题。例如，人们会认为获取参考信息的最佳途径是测量和对比最早的研究基础。但是，这些基础可能会扭曲结果，得到的是最早的而不是最典型的（或者最稀有的或不同的，等等）生态系统结果。

用几个术语来描述生态变化。常见的术语是自然范围变化，是指超过一个确定时间的变化，无论这个确定的时间是 100 年、1 000 年或者 10 000 年。历史范围的变化应考虑到人类的存在和文化活动的生态影响，因此，生态变化是个较好的术语，比那些忽视了长期文化和生态作用的术语要更好。[43]

这个术语与历史生态中不断增长的利益是一致的，正如人类学家卡罗尔·克拉姆利（Carole Crumley）所说，历史生态是"人类活动和自然活动的辩证关系在景观中明显呈现出来"的一门交叉科学。[44] 生态学家戴夫·伊根（Dave Egan）以及历史生态手册的联合编辑伊夫林·霍维尔（Evelyn Howell）规定了需要密切关注生态修复和历史生态之间的联系。

我们无法选择适当的变化范围，而且情况会随着地点和地区的不同而变化。一个反复出现的主题就是：生态修复决策涉及判断。时间的变化随着演替性和进化性周期间隔而变化。生态修复主义者面临的挑战是在这些变化中选择适当的界限，过于狭隘的选择（例如年际变化）可能忽略宏大的进程，而过长的时间间隔可能将忽略颗粒度现象。此外，存在历史信息的衰减函数：信息的质量与时间呈典型的反函数。我们追溯的时间越长，信息越不可靠。

若阿萨巴斯卡山谷的森林生态系统在远古已经形成，大约在最近的冰期之后的11 000 年，这将提供最大跨度的时间间隔（尽管在这个时间间隔中信息的质量不会均匀分布）。在这个时间范围内，所有相关的历史条件指引着目前的生态修复实践。据推测，若条件超出此范围，生态修复将使得生态系统不会回归到范围内。在实际应用中，若范围太大，就会存在太多的可能性。当然，气候变化使得这个问题变得混淆，我将在本章后面讨论这一问题。

空间变化包括模式和程度变化：在不同地块和相同地块之间发现的布局是什么样的，以及地块本身的规模。背景很重要："空间背景包括研究基地周围的基础性质，边缘和边界线的性质，以及研究基地的规模、分布和隔离。"[45] 当人们认识到生态进程正回归至多方面发展而不是完全开放时，在针对佛罗里达州的阿奇博尔德研究站的火灾生态和生态修复方面开展的令人印象深刻的工作就更加显著。[46] 人们决定进行生态修复是受一些因素的影响，即研究基地是否与作为源区或运动复杂的其他基地相连，这个基地是否偏远，优势植被的龄级是否变得与历史环境均匀或更加不同，食肉动物的物种是否消失，人类活动和相关进程是否已经发生显著变化，等等。怀特和沃克指出："研究基地的规模、隔离和周围环境对物种的存在有着决定性和随机性（包括随机行为）影响。"[47] 这很可能使得人们缺乏对生态系统的理解，虽然空间配置很重要，但这不能决定物种存在和运动。塑造几乎无法预测的研究基地特性，也将具有随机性效应。"为突发情况作打算"是生态修复主义者很好的座右铭。[48]

因此，变化是宏观和微观现象作用的结果，例如气候、自然和文化干预、物种生物地理学以及空间配置。在选择参考研究基地时了解变化的程度是很重要的，因为参考基地的价值随着与被修复基地之间距离的增加而减小。在任何情况下，永远没有一个参考基地和研究基地能完美地匹配；每个基地都有其自身的历史。选择一种比较匹配的较好的模型是可行的，或者根据几个基地的条件制订合理目标。因此，生态修复主义者的其中一个任务就是找出如何让一个特定基地与较大的基地匹配的方法，然后选择（有时推断）优选条件。插值过程有赖于对空间和时间变化一致的理解，并选择适当的变化范围。具体而言，这意味着有些修复将比其他修复更简单。例如，变化率高的基地，超出现状的干扰状况，或者体现明显不均衡状况且需要广泛、专业化管理的生态系统，这都是很难修复的。

插值的概念激发怀特和沃克将生态修复发展为"逼近的生态变化"[49]。因此，生态修复的主要目标就是反映随着时间变化而变化的生态。通过结合历史和当代生态系统找到这种参考信息的来源，图4.5表明了结合历史和当代数据，以及与被修复的基地有着不同距离的四个参考信息来源基地之间的关系。四个主要的参考信息来源基地各有优势和缺点，最好的情况是四个基地都能够为生态修复主义者提供有价值的信息。对被修复基地的当代调查研究（即相同基地、相同时间）提供了基地条件的最详细情况，干扰带来的影响，在干扰情况下的变化，等等。这些信息对于生态修复方案很重要。问题是，干扰可能掩盖了重要现象，而且我们的模型可能不足以推断过去和未来的变化。基地的历史数据（相同地点、不同时间）解释了干扰的模式和演替过程，这对成功的生态修复起决定性作用，但很容易被忽视。过多依赖于从一个地区获取的数据可能会存在限制。研究一个基地可能无法说明各种可能性，这就是为什么我们需要检查其他基地的目前状况和历史数据。这种参考基地作为长期比较性研究基地是很有价值的，可帮助测试生态修复项目的有效性。参考基地存在的明显问题在于，所研究的基地的时空差距越大，信息就可能越不可靠。这是无法避免的问题，这就强调了需要使用内插法并在设计项目时扩大范围。理论上讲，四种类型的信息应计算在每一个修复项目中，但时间、资源和生态系统的限制使得操作起来很难。简单地说，像生活中的很多其他事情一样，多样化和系统化信息有助于作出正确决定。

	相同地点	不同地点
相同时间	当前状态；评估干扰情况	确定干扰的程度和修复的可能性
不同时间	基地特定的参考基地	类似的参考信息

图 4.5
参考信息的四个来源（摘自怀特和沃克的"接近自然的变化"）

1997 年，我们几个人谈到修复亨利屋周围地区，这是靠近帕里萨德研究中心的阿萨巴斯卡流域上游中部的铁路沿线的一个小站。森林和草地被铁路、公路、机场和道路一分为二，这里有很多草食动物麋鹿。图 4.6 显示了过去 80 年间这片草地的模式和结构的显著差异。在此期间，实施了几次特定的火灾活动以解决森林侵占草原的问题。我们面临着各种各样的修复挑战。该怎么办呢？基地特定的生态修复程序，即除草、有意放火、环绑树、拆道路和铁路，这都有赖于对时空变化的理解。情况随着时间变化，较大空间范围的因素将影响对基地决策的制订。因此，景观区域火灾管理决策的制订对基地的生态修复决策的制订很重要。决策制订时时尺度的上下滑动对于充分了解参考条件来说是非常重要的。

近似值是说明参考信息作用的好方法。无论可以获取多少信息，在实践上都无法足以得出对历史条件和基地特性的完整认识。但这只是开发和使用参考信息时面对的其中一个问题。若有人假设历史精确性是肯定能获得的，则在工作开始之前就注定了失败。生态修复目标的制订与历史保真度相关，且生态系统不承认同种类型的像古画那样简单的历史定义。目标将是历史性的，但不一定非要回归至特定的历史条件下。其他的因素（公共政策、资金、外来物种等）将对设定目标起重要作用。正是因为这种不确定性，才使生态修复主义者被认为"他们的工作只不过是修修补补"。正如统计员的工作那样，生态修复主义者的工作将始终有赖于近似值。一个核心的理论问题是，生态修复主义者是否应该将历史保真度或历史作为目标，或者近似值就是所需要的结果。对于这个问题，不同的项目答案不同，主要还是取决于生态修复主义者的价值观。

图 4.6

地面状况的对比图例

根据1915年M.P.布里奇兰研究得出的一些基本的比较图例。上图显示了更加复杂的草地群落和木质残体。1988年的照片（下图）显示了广泛取食的证据。上图是由布里奇兰在1915年拍摄的，重复图像（下图）是1998年由J.雷姆图拉和E.希格斯在相同地点拍摄的。

在他们关于参考信息的文章最后，怀特和沃克提出了一系列研究问题。这些问题可归为五类：从多尺度了解生态变化；通过制订改良模式整合不同的信息来源；制订更好的方法预测修复实践的结果（这就存在棘手问题："生态修复方法的精度是多少？"）；如何在缺少信息的情况下制订最佳的基地修复目标？最后，如何更好地实现可自我调节且有弹性的生态系统。[50]最后区域的研究考虑的事项是：在人类参与方面出现分歧。怀特和沃克写道，生态修复主义者关注于过去，但是，"这种关注掩盖了一个目标，即比较简单地重现过去更重要的目标：即修复生态系统，使其能够自我调节并富有弹性"。弹性是繁荣强盛的生态系统的重要特性，尽管一些完整生态系统的弹性相对较弱，这也就说明了这些生态系统的脆弱性和稀有性。

假设有足够能力将文化习俗纳入项目之中，那么应将人们置于生态修复中的哪个合适位置呢？若自我调节是生态修复的主要目标，这就意味着不需人类参与，或者至少人类的参与处于生态系统中的次要位置。在我看来，这是令人担忧的，原因有几个。首先，它低估了过去共同进化的文化和生态活动的作用，包括第一民族人民（原住民）。恐怕我们很容易陷入一种感觉舒适的文化假设中，即当人们在地球上轻轻漫步时，紧随其后的只有贪婪的开发商，这个问题通常总是很复杂。原住民有足够的时间在一些地点进行集中的土地管理，使得很难观察历史性，有时甚至是当代的共同进化的景观。其次，我们需要不带成见地去研究人们在实际生活中如何参与生态发展进程，以及人类自身如何成为生态的代表。有证据证明捕猎手和农学家在阿萨巴斯卡山谷上游的景观中留下了痕迹，但不是不可改变的工业痕迹。相比得出关于人类活动质量的结论，最好还是详细研究活动的转移模式。可研究不同时间在生态修复基地中开展的活动，将这些数据与历史生态模式相结合。总之，问题变得不那么繁重了。另外，可根据对过去的生态和文化状况的理解对当代状况作出判断，进而在未来作出适当的决策。生态修复学家倾向不那么关心人类活动，或者当他们提到人类活动时，通常将其视为负面干预。[51]当人们认真对待文化问题时，对于生态系统自我调节这一问题的理解就变得更加开放，这也是将在第6章讨论的话题。我们是否在追求能够独立于人类且能自我调节的生态系统？或者我们是否在追求一种蓬勃发展的生态系统，其依赖于受尊重的不同程度的人类活动？除了消除人类活动，更好的替代性模式是让人类居住在一个受尊重的地区，这也就是我在第6章中阐述的文化和生态相互渗透的地区。我希望总会有一些地区，人们偶尔去或者根本不去，这些地区是难以接近的、禁止的或神圣的。现在我们所热爱的极端户外运动包含了一种征服全世界的感觉。对于那些喜欢引人注目的地区的人们来说，最大的挑战就是帮助人们认识到什么时候应适可而止，什么时候最好后退，而不是跋涉前行。很难想象一种能够克制现代精神的活动。

认真对待历史

几年前的晚春期间，出现了一次小的破堤，一条水流分散注入贾斯珀国家公园的白杨林。这条源自无名的湖和溪流，且在汇入阿萨巴斯卡河之前与斯威夫特溪流交汇的水流只不过是一条涓涓细流。在早期漫步于帕里萨德研究中心（第1章）时，我几乎没有注意到这条细流。在那一年的上一个夏天，我曾与一只老阿拉斯加雪橇犬薇洛穿过该区域，我们途中停留的时间比较多，就是为了欣赏周围景色，思索着这里如何生长着一片纯洁的中年白杨。我曾经几十次驾车穿过涵洞，这里流淌着在帕里萨德入口道路底下的无名溪流，但我从未研究过该溪流。那年夏天，薇洛和我沿着溪流走了数百米，最终发现它实际上是一条渠道小溪，真的是一条沟，已经分流了，薇洛在这里偶然发现一只年轻的黑熊正在吃水牛莓。将近一年之后，我再次回到这条溪流，可惜没有薇洛陪伴，它已经因年老去世了。这次，我第一次被冰川融水堵住了，然后是更大的且更难跨过的水池。前行的路变得非常困难，从被推倒的树到小丘，水溅到我的靴口，频率也越来越高，直到我发现堤坝的突破口。一条水流从堤坝破口涌出，击打在相对平坦的林地上，然后向多个方向流淌，汇成一个缓慢移动的长满树木的池塘。这种水生景观显得那么自然，就像被新鞋磨脚之后，才发现旧鞋的舒适。

伊迪丝·格丽（Edith Gourley）是当地历史协会的一员，他提到帕里萨德中心新建的入口道路附近的海狸池。这条新路竣工于1979年，虽然现有的证据不多，但它很可能是在对无名溪流进行引流之时建成。很难说得清是什么时候或者什么原因使得海狸流离失所，也可能是在铁路或者公路修建之前或者之后。从湿地周边长满的白杨树的规模来判断，至少也有几十年的历史了。我从未意识到海狸的潜在作用，主要是因为我相信目前来看，火灾是影响生态发展的主要因素。海狸的数量增长很快，而且没有诱捕和狩猎的威胁，它们将使这片景观变成它们的戏水坝和泳池。但当在我发现如此少的海狸时，我感到很奇怪[沿着山谷下行约15英里（24.14千米），在印度河入口附近，我发现了一个大的海狸群体]。显然，令铁路、管道、道路工程师和维护人员开心的是那些排水的管道正是海狸不喜欢而要避开的。

堤坝决口那天，一个新的，或者更确切地说是旧的图像呈现出来：被洪水有规律地淹没的湿地或者白杨林，这就是这里本来的景象。而在阿萨巴斯卡主山谷，这已经变成相对罕见的生态系统。水流不慎流过森林，跟随着老渠道，再找到新的渠道，从而使得生态修复存在可能。让我兴奋的是，这样的项目跟水有关，而没有火。恢复景观区域的野火是贾斯珀国家公园生态修复的卓越目标，但这很容易变成只依赖于生态进程。泥沙和养分运输，冲刷和沉积，以及湿地生态系统的所有化学性质是在追寻火灾的过程中所不具有的。抛开所有其他问题，仅关注取食问题。过去一个世纪，麋鹿种群疯狂增长，目前数量很多。在无火且不断增长的麋鹿蚕食的情况下，白杨林正挣扎着生长。重新引入湿地或潮湿的森林系统可能改变白杨的增长模式，从而使白杨林变得更加多样化。

要进行这样的生态修复，我们需要知道些什么呢？将基地的历史拼凑起来是很有挑战性的。通过整合历史文件、管理者报告、许可证和旧照片，将可能重建并绘制干扰前的历史景观，至少是1907年公园形成时的景观。在建立公园之前，我们就知道莫提斯农庄和皮毛贸易的主要边远居民点。仔细研究当前基地状况就会发现详细的特点，以及人类干扰的不同画面。绘制旧水渠以及探索早期湿地的可能边界是高级优先项目。这些基地的研究非常有价值，但它们无法提供生态系统之前的完整图像。因此，需要研究其他湿地，也许是印度河附近的一块湿地，用以记录该基地可能的菌群、结构特点，以及季节性水文。模拟不会是完美的，但有些历史片段会变得清晰。

上述分析包含了怀特和沃克列出的四种分析方法中的三种。唯一剩下的就是对研究基地的历史分析，而已经被修复的基地除外。由于缺乏历史材料以及直接类比，我怀疑这种工作可能在这样特殊的修复项目中不那么重要。当然附近还有其他湿地，但很少有与这个地点的过去相匹配的湿地。

审查参考信息是整合历史与现代信息的过程，并找到生态修复的可能性范围。生态修复是根据这些可能性，实现近似的修复，并反映当代社会、文化、经济、政治、道德和审美方面的局限和机会。因此，对上述湿地的修复是永远无法实现的项目，因为它不在公园管理者重点关注的范围内，且对湿地的修复将保持忠实于历史信息，但很大可能不得不进行大幅度的改变，以避免覆盖现有的基础设施。在这个区域，尽管管道不会永远存在，但管道的存在很可能阻碍生态修复。多层次的全面生态修复计划（基地、地方、区域、景观）的有力论点是，它会带来一些出乎意料的生态修复的可能性。管道被停用之后，或者协商管道的通行权之后，生态修复的可能性可能改变这个争论，变得有利于停用或搬迁管道。届时，参考信息也会随着历史碎片的变化而稍微变化，而这些历史碎片将填充我们的知识，气候将变得有点炎热和干燥，政治氛围将会不同，且植被将继续进行不可阻挡的演替进化。

未来的不确定性是修复主义者面对的重大挑战之一，即使再多的参考信息也无法解决这个问题。这些参考信息存在一些问题和局限性：有的看起来很棘手，有的则会随着能更好地解决理论与实践问题方法的出现而消失。气候变化是要解决的重要事项，它已经超越了目前参考信息可解决的问题范围。实际上，信息越多，问题就越棘手。本地、区域和全球气候模式的不断变化呈现了一套令人烦恼的相互作用，包括太阳能生产、高空大气化学、人造化学物质的排放（碳分子的含量最为显著提高）还有反照率（地球表面的反射率）与太阳能热量的吸收之间的微妙关系。历史记录显示，二氧化碳在大气中的含量呈明显上升趋势，并且与之密切相关的地球表面温度也显著上升。气温的变化引起了一些其他变化，如降雨量和风速。极端气候事件变得比较寻常，我们必须要适应这些意外事件。正在发生的变化中，真正值得注意的是它的变化速度。尽管在地球上曾出现过特别炎热与寒冷的时期，但是现在这个时代有别于一万年前的过去，而且变化的速度已经超越历史记录。气候变化可能不遵循线性函数，这意味着已达到了决定性的临界值，这将会使整个系统进入一个完全不同的新状态，如南北两极周围的冰雪融化速度、反照率达到一个临界值。因此，我们可能没有循序渐进的文化和生态适应性这样的奢侈条件了。

除此之外，气候条件可能超出长期以来历史的变化范围，这可能会影响我们的修复计划。倘若事实证明如此，比如阿萨巴斯卡山谷会不会变得比以前更加炎热和干燥，春天会不会来得更早，而冰雪只是昙花一现呢？火灾发生的频率将会增大，小的溪流在盛夏时便会干涸，湿地会变干并且逐渐变为灌木丛和森林，草原将可能蔓延，受冰雪融化灌溉的一些溪流或者河流将超过目前的水位线，直到冰川本身不再融化，不能提供冰雪融化后的水源。这些只是猜测，而且只有部分是有根据的推测，因为这些情况只是基于观测数据，而没有经模拟模型或综合历史数据验证过。

另外三个相互关联的问题正在打破我们的完美计划。第一个问题之前已经提到过了，即参考消息的不足。了解与生态修复有关基地的基本信息需要详尽的研究，并且这些基本信息应该与类似基地的参考数据相匹配。仅凭我的经验，这些数据是很难找到的。此外，历史数据清晰呈现出来的衰减函数表明，一个世纪之前的数据不太可能比10年前的数据更加准确完整。甚至最近的信息也可能缺失或者很难找到，上文中描述的白杨林例子就是这样。即使我们可以找到完整的信息，并且能够收集到我们需要的全部信息，我们仍然会遇到第二个问题，即不确定性。

未来是不可知的，除非利用各种各样的概率知识预测未来。我们推测未来事件发生的可能性，有些事情是肯定发生的，而有些事情是言语难以表达的或者随机的。就好像对于以往知识的探索一样，它是一个衰减函数。越是假设越遥远的情况，就越不容易找到与其相关的可靠信息。因为变化范围提供的界限限制了我们对未来情况的选择，所以获取参考信息变化范围的方法就会使我们得心应手。如果选择的范围太过宽泛，那么对于任何一种行为的论证，哪怕是有最大的可能性，也会是很危险的。在变化范围方面，我预测在未来几年中会有相当大的改进，甚至可能会有提取历史信息的模型。变化范围归根结底源自历史，但即使如此，历史也会为迎合各种具体利益而呈现出不同的形态。人类活动引起的全球变化以不可完全预测的方式改变了界限。因此，相对于过去，我们正在考虑如何确定未来的样子，而且如果气候条件的变化在长期变化范围之外，则未来所呈现的可能性的范围会更加宽泛。在把白杨林恢复成湿地还是潮湿的森林的选择中，限定我们选择的界线就出现了。因为所存在的可能性比我们考虑到的还要多，所以我们作出选择就更加艰难了，而且我们无条件接受未来任何状况的可能性也会增加。也就是说，不确定性会导致作为修复工作关键部分的历史信息的丧失。若生态修复不是历史性的，那么对于我来说，无论从任何方面来说，都不能将其称为修复。

第三个问题是工业变化率，这也是气候变化问题，包含着一系列当代环境问题，包括快速将生态系统转换为密集的、短期的、生产、人口迁移、有毒物质泄漏和散落等。这种冗长的陈述是大家熟知的。工业和消费行为使得生物化学反应的地球行星系统发生改变，而且改变的频率在加快。在一些地区，例如化学品的排放导致臭氧层变薄的研究已经取得了进展，从长远来看这将抑制这个问题。但是，产生的温室气体和持久有毒的化合物持续增加，却没有实际的限制措施。为了短期的精耕细作和放牧的利益，长期保持常年的文化习俗和完整生态系统的景观区域正在被转化。北方的工业化国家都希望通过商务信息成为后工业化国家，这些国家已经开始改变使其衰弱的做法。南方的殖民主义，以及北方和南方之间的经济不平等现象，导致南方的人口和工业生产增长持续进行。痛苦的是：对于世界上多数国家来说，他们拥有像南方的大量人口，但只有北美人生活水平的一小部分，这些国家走工业化道路就意味着进一步强调开发地球。人类的足迹已经超出了地球能够支撑的范围。[52]

人类活动的步伐在不断加快。在北方，电子技术的使用给我们的生活带来了深刻的变化，有时是莫名其妙的变化。计算机、通信和笔记本电脑、个人数字化助理、无线通信设备（例如移动电话和寻呼机）、数字声音和图像技术正在强迫性地重新排列着我们的生活。这种变化频率正升级到某种程度，即人们正在谈论对新的电子产品倦怠，信息超载，以及需要放缓自己的生活。[53] 这些人类强制的生态改变和社会活动的改变的顶端是一种约束模式，这种模式是通过不懈的消耗，将有意义的事物降低为商品。这种模式的本质是第 5 章的主题；这对于理解未来的生态修复来说是很重要的话题。

珍妮·雷姆图拉和我通过徒步、攀登和爬山走遍了贾斯珀国家公园的 92 个历史研究站，以观察景观在一个世纪的演变中发生了什么变化。这些变化是特别惊人的。一波又一波的人类活动对生态系统造成的不断变化已经创造了不同的景观。我们的工作僵住了两次，我们开始了内插和外推意义的艰苦进程：19 世纪及 19 世纪之前的景观类似什么呢？

自 1915 年开始有什么线索和信息呢？1915 年至今的变化对未来的规划是什么呢？在收集了过去的信息之后，我更加意识到我们对贾斯珀国家公园了解得太少，而且我们能够了解的也很少。与此同时，历史对我来说就很重要。已经对景观进行深度研究，我更加理解了连续性和怀旧情怀的重要性。这些照片只是展开故事的一部分，而这些故事需要被传述，以便使我们的感知能够配得上自然的美。历史，更恰当地说是历史性，是一股强大的力量，它激发我们的注意力，迫使我们遵守规律，规划我们未来可能遇见的景象。

5 去自然化的修复

因此，我仍然是

一个热爱草坪和树林的人，一个热爱大山的人；

爱我们在这个绿色的地球上所见的一切事物；

爱我们用眼睛和耳朵

半是创造，半是感知到的

伟大的世界……

——威廉·华兹华斯，《丁登寺》

通常我们认为高度发达的科技生活拥有丰富多样的形式和充足的机遇，孕育着先进的革新，拥有前途光明的未来。但是困扰着技术化社会的问题却是那些技术之外的原因，而非技术本身。这些问题可能来源于政治上的犹豫不决、社会欠缺公平正义，或源自环境的局限性。我认为这种观念是对我们当前实际处境的一种严重误读。我提议，应当向人们展示，有一种独特而具有约束性的模式可应用于人类生活的整个结构。这种模式从外在特征来看是具体的，最为贴近我们的存在形式，从程度来看，这种模式具有普遍渗透力。我认为，这种模式的兴起与规则是现代社会重要的特性。

——阿尔伯特·伯格曼（Albert Borgmann），《当代生活的技术与特征》

我认为，"我的问题"与"我们的问题"在于，如何能够对我们所声称的知识和已知的所有物体作出具有极端历史偶然性的陈述，同时拥有识别我们自己创造的用于产生意义的"语言符号技术"的关键实践，以及对"真实的"世界作出的严肃而忠实的陈述，这种陈述是可以得到分享的，并且对于全球的有限自由项目都持友好的态度，拥有充分的物质丰富性，包含一定程度的受苦的含义，以及有限的幸福（原文强调）。

——唐娜·哈拉维（Donna Haraway），《情景知识：女性主义中的科学问题和部分视角的优势》

研究路线

在这一章中，我要采用迂回叙述方式，对于一些读者而言，这有点出乎意料。第4章给我们的一个启示是，地貌的变化是将生态进程与文化进程交织在一起的，这不仅是物质性的进程，而且还包括我们那不断变化的思维模式。因此，如果我们想要理解修复工程的行进路线，那么我们就必须了解、定义当代生活的所有模式。毫无疑问，在这些模式中，技术处于核心地位。这并非是一种典型的直觉性论点。我坚持采用对技术的一种不同寻常的定义，也就是说，重要的并非那些人造物品和机械本身，而是这些人造物品和机械在我们的生活中所创建的模式。就这一方面而言，美国哲学家阿尔伯特·伯格曼在知识层面对我产生了最重要的影响。他的理论是，技术构成了一种独一无二的模式，在这种模式中，我们用商品取代了那些对我们真正重要的东西和活动。这与生态修复有什么关系呢？

我很担心生态修复本身会被变成一种商品，正如我们赖以生存的生态系统本身可能被变成一种商品一样。有一种缓慢但不可逆转的运动趋势存在于我们的社会中，在体验以反映荒野为主题的酒店或依赖于科技的休闲娱乐活动时能够感受到这种运动，这样的体验能够将一切有价值的东西转变成可以购买或可以出售的东西。问题在于，有一些东西对我们的意义远不止货币那么简单：比如说周六早晨的清洁打扫任务，所营造出的家庭和睦气氛，一片用你自己的劳动打造出来的生机盎然的草坪所带给你的自豪感，或是看到新的鸟类开始在一片经过修复的湿地上栖息所带给你的满足感。这些经历和体验所带给你的满足感远远超过了技术和经济层面的体验。然而，这些重要的事却被那些强调效率和金钱的项目与习惯挤到了一边。我们面临着一系列的问题：我们如何引导修复实践，避免使其走上纯粹商业化的道路？我们如何调整和适应转基因生物体的使用途径？很久以前，当一种杂交品种被研发出来之后，我们就知道转基因的大门已经敞开。在修复实践中，我们能否限制新技术的使用，或者说，技术背后隐含的模式是否总是能够轻松地避开我们所设置的路障？而另一方面，我们又如何确保修复实践成为一种符合道德标准的专业活动，为技艺娴熟的实践者们的工作赋予意义？在修复工作中掌握娴熟的技巧是否有意义？这样是否让那些业余爱好者们变得沮丧，丧失斗志？我们是否应该期望大规模地实施修复实践，还是说修复工程最好保持适度规模，局限在一定范围内？

当我指出这种技术化趋势时，我想强调两个要点。首先，理解修复实践的方式正在发生一次重要的改变，而我们正处于这种改变的开始阶段。亲自动手进行修复的价值观已经逐渐被商品推动的技术化解决手段所取代。这些模式往往很微妙，而且有时，我们往往会在很久后才能意识到这些模式的潜在影响。这一抽象概念也是本章的核心。其次，要想理解这种迂回叙述的含义，就必须时刻想着其他的叙事方式。我提议将"焦点修复"的概念作为技术化修复模式的一剂解毒剂，但是在这一章中，我们并不会详细探讨这一概念，这要放到第6章中去讨论。

在贾斯珀国家公园的帕里萨德研究中心，从我的办公室看去，可以看到柯林山脉就坐落于东方，而在距离这里不足一英里（1.61千米）的地方，是一个巨大的平板式石灰岩板，这个巨型岩板吸引了我的注意力，有时我会持续注视它几分钟。当我朝着山脚的方向走去时，我走到了阿萨巴斯卡河边，这条河最终流入了麦肯齐河，麦肯齐河又流入了北冰洋。但是，要想走到那里，首先我必须穿过那些铁路轨道以及通信线路，然后通过一条人迹罕至的道路走到研究中心，再穿过一条铁路上的检修道路，一根贯穿山体的天然气管线，一根T1光纤电缆，黄石高速公路（这是加拿大南部地区三条主要的穿山公路之一），一些小径，还有公路旁的一片野餐区域。这些人工道路就位于贾斯珀的生态特征丰富的山地森林生态区域的中心，这个落基山脉中最大的国家公园，是加拿大最有名的荒野区域之一。正是所谓的荒野与人类拥挤的毗邻，想象与现实之间的冲突，让我早在几年前就开始研究人类活动对贾斯珀地区的生态历史所产生的影响。我想知道现在或几十年之后，我们将会以怎样的方式来面对这个区域。

我们对野生自然（荒野）的理解正在发生变化，正如野生自然本身也在发生变化一样。

像山区和遥远的无人抵达的山谷等野生自然不再是由无人之地构成。这种讽刺性的画面来自欧美文化价值观，这种文化价值观造就了自然即荒野的观念。把自然看作一个伊甸园，而这种伊甸园离我们越来越远。因此，随着我们越来越深刻地认识到这种价值观确实植根于我们的文化映射中，那么生态管理的对象也就不断改变着形式。[1] 在一个像贾斯珀这样的地方，我们追求的是什么呢？我们是否应当让自然进程和文化进程自由发展而不加调节？我们是否应当通过管理项目来模仿或强化自然进程？比如说，通过人工烧荒的方式？我们是否应当以与预期的地貌相关的协商谈判结果为依据，设定我们的长期目标，然后设计实践项目以实现这些目标（请参阅第1章）？至少有一点是清楚的：文化信念的含义已经超越了复杂的文化体系概念，亲身经历已经不能够体会到这种文化信念，这对生态管理产生了不可小觑的影响。这些信念是什么，这些信念代表着怎样的模式？在技术化的背景下，这些信念是否越来越深地受到生活的影响？如果是的话，那么这对于生态修复实践的力量和前景而言意味着什么呢？

最开始，我把通过阿萨巴斯卡河沿途的一切障碍物理解为是技术化的结果。天然气管线和公路都是人类物质化的产品。这些东西非常喧闹，非常危险，深深影响着这片土地：高速公路上的车辆撞击动物和人类；列车日夜不停地从山谷中穿梭而过，留下隆隆的回响；天然气高压管线；在风暴中被折断的可能引起火灾的电线。在1998年的夏天，研究中心与外界连接的所有电话线路全部中断，包括我们那脆弱的电子邮件网络连接。在一个小镇里，即使电话线全部中断，消息依然传播得非常快。很显然，东门附近的工人们在施工时挖断了主通信线路，包括这个区域的光缆，不可避免地造成了通信中断。河岸的机械设备也停止了工作，由于电子通信线路的中断，产生了无数扰人的噪声，这些噪声和商业活动持续了18个小时。这一切都发生在一个美丽的夏天，让这场紧急事故产生一种不真实感。毕竟，加拿大人习惯了严酷的气候条件，通常这种极端状况只有在极端天气条件下才会发生。我们研究小组围坐在餐桌旁，我们回顾了两堂熟悉得不能再熟的课。首先，技术体系是复杂而脆弱的；无论我们采取怎样的预防措施，事故也会无可避免地发生。[2] 我们过于关注技术体系的复杂精密性，而忘记了技术体系并非牢不可破。其次，当代的许多技术手段位于我们的视野之外，埋藏在电缆和管道中，而这些电缆和管道从我们的脚下穿过。我试图让自己明白我们所用的电来自哪里，电子邮件是如何工作的，像光纤通信之类的事物背后隐藏的基本原理是什么。即使如此，对于距离我只有几英尺的这些技术手段，我仍然没能充分理解。

我们在科技的海洋中遨游。但糟糕的是科技的海洋似乎在涨潮，仿佛要淹没传统的岛屿：比如一顿放松的晚餐所带来的欢乐体验；睡前的小故事；当我们能够随时与一位同事一起喝上一杯咖啡，从而享受工作时的缓慢时光；无须调节大脑中不间断的嗡嗡声就能安然入睡的轻松；花上一到两周的时间回一封信或回一封电子邮件的奢侈，而且这并不是因为邮件的数量多得惊人。如果这些经历看起来就像遥远的时光，像散落的智慧岛屿，那么说明你和我正是生活在同一个地方。当技术的潮水上涌时，正如气候变化所引起的水平面的上升，这是另一个技术制品，智慧的岛屿就会变得更小，更加容易分崩离析。一些岛屿安静地消失，而另一些岛屿喧闹地消失；通过适应这些变化的环境，生活才能继续下去。讽刺的是，通信得到了提高，至少从电话呼叫的数量和电子邮件信息的数量来看正是如此。更多的信息在流通，未来将会是充斥着丰富的百科全书式的即时信息时代。生活的节奏加快，产生了更多的东西，我们对于岛屿上生活的看法，也越来越多地受到扰人产业的影响（广告、营销和娱乐）。惯有的消费方式已经取代了传统方式，正像我那位于多伦多北部童年的家园桑希尔已经面目全非。当我还是一个孩子时，周六的上午，我会和父母一起去农民摆的集市上采购，在当地的肉店里购物，在一个家庭式的理发店里剪头发，在有 100 年历史的圣公会教堂里做礼拜。大约 20 年以后，我又回到了旧时的村庄，我以为 20 世纪 70 年代多伦多的城市化进程一定已经侵占了这片村落，我再也不可能找到童年时那魂牵梦萦的场景了。然而，恰恰相反，我发现旧时的村庄完好无损，而被当作一种历史文化遗产遗留下来，用于纪念过去。规划和分区管理措施使古老的村庄中心地区免遭劫难，而在村庄的四周却是无数新的区域网格划分。技术的洋流将传统冲走，或者把传统送进了博物馆。可能有一天我们会成为半机械人，学习在水中呼吸，并不知道其他一些东西已成为我们的灵感，正如现在我们在很大程度上根本不了解我们所呼吸的空气已经失去了天然的性质。

对于一本以生态修复为主题的书而言，讨论当代生活的技术性结构乍一看似乎是一个奇怪的话题。可以说，我的那些回忆是怀旧的描述，但是，人们对已逝之物总会产生一种甜苦交织的渴望，而修复不正是受到这种欲望的驱使吗？不正是受到持续激励和脑海深处记忆的驱使吗？多年以来，我都对科技深深着迷，随着时间的推移，我逐渐意识到科技决定了我们的生活，而不仅仅是物质和实践的结合，我在布鲁斯郡的休伦湖湖岸时首先有了这样的想法。那是20世纪80年代，当时我试图在自己的博士论文中清楚地解释为什么在这样一个大规模的规划时代中，社区的自治性反而下降了，而我们又该怎么从生态和社会两个方面重塑这片地貌。当时我站在休伦湖岸旁已经能展望到布鲁斯核电开发工程那令人惊叹的未来，不得不说，这是思想上一次不可小觑的突破，后来这里建立起了世界上最大的生产重水（一种富含氘的缓和液体）的工厂。最初我将唯物主义的解释方法作为锚点，然而结果并不令人满意。比如说，在20世纪晚期，针对资本原始积累下传统"老式遗留物"的批评已经不太起什么作用了，远远不像20世纪之初那样引人关注。20世纪初是工人运动、工会联合会以及工业化快速发展盛行的时代。一些新的分析——占主导地位的布克钦病理学，葛兰姆西所提出的霸权概念，傅科的权利循环模式、身份政治学以及女性主义理论——为整个社会提供了非常有前景的思路。然而，借用查尔斯·泰勒（Charles Taylor）的话来说，其中没有任何一种分析洞悉了"现代性带来的萎靡不振"。[3]科技是社会进程中产生的一种可观察到的人造产品，有时这也是一种可悲的制品。尽管有先见之明的文化批评家如雅克·埃吕尔（Jacques Ellul）、马丁·海德格尔（Martin Heidegger）、刘易斯·芒福德（Lewis Mumford）和赫伯特·马尔库塞（Herbert Marcuse）已经给出了相关的警告。我发现大多数思想学派都忽视了科技可以作为一种卓越的社会和政治力量，他们仅仅关注科技对我们的生活所产生的影响。从文化角度和政治角度而言，科技具有惰性。

我在布鲁斯郡工作期间结识了一些技术哲学家，一群来自全球各地的哲学界领军人物，他们为了向人们展示技术所具有的更广泛意义而作了许多努力，他们试图让我们明白，吸引我们注意力的不是那些机械，我们不应像对技术进行的传统分析那样，将关注点全都放在机械本身上，或只关注人类。正如我们在社会科学中发现的趋势一样，我们应当注意的是人类与技术的关系。关系本身和参与这种关系的各种因素同等重要。这一评论产生了惊人的结果，对我们看待技术的视角产生了很大影响。兰登·温纳（Langdon Winner）是为数不多的几个拥有广泛受众的技术哲学家之一，他将当代社会描述成一个"梦游的社会"。[4] 非常清楚技术意义的哲学家们默默地作出自己的努力，把这些关键问题提到醒目的位置，这些哲学家包括保罗·德宾（Paul Durbin）、安德鲁·芬伯格（Andrew Feenberg）、弗雷德里克·费雷（Frederick Ferre）、拉里·希克曼（Larry Hickman）、卡尔·米查姆（Carl Mitcham）和安德鲁·莱特（Andrew Light）。然而他们的工作太默默无闻了，或者说技术的特质具有太深的渗透性，太过隐秘，以至于无法引起公众足够的重视，无法引起大范围的讨论，但是偶尔的爆发还是有的，如智能炸弹客现象或比尔·乔伊（Bill Joy）的预兆性沉思都造成了公众性混乱。[5]

阿尔伯特·伯格曼的著作《当代生活的技术和特点》出版于 1984 年，这本书出版之后不久，我就有幸拜读了它。我的博士生导师拉里·哈沃斯（Larry Haworth）收到一份关于这本书的书评之后，立刻将书评复印出来发给我，希望能够对我有所帮助。结果发现，这正是我的思维所需要的，尽管表面看来伯格曼是一个在政治上持保守态度的人（如果说在文化上属于保守派的话，那么他希望人们知道在社会层面上他是一个革新派）。[6] 伯格曼提出了"机械范式"（device paradigm）理论，这一理论认为技术是约束我们生活的一种模式。无处不在的模式是很难被觉察的，但是将技术看作一种模式有助于我们辨别那些潜在的进程。简单说来，所有事物都存在于整体和社会背景之下，人、事物和环境（可能还包括精神）之间的交流，在我们的生活中产生了深刻的意义。伯格曼将喜宴、给孩子讲睡前故事和慢跑这类事物称为"焦点实践"（focal practice）。当我们的注意力被商业消费所分散，我们在这些实践中保持的关注就丧失掉了。机械范式描述了商品化的一般模式，物品的背景被剥离，仅剩下技术手段和商品——或者说，仅剩下单纯的手段与单纯的目的。想一想听音乐唱片和茶余饭后的音乐合奏之间的区别。当然，这一理论还有许多引申，而我将这一理论用于解释布鲁斯郡社区自治性下降的原因。我将规划制度视为一种最大的机械手段，它将复杂的社群政治生活简化为一种不间断的过程以及各种合法规划。通过组织和控制工作，能够为地域性的有机生活找到归属。我在 1990 年发表的一篇文章中写道，修复和再生工程包含了部分对底层技术模式的改革。[7]

后来我在想，这种技术模式是否能够更直接地应用于生态修复工程。在 20 世纪 90 年代初，多亏了威廉·乔丹和已故的亚历克斯·威尔逊（Alex Wilson）的影响，才让我意识到修复实践可能受到机械范式的侵蚀。在这本书的开头部分，我引用了罗伯特·弗罗斯特所写的一首脍炙人口的小诗，用来描述修复实践中所存在的分歧。实际上，有两条线路能够描述生态修复工程未来的发展轨迹，我的目的是说明我们如何能够发现并保护那条更易被忽视的小路——"那条人迹罕至的路"。对于许多人而言，修复也就是完善技术。这一观点引发了专业化实践的热潮，这种修复工程倾向于为公司支撑门面，而过度凝聚热情、技术高超的修复工程可能让我们忽视对生态系统的保护。另外一些人则强调构建那些符合自然进程和自然模式的社群非常重要。虽然这两种方式并非对立而相互排斥，但毫无疑问，这两种方式正逐渐形成一个分歧点。如果我们走过了尘土飞扬、泥泞不堪的道路，那么我们就会面临着一个选择：右边是一条宽阔的道路，铺着高级的沥青，道路边有整齐的休息站，还有规范化的服务；左边是一条蜿蜒的小路，充满着不可预见的焦点实践经历，这条小路正在塑造的进程中。显然，很少有人会选择走后一条路，因为走这条路意味着效率会很低，路上有太多不可预测的情况，然而最终却会发现这条路更加让人神往。方式是相似的，然而目标却大不相同。我将前者称为"技术化修复"，这与技术文化的模式相关；我将后者称为"焦点修复"，人类和生态系统之间的关系是完成这项工作的关键。

伯格曼给了我灵感，让我的脑海中浮现出了两条岔路的画面。在他的作品中，贯穿整个作品的主题就是在两种生活方式之间进行选择的必要性，其中一种生活方式充满了机械设备，而另一种生活方式则是通过聚焦点寻找生活导向。在这些术语中，问题如下：修复工程是否会成为这样一种实践，会将我们的生态系统变成可预见的商品排列整齐，根据专业技术的原则进行排列组合？还是说，这种实践会一直保持其异质性、多样性，成为一种浸染着社区智慧和科学的谦逊心态的实践？

当我朝窗外望去，看着阿萨巴斯卡河的河面时，我对于技术的兴趣和对于生态修复工程的兴趣开始交融。掩映在树林中的公路、铁路等基础设施不再仅仅是客观事物了，它们开始象征着一个地方的技术身份。大约就是在这个时候，我和詹妮弗·赛菲开始了我们关于迪士尼荒野度假村的研究项目（请参阅第 1 章）。贾斯珀逐渐成为一个多样化的主题公园，成为最终的探险乐园，只要经过一整天的观光或运动之后，能够吃上一顿热腾腾的饭菜，洗上一个热水澡即可。游客造访此地时发生的故事开始流传，故事里说，浓雾笼罩中，这些游客在地平线小道上徒步行进了三天，最后筋疲力尽的他们只想退钱。这些故事并不新奇，但是和所有其他模式一样，这些故事夸张的程度越来越大，以至于成为近乎离奇的传说。我过去常常喜欢和公园里的工作人员开玩笑，说迪士尼要接管公园的管理工作了，1998 年，我和赛菲不远千里参加生态修复协会的年会，只为在会议上展示这样一种方案。我们把这个方案称为"落基山荒野"，这个方案涉及把山前的游客项目变成迪士尼似的项目，通过想象工程——也就是说，将迪士尼独特的风格添加到本地的体验中——从而使这种体验更加让人满意，也更加有趣。尽管看起来很愚蠢，但是当我们撰写这个方案时，我们完全有理由相信迪士尼能够更好地将公园信息传递给公众。当迪士尼购买了加拿大皇家骑警的形象授权后，我们这个小小的想象试验受到了严重挫折，因为有名的"加拿大骑警"的形象对于很多人而言，包括我自己在内，象征着批发廉价出售文化身份（最近这份授权又被收回去了）。然而更让人难堪的是，后来为了展示"落基山荒野"项目，我们不得不召开招待会。1998 年，当这一概念首次被提出时，台下都是哄笑，都是反感的唏嘘。然而最近，人们习惯带着讽刺意味地点头，就好像他们预期这会和贾斯珀的命运一样——如果不是被迪士尼终结，那么就是被其他什么东西所取代。

商品化

承认修复工程是一项重要的实践措施，也就是承认有东西出问题了，经济体系、公众的反应度、文化价值观、政治控制措施，或所有这些方面以及其他因素综合在一起，糟蹋了我们非常在乎的地方，因此我们才需要实施修复工程。实施修复工程的前提是，我们非常了解周围的世界。修复主义者们将政治维度作为所有要点的基础。我曾经见过改良主义的修复工作者，他们想要更改一项立法，从而确保修复活动成为强制性的实践，或者能够得到改进。一些修复工作者与大型公司一起工作，或者为大型公司工作，为不断改进公司项目而规划方案。还有一些激进派的修复工作者，他们相信修复过程中必须彻底清除所有的价值观和政治化实践。毫无疑问，将这些持各种不同观点的人们聚集在同一个房间内，就会产生各式各样不同的分析，但是，对于困扰当代社会的深层次根本问题，人们都会感到忧虑不安。毕竟，想要忽视全球环境恶化的现状、忽视政治不稳定性、忽视系统性的贫困问题是很困难的。他们所提出的解决方案之间存在很大差异，而这也正是政治指向性凸显出来的地方。小组中大多数成员都会同意的另一个问题——尽管这个问题似乎与修复工程无关——就是科技的使用范围越来越广。

开始理解科技模式时，先看看大卫·斯特隆关于所谓技术的讽刺性论述："科技能够买得到快乐以及好的物质条件，但这也常常是它的失败之处。"[8] 在所谓的发达区域，这种模式尤为突出。我们追求物质化的商品，广告的诱惑和新设备的吸引力驱使我们去追求这些商品。这些设备是强有力的，比如说，采用计算机技术能够让我们更快速地实现许多目标，宽频带通信打开了一个百科全书式的虚拟世界。一种技术与另外一种技术相联系，就像台式计算机与个人数字终端相连接一样，或是采用一件复杂精密的电子设备开发的技术为其他技术的开发开辟了道路。设备的力量来源于技术的两个重要目标：解放人力和丰富生活。家用电器就是将人从繁杂的家务中解放出来的一个很好的例子，如一台洗碗机就让我们不需要人工刷碗盘。由于我们倾向于先看到事物的优势，而其不良影响则被我们忽视，因此相对而言，我们肤浅地了解到的是，这种自由的代价是金钱，因此我们努力工作，使用更多的碗盘和器具，也失去了传统方式的社交联络。第二种目标，丰富生活，这是自由的对应面：技术解放了我们，让我们可以将时间用于个人提升和其他形式的丰富上。因此，洗碗机通过减少那些繁重的杂活，就给我们节省了时间，让我们能够去做更想做的事情。像斯特隆指出的那样，讽刺之处在于，时间被节省出来之后，我们往往将省出的时间用于更多的工作和消费，而非用于更多的娱乐活动。

技术的前景来源于设备的实用性。用伯格曼的话来说，可用性意味着提供的设备更安全、更便于使用，同时这些设备具有即时性，且随处可见。一个典型的新型摩托车就反映了这些特征。而且这种设备也更便于操作，因为它采用了最新的人机工程设计和人性化的特性。设备的维护和修理工作尽可能地得到了简化。这种可靠性意味着设备的正常操作不需要任何特殊的技术或常规维护。使用手动阻风门、双向离合器和需要长时间预热的日子已经远去。当然，汽车已经普及，只要你有需求，几乎在任何地方都可以买到。这种可用性模式强调的是技术的目的，通过提供越来越普遍存在，且越来越精密复杂的设备，突出了技术的目标。

这种日新月异的改变速度已经达到惊人的程度，即研发更多技术的冲动已经来自我们本身，已经成为我们生活在这个社会中的一种自然属性。技术成为了我们呼吸的空气，以至于我们几乎从没注意过在多大程度上，我们的生活受到技术的影响。我们不仅获取更多的设备，而且获得更多的技术化的步骤和思维方式。我们会说"下载"信息和"借用"时间。我曾听到人们将其大脑与计算机的内存作比较，希望他们的大脑能够有更多的内存！就像厄休拉·富兰克林（Ursula Franklin）所写的那样，"技术并不是人造产品的简单相加，也不是车轮和齿轮的相加，不是扶手护栏和电子传输设备的总和，技术是一个系统。技术所涉及的远远不止其单独的物质元件。技术包括组织、步骤、标志、新词、等式，而且最重要的是，技术是一种思维模式"。[9] 当我们开始以技术模式进行思考，将个人问题和社会问题当作一台损坏设备上的组件进行处理时，我们就接近了技术饱和点。一件事物越是理所当然，却越是隐匿得深，这一点听起来似乎很矛盾。我们总是不去注意身边的事物。当我们意识到我们越来越偏向技术化的思维，这种思维使我们不能认清科技本身时，这一点尤其明显。[10]

技术并没能兑现给我们带来自由和快乐的承诺，这主要是因为技术让我们分心，让我们忽视了那些真正重要的东西。伯格曼说，具有持久意义的事物有着"居高临下的存在，与世界和聚焦力量相关的连续性"。真正重要的事物具有吸引注意力的特质——也就是说，这些事物能够将多样化多层次的社会关系和生态关系聚拢在一起。因此，伯格曼提出了"焦点对象"（focal things）的概念。焦点对象产生于"焦点实践"，也即那些致力于提升技艺水平并使之臻于至善的修缮活动。许多年以来，我都非常喜欢即兴演奏的音乐，真实的民俗音乐。朋友们聚集到一起，愉快地结束一顿饭之后，大家都拿出乐器来。每个人都在演奏中扮演一定角色，尽管重担落在那些精于弹奏的人身上。他们的技巧让我们称赞，带动我们其他人跟上音乐的节奏。有一次在不列颠哥伦比亚的维多利亚卡布罗湾，那是一个天气特别宜人的周五傍晚，我们享用完了一顿野生三文鱼烧烤大餐之后，大家都拿出了各式各样的乐器。在 10 个人中，有两个人特别有天赋，带领着大家弹奏了一首又一首怀旧曲子。我演奏得着实不好，所以只能尽可能地跟上节奏而已。对我而言，这至多不过是一次有限参与，以至于我甚至都没有感受到投入了音乐之中。那天晚上，就像有神灵显灵一样，我突然顿悟了参与与投入之间的差别，参加与归属之间的差别。不久之后，我决定重拾一样乐器，克服童年时的钢琴课给我带来的折磨。弹奏乐器意味着技巧，而技巧需要实践。对我而言，学弹吉他是一项一生的冒险事业，在这项事业中我一直在提升自己。当我在演奏中能够融入其他人的时候，我感到投入的程度增加了，而且对于音乐表达的创造力也增加了。我仔细地寻找一把吉他，我想找一把好弹而且音色丰富的吉他，但是不能超出我的期望。尽管我能够买得起一把手工制作的乐器，或者还能自己亲手做一把，但是只要知道自己的吉他是用加拿大木材所做的，我就感到很满足了，这把吉他有一个漂亮的前板，是用雪松木做的。在表演中，人琴合一，我们创作了各种类别的音乐。[11] 吉他上渐渐也沾染了污点，我能清楚地记得这些污点具体是在何时出现的。所以，对我而言，这把吉他就成了一个焦点对象。它把一个更为广阔的、音乐存在的世界聚合在一起，让我从身体和社会两个层面上与周围的世界融合在一起。在我的日程安排中留出充足的时间发展音乐事业，从这一点来说，焦点实践是必要的，而这又帮助我反思自己人生的其他方面。

焦点实践教会了我忠实和投入，而且大多数人在其人生中都有这样的经历，无论是做木工活，参加运动比赛，缝缝补补，做园艺工作，还是做饭，这些都是焦点实践的例子。在一个技术化的社会中，对我们而言，生活变得充满压迫感，主要是因为这些焦点实践被贬为副业——我忧伤地看着我的吉他，想不起来拿着这把吉他演奏是何年何月的事情了。如果说过去我曾错误地认为焦点对象只是偶尔能够得到培植，那么当我发现我那笨拙的手指已经无法在琴弦上弹奏出旋律时，我就意识到自己错了。以上的生活经历有美好的时光，也有糟糕的时光，但是整体而言，世俗的生活突出了焦点对象和集中化实践的重要性。当焦点实践为我们提供了导向而非技术世界的干扰因素时，我们通过焦点对象和集中化实践认清了这个世界。

焦点概念吸引人的地方就在于其直觉型魅力。一旦对这个概念作出详细的描述，那么任何人都能够挑出一个有意义的事物或一种有意义的实践。而且从根本上来说，焦点概念取决于事物，也就是让我们对世界的体验成为可能的人造产品和过程。因此，吉他对我的意义就像一把手工锻造的短柄小斧头对一个制作简单家具人的意义一样，就像一台食物加工机器对于一个做饭人的意义一样，就像一根飞蝇钓竿对于一个钓鱼人的意义一样，就像一支笔对于一个写字人的意义一样。[12] 伯格曼争论说，我们对于机械的痴迷取代了焦点实践，有时甚至摧毁了我们对于实践焦点的能力。与事物相区分的机械设备就是我们这个年代大批量生产的人造产品。它们缺乏连续性，因此往往不能让我们全身心投入。从根本上说，这些东西是可以任意处置的。这也就预示着"设备范式"理论的产生。

有一种普遍性的模式，在这种模式中，焦点对象与其社会和环境背景相分离，焦点对象被转化成了机器和商品。假设某天晚上，我录了一场音乐即兴演奏会，而这场演奏会触发了我一段美好、清晰的记忆。因为有了数字录音技术，我才能录下这场演奏会，而且其清晰度非常高，比现场演出的清晰度更高，然后我就可以发行这份录制作品。后来我听了自己所录的这场音乐会，它让我想起了当时录音的场景。从这个程度上来说，我非常感激这份录音。但是，对于那些聆听声道，品鉴其音质、音乐技巧或仅仅将其作为谈话背景音乐的人来说，这份意义可能就不复存在了，至少也会大打折扣。原始的背景大部分都已丧失。声音本身成为商品，这种商品存在于一种较为肤浅的层次上，或者说存在于一个单维度的层次上。

伯格曼建议说，商品构成了我们人生阅历的前景。我们通过采购越来越多的物品或服务来体验这个世界。机器成为生产的背景。想一想一个网页浏览器在怎样的程度上成为一个闪烁的前景、商品、机器，包括交织的网络和通信协议都构成了背景。前景与背景所发生的这种分离产生了许多潜在的影响。首先，我们的行为与行为所产生的后果相分离。在一个商品的海洋中，机器的隐退使得设备的生产过程变得不那么明显。我们越发难以知道我们所买的衣服、我们所吃的事物或者我们所用的电是否产生了一定的生态效应和社会效应。对于那些贴着社会责任和生态责任标签的商品而言，这一点尤为确切。我如何能够知道杂货店里贴有有机标签的香蕉到底是不是采用有机方式生产的呢？根据什么标准判断它们是有机的呢？最后，我如何来评价吃一个热带水果的后果，毕竟这个水果的生产地与消费地之间相隔上千英里？有人可能会争辩说，更易获得信息也就更易获得研究结果。当然，这一点毫无疑问。但做研究的能力和从研究中获取的知识通常完全是两码事。

前景与背景的分离强化了兰登·温纳所谓的"逆向适应"，也就是"调整人类的目的以适应可用手段的特性"。[13] 在高级技术背景下，逆向适应是常见的，技术的精密性太过诱人，以至于让实践者们偏离了正常的目标。比如说，引进微型计算机进行文字处理之后，由于文本块便捷的可移动性，很明显，人类的书写习惯发生了改变。清晰的手写体这一传统目标退位，成为精确的字数统计、拼写检查和自动设置格式的列表和图表的附属。因此，我们经过深思熟虑之后所设定的目标与实现这些目标的手段之间的传统关系被倒置。手段的影响力超过了目标，在一些情况下，甚至抹去了我们对于目标的理解。我认为在个人计算机迅猛普及的过程中，这一点是很明显的。有多少人，包括我自己在内，能够肯定地说计算机是实现我们早已设定的目标的合适手段呢？

前景和背景的区分工作伴随着产品与生产过程的分离，这个话题在第3章中已经提及。我们是在修复过程中定位修复工程的价值，还是在最终的修复成品中定位修复工程的价值？生态系统是动态的复杂的体系，我们都知道很难有效地预测或调节这个系统。修复一个生态系统的过程往往是很难的，而且非常耗时。在一个消费社会中，任何类型的最终产品总是显得比生产这些产品的背景条件更为重要，因此我们的耐心备受考验。如果社会情况恰恰相反，那么在主体社会中，我们就会更加关心生产源头，不公正的劳工待遇，以及环境的恶化。

设备范式理论是一种看待当代问题的有力途径。这种理论把关注点放在潜在的社会模式上，这些模式描述了我们沉浸于技术中的状态。这种理论远远超出了常规的解释，常规的解释把技术看作仅仅是人造产品的总和。技术是一种模式，在任何地方都可以找到这种模式。伯格曼采用保险的例子来证明这种扩散。在过去，安全取决于社会关系和家庭关系网络。如果谷仓起火，那么整个社区都会提供物质支持和情感支持。这样的支持总是非常脆弱而不确定的。保险的产生将这些社会结构的不确定性转化成了一种金融等效性。这些场景背后的机制——养老金的计算、最优定价、销售技术——仍然隐藏在看不见的地方。在前景领域的是商品：以按月支付的保障金的形式所体现出来的安全。我们可以讨论最终结果到底是不是对过去的改进，但是有一点毫无争议，那就是既有收获，也有损失。在安全方面，我们所收获的东西又因社会被分割而遭遇损失。每种新设备的引进也会同样带来收益和损失。问题在于我们往往不能及时注意到那些损失，只有在很久之后我们才会注意到这些损失。正如约翰·拉尔森顿·索罗（John Ralston Saul）以及其他人士所说，公民社会的基础支柱偏离了针对价值观的共识，而偏向个人系统。[14]

我将设备范式当作一种商品化的进程，也就是将重要的事物转化成商品的过程。现在我们以商品为单位看待这个世界，无论是以能够平息我们的情感困惑的婚姻咨询师的形式出现，还是以职场效率专家、输送真实图像的数字电视，或以消费者的身份出现的大学生出现。在这个世界中，我们的主要体验就是消费经历，这就是为什么现在当我们造访一个像贾斯珀这样的地方，不需要为住宿费、餐费、纪念品或偏僻地区关卡付钱时，我们会感到很奇怪。伯格曼在其作品中写道："消费就是无须准备、无须共鸣或结果，就能使用一个孤立的实体。"[15] 在消费行为中我们丧失的典型的事物就是对商品背后整个背景的深度关注，当然作为一种模式，总是会有例外。当我以听录制的音乐作为听音乐的主要方式时，我就丧失了体验真实演奏场景的经历，失去了与我的吉他的联系。然而，这仅仅是一个例子，焦点实践的要点是在那些重要和不重要的事物当中寻找方向。通过仔细地作出选择，大多数时间里我们都可以生活在集中化的现实中。正是这种集中化的现实让我们能够理解并限制商品化进程。

只有当我们重视生态系统并尊重在修复过程中形成的社会关系时，生态修复才是一种典型的焦点实践。这正是第 6 章的主题。让我忧虑的是，我们可能会选择消费作为主线，从而使修复实践商品化。这一点可以通过两种方式得到解释。首先，过热的市场与消费模式文化意向的稳定渗透可能会使生态系统本身变成商品。一个极端的例子就是利用迪士尼荒野度假村来代表荒野。类似这样的设施推动我们越来越趋近于这样一种社会，在这个社会中，区分现实与虚拟现实的界限变得越来越模糊。从任何一种严格的意义来讲，这样的度假村都不属于修复工程，但是现在，它又成为修复工程可行方案的终结点。第二，修复实践可能会变成一种商品，如果趋向专业化背后的动机主要是经济收益，而非出于对一个地方的关心爱护，那么修复实践就更有可能变成一种商品了。

争执：生态修复学家需要哪种科学？

我们的研究越深入，我们就会越深刻地理解贾斯珀的地貌是多年的文化信仰和实践工作作用的结果：变化中的管理哲学，旅游的形式和模式，有关公园的国家政策，以及不断增长的对自然和荒野的文化偏好。在文化体制的过滤作用下，大自然不停地被人为加工，同时我们立足于个人和社会的角度对大自然进行了解读。随着伯格曼等人提出的所谓"超级现实"的来临，支撑我们信仰自然的基础迅速改变，自然的力量已经不能维持我们的道德和精神信念。自然变得虚弱了。

华兹华斯所谓感官的"半创造性"的力量曾弥漫于整个现代时期，由此滋生出一种模棱两可性，通过它，我们对于自然和荒野的认识得以成形。在这里存在着两种关于事物的正确认识，看似不一致却并行不悖：一方面，自然外在于我们的创造力而独立存在；另一方面，我们的感官给自然定义了特定的形式，使它相似于我们所愿意看到的自然。在最近的几十年中，有一点变得越发明显，即人们将广义的自然和狭义的荒野均看作由文化塑造的术语。[16] 本质主义认识论坚持"所见即所得"，与之相对的一个极端观点认为整个自然都是在我们的经验基础之上构建起来的。对自然的解读好比是一条线段，这两个观点各持一端。迈克尔·索尔（Michael Soule），一位保护主义生物学家，认为如果我们对于自然的解读从本质主义这一端完全滑向建构主义那一端，我们就可能使自己对大自然造成危害。[17] 然而，另一种前景也同样值得担忧：现实的对象化。在极端情况下，客观观点或本质观点完全不承认有两种可能性的存在，认为我们完全可以用科学的方式理解自然。有人声称自然完全就是一个文化构造，这固然让我担心，我担心生态系统在超级现实的条件下可能会失去其意义。然而更让我担心的是我们会失去那些科学之外的知识，比如说，以经验为基础的自我验证，从艺术、音乐和诗歌中所产生的创造性的知识。对于修复主义者而言，这一点非常重要，到目前为止，修复主义者仍然依靠科学和实践知识的融合进行发展。同时，每当一个生态系统得到修复时，关于自然的一种特定解读就变得更有前途。因此，修复主义者们在定义和重新定义什么是自然，什么算作自然时发挥着主导作用。

生态修复是对科学灵感和局部知识的独特融合。能够很好地实施修复工程就意味着假设了一些科学知识的存在，比如说，基因科学、植物分类学、土壤微生物学和营养循环学。但是在探讨使一个项目成功的因素时，书本知识所能发挥的作用也仅止于此。我们还需要知道实践性的东西，比如说，我们需要根据我们关于给新种的植物浇水的经验来判断在一片土地上，水的条件会存在哪些差异。如何通过调整混乱状态来组织志愿者，以及谁拥有最好的种子。拥有实践性倾向但是没有接受过科学培训的人们往往会有自卑情结。对于有效实施修复工程而言，他们的知识和技能可能被看作必要的，但并不是充分的。拥有实践经验的人很少被当作专家。这是为什么呢？

科学所挖的壕沟是过去两个世纪的典型特征。一种独一无二的方案，科学的整体发展，有组织有策略的经费筹集，一个得到认可的专业领域的确立，这些都是这一现象的方方面面，当然了，我们所知道的科学革命开始的时间要早得多。

对我而言，想象 19 世纪 50 年代之前北美洲大学的样子是一种很奇怪的经历。当时，当代所有的大多数系和分科都还不存在，博士学位也尚未开设，没有任何联邦拨款机构，很少有专业联合会之类的组织，期刊就更少了。美国科学促进会是美国第一批建立的科学机构之一，成立于 1848 年。如今，科学的权威已经是不可否认的了。在大学里，自然科学和应用科学占据主导地位。政府委员会下设一流的科学评估小组，就关键的政策问题向政府提出建议。对于什么是知识，我们的观念常常局限于一些常见的文化意境，如科学家爱因斯坦、白色的实验室大褂以及麻省理工学院。周围的事物总是在提醒我们，我们生活在一个知识经济体中，而科学是一个前提条件。

科学能够确立自己的权威是有很多原因的。科学家能够用让人炫目的反直觉的洞察力给我们启示，比如超弦理论和基因分类学。科学所带来的启示产生了许多实际的效果，而这也正是它在公众中和政治领域引起最多敬畏感的原因。尤其是医学研究，比如超越普通实验的英雄式的高科技发现，驱使我们为科学效忠。你可以轻视核武器毁灭生命、摧毁一切的威力，但是你很难做到不惊叹于让核武器的出现成为可能的科学洞察力，至少你会有那么一丁点的赞叹，即使你不愿意承认。无疑，修复主义群体很快就要面对一个事实，即一个强大的基因工程有机体已经非常普及。利用这种基因工程有机体既是诱人的，同时也是让人担忧的。问题是，我们是否拥有道德勇气面对这种艰难的选择？而这种选择又是必须要做的。

对于实施良好的修复工程而言，强大的科学知识储备是必要的。关于经验和传统的知识也是必要的。前者以其普遍性而自豪，而后者以其区域性而骄傲。这里，我们又回到了本节之初所提出的一个问题：这些不同的视角代表着哪种自然？科学家所看到的，或者说他认为自己所看到的，是世界本身最真实的样子，剥离了思维理解的过滤作用。从科学的角度来说，自然是不受人类污染的所在。因此我们致力于实现的就是对事物本来面貌的描述。对科学所持的这种观点对于某些人而言太过严肃，过于压迫。在20世纪70年代和20世纪80年代，哲学家、社会学家、历史学家以及人类学家逐渐提出了一个问题，科学知识掌握者的性格特征与他们所掌握的知识是否有相关性。因此，科学研究具有争议性的当代主题就诞生了，这是一种具有学科交叉性的科学研究，致力于理解实践中科学的复杂性。科学研究与大学中的其他发展趋势相互交织，尤其是后现代主义的发展和从社会层面构建的对整个世界的描述。激进的理论学家坚持称，世界的面目取决于我们对它的制造，任何人的观点都有很大的相关性。这一观点在知识领域产生了一种深刻的相对主义论，常规知识和权威所建构的堡垒在这场攻击之下分崩瓦解。从质量上讲，关于北极地区的气候变化的科学知识为什么就一定优于因纽特狩猎者所掌握的知识呢？科学研究领域的专家调查了科学知识的产生过程，结果发现，科学知识的产生取决于社会信念和社会实践。科学知识是通过社会生产过程累积的，在某个层面上，科学知识表现为一种明显的观察现象，而在另一个层面，科学知识则表现为一个引起极大震动的理论。如果一个人所观察到的现象受其自身身份的影响，那么至少可以说，在一定程度上，科学事业受到主观性的塑造。从结构主义理论和后现代理论中衍生出来的最极端的观点坚称，我们的知识所赖以存在的任何基础都不是永久的。知识不过是一团旋涡状的信念。这种极端的立场从理论角度来看很吸引人，但是在改进科学实践方面所起的作用却非常微弱。然而，科学家对于这样的极端理论反应激烈。最为突出的一点是，这些理论迫使我们就科学实践提出一些非常难以解答的问题，这些问题涉及以下方面：科学实践作为社会实践；知识是如何形成的；源自科学家工作的文化信念。[18]

从根本上说，科学能取得卓著的成功，是因为其具有的预测力。科学知识是预测型的知识，这种知识以归纳演绎逻辑法为基础。将一个太空飞行器发射到地球大气层之外，这意味着人类非常精确地了解该飞行器的行为，以及如何使飞行器抵达目标地点。了解地球大气层的化学特征和物理特征有助于实现太空飞行，同时也为大气层的变化提供了预测模式，也使得人类能够生产出越来越多的化合物。科学是强有力的，因为科学让我们能够窥探未来。这一点为什么重要呢？因为它赋予了我们越来越强大的控制力。通过预测，我们能够相对确切地知道某件事情发生的可能性有多高，并进而了解我们需要作出哪些调整。对于像天气一样强大而多变的自然力量而言，我们就不那么擅长于控制这种自然本身了，相反，我们根据这些自然过程，而对自身的活动作出相应的调整。

　　对于生态修复工程而言，预测也是很重要的。在所有因素都相等的条件下，我们想知道种植的某棵特定的植物能否旺盛生长，如果能的话，这株植物会创造哪种模式呢？当修复工程从一种创造性的混沌状态转变为一种专业实践时，这种知识就显得尤为重要了。一名专业的修复工作者以科学证明和经验为依据作出决定。1993 年，在我拜访位于加利福尼亚圣地亚哥北部地区的"树之生命"本地植物苗圃期间，那里正在对盆栽秧苗实施菌根接种实验。根据经验我们知道，在健康的苗圃中，土壤介质里常常含有一个共生真菌群。从这一观点发展到人为实施接种，这就引发了科学实验的出现：多少接种体是理想的数量？哪种物种是合适的？投入与产出比是多少？当这种实践在苗圃中变得普遍时，不断增长的科学数据给预测措施带来了细微的差别。负责大规模种植的修复专家想要知道植物存活的可能性。10% 的差异可能会使植物的存活率发生关键性的偏差，当然，这也会改变经济底线。接受过专门培训且受人尊敬的专业人员的标签就代表着权威的判断，这种标签通常是经验与科学数据的结合，一名专业人员知道何时应当相信科学数据，何时应当遵循科学数据。

　　尽管在生态修复实践中，科学的力量是强大的，但是科学也往往会产生一些问题，因为它屏蔽了其他类型的知识。比如说，经过专业培训，习惯于采用几种不同方式进行思考的景观建筑师常常会在科学知识与美学判断之间游离，科学知识能够解释为什么有些植物种植方式看起来比其他植物种植方式好，而美学判断能够告诉他为什么一种种植方式看起来比另外一种种植方式更加美观。我们总是太过急于在客观知识与主观知识之间划清界限。我们认为客观知识的代表是科学，而科学是不容置疑的。而另一方面，我们认为主观知识仅仅是一种喜好，无法对其作出可靠的评估。

科学的预测力量常常以其普遍性和可靠性为根据，压制了其他评判方法。在一定范围内，同时也是在一个重要的范围内，这一点无可厚非，科学知识赋予了我们优势。然而，我们所谓的主观性是由许多种不同的知识所组成的，每种知识都对世界作出了独特的描述。比如说，伯格曼区分了聚合形式和证明形式的两种知识。聚合形式的知识是关于类型的知识，通过这种知识，我们在一个地方所学的知识可以转移到另一个地方。从最简单的层面来说，当一名修复工作者从一个地方转移到另一个地方时，这种知识让修复工作者快速获得对这个地方的深入了解。不仅如此，这种知识起源的形式是暗喻和类比，而这种方式正是描述世界的强有力的途径。证明形式的知识就是直接认定的知识，正如一个人从音乐、艺术、诗歌或其他形式的创造性表达中所发现的一样。其所表达的意义并非总是停留在字面，通常直指一种特定经历。这种知识一般而言并非以预测为基础。证明是很有力量的形式。证明通常是驱使我们采取行动的动因，是那种能够让我们投入某件事情中的知识。尽管我们迫切想要相信声音和科学数据告诉我们的是整个情况，但是由于人们受到证明形式的知识的影响，他们往往会在这种影响下去尝试科学数据所描述的事情。

在过去的 10 年中，另一种推动人们回顾过去的知识就是传统的生态学知识和智慧，通常被称为 TEK 或 TEKW。[19] 这种知识植根于传统人群对身份和生存的奋力争取——原住民、土著居民、土著民族，以及那些坚守历史悠久的土地管理传统的人群——TEKW是一种验证下述论据的方法，即除了科学之外的其他知识也很重要。这种知识是随着时间的推移而积累的，通过口头传承的形式保留下来。这种知识一代又一代地传递下去，那些熟悉一块古老土地固有形态的人会获得长者或智者的地位，也就是秉承这种传统的人。在传统民族聚居的地区，当发生关于资源利用和管理的冲突时，传统生态学知识和智慧的重要性就凸显了出来。比如说，生活于不列颠哥伦比亚北部地区的吉辛部族在为了对一片土地宣示合法主权而准备证据的过程中，他们就根据口述历史和长者的证明来刻画传统的土地使用方式。这就为这块土地及其使用途径提供了一幅不同的画面，与不列颠哥伦比亚的工业受益者和政府官员所宣称的完全不同。传统的生态学知识和智慧承认在一个地方随时间推移而缓慢积累的知识与智慧同样重要，而且当需要作出重要决定时，这种智慧是必需的，因此，传统生态学知识和智慧得到了越来越多的人的拥护。

过于依赖科学会歪曲修复工作者的工作，主要通过两方面体现出来。首先，前面我们已经讨论过，过于依赖科学会将其他形式的知识挤到边缘地带。其次，科学倾向于将自然具体化，或者换句话说，科学倾向于进行抽象提取，然后再使其看起来真实。这会扭曲我们对于我们所修复之物的理解，因此存在潜在的危险效应。科学过于强调我们对于事物的特定视角，而非根据历史和文化条件对这一视角加以理解。如果我们认为，我们面临的挑战仅仅是将正确的碎片放入正确的位置，那么我们绝不可能存留任何谦卑之心。这就是为什么结构主义对于扩展我们对于知识的理解是很重要的。假设知识的产生是无关紧要的，在这种预设心态下看待事物，会掩盖社会真相。我们确实会通过社会过滤镜来看待（或倾听、闻、品尝和思考）事物。其中一个例子就是，我们常常系统性地将人类从我们所理解的生态历史中剔除出去。[20] 对于那些听着荒野是未经驯化的自然的故事长大的人来说，贾斯珀国家公园是一个野生的而且不友好的地方，让人产生压迫感。这也是我所接受的文化遗产，但是我在贾斯珀国家公园的亲身经历让我对这个地方有了不同的理解，我发现这个地方有人类的痕迹存在，这个地方是复杂的，是不断变化的。文化适应性对于修复工作者而言是重要的，因为我们必须要明白，不同的人以不同的方式来赋予一个地方意义。调和局部视角和普遍视角是需要适应性和创造力的。这就是唐娜·哈拉维（Donna Haraway）在呼吁下述内容时所想表达的真正目的，"所有知识能力与认识主体的极端历史偶然性……而且应当致力于忠实地描述一个真实的世界，这绝不是无意义的"[21]。凯瑟琳·海尔斯（Katherine Hayles）通过提倡立场反思，也就这种中间路线提出了一种不同的版本：

立场反思被理解为一个人应认识到每个人都有自己的立场，每种立场都给我们一定力量，同时也施加了一定限制，立场反思能够双倍地将我们的视线投向外部世界，能够让我们对世界有更深入的了解，因为立场反思也将视角转移到内部，审视一个人自身的观念是如何建构的。如果约束型建构主义仅仅是让我们在认识到世界比我们所能够想象的要大得多时增加我们的谦卑感，那么我认为这种建构主义是值得认可的。[22]

伯格曼指出，自然的意义在于科学或经验都可超越自然；而现实不同于我们自身，超出了科学和诗歌所能解释的范畴。[23]

处于本质主义和结构主义这两个极端之间的维度显得更有意义。我们对以下几方面的理解显得含糊不清：世界既是可知的又是不可知的，或者重述一下这个部分开始处的构想，即有一个超出我们共同创造力之外的自然存在，以及我们的感知形式让我们作出的选择。我认为这是具有创造性的含糊不清，因为它会在我们面对知识上的限制时激励我们去观察和理解。这是一种祝福，因为它向我们揭示了我们强加在现实之上的文化层面的广度和深度。它为我们提供了一种看待荒野的新角度，例如，荒野容许在它的无数种形式里进行人类实践。同时，批判的建构主义变得相对温和，这是因为在常规地方以外的偏僻的、难以进入的或者被遗忘的地方仍然存在着荒野，并且它们拥有不可否认的存在性和延续性。无论如何，所谓的自然过程会拥有一种穿透的方法，它揭露了那些相信自然能够被完全控制的人的狂妄自大。对于修复主义者来说，这种含糊不清相当重要。我们需要强大的科技来帮助我们预测什么将会发生。然而，太多的依赖将会阻止一些地区的地方知识发展（第4章），并且会让我们相信所做的，不是利用自然过程来完成工作的正确方法或者唯一方法。

含糊不清也可能富有创造性。人们可以将贾斯珀国家公园中阿萨巴斯卡山谷中人类的活动情况解读为消失的原始证据，也可以将其解读为根据当代愿望对其进行重新配置的许可。终究出现了这样一种讨论，如果人们自始至终存在，一直使用并改造此地，那为什么不使此地的传统永久保存下去呢？此观点在之前活动的基础上，在对现行实践活动进行必要的解释方面犯了一个严重的错误。几乎肯定的情况是，过去人类活动的环境、强度和规模都与现在不同。

同样，问题的出现也是对生态完整性这一概念的挑战。对完整性强有力的解释取决于一些严格的现实条件，包括历史参考条件、关键物种的存在、物种多样性和物种丰富度、弱小物种或外来物种的缺失，等等。完整性的复杂定义也要考虑到长期存在的、有代表性的传统的文化实践。在徘徊于太接近荒野构成主义观念的方面，我们导致了生态完整性的缺失以及对历史上人类活动的错误解读。修复工作从传统的束缚中获得了解放，且一个放肆的商业同自然和荒野的流行观念一同被允许。

自然的商品化

我们对荒野和自然所作出的认知性承诺的模糊性，是直接通过我们对现实的效忠性的更广泛的转变来调和的。伯格曼认为，现实正让步于超现实，这是一种从直接经验中与背景分离的现实。在未真正参与一些事情时，我们也丧失了对这些事物所作出的道德承诺。图像成为道德的标准，但图像缺乏稳定性和共鸣。图像管理、电子通信以及科学技术融合了广告和宣传作用，增加了文化图像的变化频率并产生概念的一致性。这种图像的效果和普及度使得当地和本土条件变得不再有吸引力，并迫使他们更换更先进的成熟商品。[24] 图像的全球化概念与地方观点发生冲突，并使得人们混淆了该相信什么，以及何时该相信某一事物而不是另一事物。正如詹妮弗·赛菲和我所认为的，图像生成的普遍性和意图构成了"移植想象"，或者重新配置人们的想象能力。[25]

没有哪个地方的移植系统比迪士尼公司的产品做得更好了。40 年来，迪士尼已经塑造了电影和电视图像，这些图像塑造了全世界数以百万计的观众的想象力。在这里，野生动物是被人格化和驯化了的。野生和驯养之间的界限被重新绘制，野生生物的主要经验是通过窥视和传导经验来取得的。文化产业作品，例如迪士尼，加速了人们对构建性自然的接收进度。

人们都涌向迪士尼的荒野度假村，将其作为在时空上逃避并远离地球的方法。事实上，这个大型的豪华度假村只是个幻影，似乎不会打扰大多数人。而大多数人显然也没有受到佛罗里达的红树林，以及西北海岸线美洲原住民文物野牛和西方施工日志的干扰。像度假村这样的开发活动建立在对荒野的根深蒂固的公共观念之上，这也是预料中的。对于像迪士尼这样的大组织来说，它可以通过向游览者（或者观看者）传达其意识形态来重塑其意义，就好像它本来就是自然秩序的一部分。因此迪士尼版的自然成为现实自然的主要参考经验，而不是那些其他的形态。在我们寻找大峡谷墙壁上刻着的那些难以捉摸的小耳鼠之前，还会需要多久时间呢？

在移植图像时，度假村和类似项目采用的是友善的接收，并构成主体化体验的现实。通过将荒野转化为一种概念性产品，这种产品适应性强、可划分界限、永远具有韧性，且是可用的。迪士尼还在创建一种新的现实，通过这个现实来体验产品。然后，通过递归方式，消费情况决定了我们对现实的理解；迪士尼帝国之外的自然变得与迪士尼帝国的自然类似。当然，迪士尼的产品与其他模拟事物相融合。令人担忧的是，通过接受现实以创建一种充满超现实的世界，将取代现实作为道德中心的情况。但是，超现实是否会创建一种充满更多机会和经验的世界呢？这是否可取？然而有一个具有持久性且棘手的问题是，真实的自然（即具有威严和可持续性的自然）对人类的健康是否具有至关重要的作用？现实中的粗糙边缘是否重要？若没有现实施加的限制和界限，自然完全在无止境的操控状态下，不仅受制于我们在当今时代已经习惯的状态，还存在一种主题性意义，即创造出概念外的主题，例如生态完整性。对于生态修复主义者来说，历史保真度和生态完整性问题将在人为范围内被重置。所选定的□能就像一些凭空创造的图像，而不是根据参与对现场的真实描述而塑造出的□……义者偏向于这种方法，并拥有成熟的技术，他们能够权衡森林覆□……□适合公共旅游。历史真实性能促进实现生态修复目标，□……化时，在迪士尼和小众旅游地，濒危野生物种将沿着安全、□……，国家公园主题正式来临，满足了最新的人们对自然和荒野的□……

泰德·佛林德（Ta……）在迪士尼的最新、最有吸引力的（10亿美元）动物王国中指出，"我体验了迪士尼，很显然，这个公园根本不是关于动物的。这个公园是关于人类，关于我们的愿望和需要的。因为我们怎么对待从自然生存环境捕获的动物，向我们揭示了我们自己"。[26]在这种背景下形成了一种逻辑性理由：若我们认为其对生态系统不重要，但确实对我们很重要，那么我们就将根据我们的意愿和价值观进行设计。生态完整性仍然很重要，但是这种概念甚至也变成了一种商品。生态修复成为主题化实践的一部分，并将在未来高速发展，且远离其他干扰。

通过详细的模拟和图像管理系统，迪士尼公司打造出一些改变了自然和荒野定义的商品。这使得生态修复工作变得复杂化。现代生态修复活动得到很多从业者的热爱，这也意味着要将生态系统恢复至最接近受影响前的状态。后现代生态修复模式的兴起，意味着适应各种可能发生的状况，且能够适应各种不确定性。这种变化中存在着祝福与诅咒。我们已不再崇尚单一的生态修复法，这是充满希望的征兆。我们正在进行的修复以及我们如何修复，都是通过对我们的价值观进行深刻反思后得出的，这样才能知道我们能够做什么，应该做什么。

这是一种诅咒，即这种开放性可能使得出现"什么都可以"的方法。这种观点可能不会考虑对实用性和未来有益的生态完整性和历史保真度。后现代的生态修复主要是为从业者创建一种健康的自反性，也同时需要与多种分散目的和技术追求进行较量。在当代生态修复实践的核心中，这是另一种重申矛盾的方式。既然生态修复已经变成一种多元化活动，从自然城市花园到整个流域的大型项目，而且现在历史保真度是有相对性的，很难辨别什么是真的生态修复。当这种不确定性被一种超现实的文化复合时，生态修复就会变得符合范式，这就会变得很危险。当以生态修复形式迅速创造或再生出符合投资方利益的商品时，生态系统就变成了策略。因此，自然和荒野的商品化沿着技术道路使生态修复项目偏离轨道。技术性生态修复变得越普遍，就越难以阐明并证明有焦点修复的正确性。未来的生态修复主义者将要修复的是事物还是策略，是现实还是超现实？

实践的商品化

有另外一种方法可以把生态修复变得更像一种策略：实践的商品化。正如我在上一节说到的一样，充分理解生态修复设备范式的影响，需要对大自然的商品化进行审视，但是同时也需要对实践的商品化进行审视。实践的商品化意味着将注意力从事物转移到策略上，并将其转变成一个与效率相关的专业领域。[27] 根据一些标签如：职业化、专业化、决策性社会（Habermas）和专业文化，可确定这是一个所熟知的现象。不足为奇，我们应将其行为作为一种生态修复的倾向进行研究。

修复同化部分的理由无疑与其看似"双赢"的特质相关。在20世纪80年代和20世纪90年代，争议解决专家、政策专家以及行业专家反对零和思想（即争相抢夺同一个饼），而转向新的研究范式。若"饼"的尺寸和质量可以改变，那么人们也许可以作出更有创意，且更加有利可图的决定。在这一引发如此讨论的里程碑式著作中，费舍和乌里在《找到肯定答案》（Getting to Yes）中提出，通过采用一些方法解决一些看似棘手的问题，有时相当困难，但是互利的解决方案是可行的。[28] 生态修复提供了强有力的机会，便于企业和政府的环境管理：可重建或重新配置生态系统，从而增加和扩展对环境保护越来越高成本的承诺。在丧失环境的纯真时代，生态修复代表改变过去破坏性做法的希望；它具有更巨大的象征性作用。政府机构有时与企业合作伙伴相呼应，为生态项目提供很多支持，赞助了很多项目，例如基西米河倡议性项目。[29]

一些企业已通过对项目的优化，从对生态修复主义者进行资助和奖励开始，支持生态修复这一伟大事业。乔纳森·佩里（Jonathan Perry）报道了始于20世纪70年代企业参与生态修复的浓厚兴趣，即缓和企业开发的效应，一般是办公楼，并改善环境状况。这些项目有助于"使企业的存在自然化"，并为寻求城市向远郊蔓延创建一种历史，并向企业提供一种平静的体验。在企业中进行生态修复有助于使企业的政治和经济利益最大化，研究基地的生态利益远远超过预期。[30] 另一个有争议的做法是关于生态系统缓解策略。在有巨大开发压力的区域，特别是美国东海岸，房地产开发商渴望得到那些受地方、州或联邦环境法律保护的地方。一种流行的做法是通过购买、奉献和修复另一处具有同等生态价值的财产来弥补或减缓沿海湿地开发的效应。1992年，我在安大略的滑铁卢组织了一场生态恢复协会会议，旨在讨论缓解主题。我希望向嘉宾提供几个可以引发讨论的具体案例。令我懊恼的是，在文献中很难找到对该项目的良好描述，当我打电话给几个知名的从业者时，他们也不愿意提供具体细节。令人感到担忧的是得罪客户。最后，我使用了虚构案例。[31] 这引发了关于生态修复企业的进一步担忧：隐私。企业项目的支持者对综合考虑这些可能破坏竞争优势或透露有关项目的不良信息不感兴趣。最终发表的是典型的项目描述，即主要是片面的成功报告；不成功的项目似乎很少提及。我们缺少对生态项目的关键描述，以及那些综合性的项目，包括生态、技术、科学、社会、经济和道德问题。

缓解生态恶化是修复生态系统商品化的一个典型例子。修复后的生态系统可转换成可交易的消费对象。缓解生态恶化也对实践的商品化进行了诠释。以我的个人经验来看，大多数生态修复主义者将缓解生态恶化的项目看成了最原始无效的商业行为。但是采取缓解方式的项目仍呈上升趋势，且产生了一群精通于这一技艺的专家队伍。若生态系统可用于买卖和交易，那么这意味着生态系统也要经受类似经济上的处理和回收过程吗？专业的实践将会编入法典还是会被加以限制？某些技术会变成专利吗？生态系统设计将被赋予特权吗？这些问题如今看起来都遥不可及。然而，他们都指向了经验商品化和超现实环境生产下的大趋势。当我们停止对这些特别的问题进行探索的时候，也就是修复生态系统商品化达到鼎盛的时候。

专业精神和志愿服务之间的紧张关系一直都是生态修复主义者面对的关键问题。在1992年的生态修复学会会议上，现已故的亚历山大·威尔逊（Alexander Wilson）组织了一场认证研讨会。在一个拥挤的房间里，生态修复协会的一些建筑师针对下述内容展开了激烈的讨论：是应该保持以志愿者形式为主进行生态修复工作，还是应该使生态修复者具有更专业的素养。1995年，这个论点再次提出，并继续成为热门的话题。[32] 在参与者关注度较高的地区，例如加利福尼亚州，关于认证的压力一直很大。一些人将专业标准的出现视为环境修复事业走向成熟的标志，而其他人则认为这是生态修复的灭亡。

生态修复的一大特点在于社会参与。现在无法准确统计北美开展的生态修复项目数量，我敢打赌，现在有数以万计的修复项目，很多都有志愿者参与。生态修复工程是劳动密集型项目：除草、清刷、托运垃圾、挖坑、栽植、播种等。志愿者通常是那些首先推动项目的人们，他们要么通过吸引当地人才的方式自己承担工作，要么聘请专业顾问协助规划。这种参与的价值是一种政治主题，生态修复因此获得越来越多的关注，这也正如我在第6章谈到的。低成本的劳动和气氛活跃的社会活动所实现名利双收的高效益保持了良好的势头，同时一种生态修复模型由此确定。威廉·乔丹、斯蒂芬妮·米尔斯和弗里曼·豪斯在文章中强调了这种生态修复理念。他们赞成这种生态修复观点，因为它不但可以恢复景观，还可以促进人与自然间的和谐关系。

生态修复这种田园诗歌般的观点却未能涵盖所有的活动范围。我在上文提到了缓解环境恶化和创造项目的需求。业界和政府资助的项目正在不断增加，且这种发展具有棘轮效应。像湿地"无净损失"这样的政策正在落实到位，以鼓励通过其他管理办法进行生态修复。专业的生物学家和其他人服从专业化服务的呼唤。致力于实践的生态修复顾问瞬时处于满负荷的工作状态。工程和景观设计事务所聘请了兼职或全职生态修复从业者。这些从业者对促进生态修复活动有浓厚兴趣，他们通过游说机构和公司、加盟专业组织并开展营销服务来实现这种兴趣。生态修复施加的道德负担已经根深蒂固。像加州交通局这样的政府机构之前倡导的是旧式复垦或恢复，现在他们要求对研究基地进行生态修复。生态修复正在获得更多的文化资本，并将不断增加，且将如此循环下去。根据我的陈述来断定专业生态修复主义者目前工作的繁忙是错误的；实际上是对专业化的生态修复需求的增加。政府机构不大喜欢资助由志愿者参与的生态修复项目，他们更喜欢参与由专业公司提供的可预测的且有保障的项目（当然，除非在设计和监督志愿者参与项目时有专业辅助）。这种生态修复实践项目正在增加，并成为一种更强大的力量。志愿者服务和专业服务之间的紧张关系不断升级。

专业生态修复主义者与担心失去志愿服务活动的志愿者之间有着较紧张的关系，这可能会导致将修复活动进行划分。生态修复主义者中有一种老生常谈的问题，尤其是在年轻的志愿者中，是这样说的："我对生态修复的前景感到很激动，我突然意识到在实践自己一直所宣传的东西时，我自己的生命变得充实，而且同时我还可以合理地以此为生。我现在乐在其中，毕竟这种机会似乎并不多见。"这些具体情况迟早可能会改变。毫无疑问，人们都希望找到像温德尔·贝里（Wendell Berry）所说的"无害的好工作"。[33] 通过我们的工作来治愈土地、整合规划、管理技术、提高动手能力以及积极参与室外活动是一种高尚的职业。这似乎建立在与传统专业和职业相同的基础之上，例如木工的心灵和身体都参与到有价值的工作中。没有违法利润或不正常的目的，以及需要担心的因素。生态修复实践是特别有益的活动。这种活动能有什么问题呢？

安德鲁·赖特（Andrew Light）是一名哲学家，他关注专业人员偏离实际生态修复工作的程度。他的论点是我特别支持并参与研究的依据。[34] 生态修复具有内在的民主潜力。

这不同于主张生态修复本质上是民主的。证明生态修复具有内在的民主潜力而非本质上民主的原因很多，至少生态修复项目正在以不民主的方式进行。具有内在潜力，是指开展良好的实践生态修复将能够维护"民主理念，即公众参与公共活动将增加活动的价值"。[35] 因此，通过公众参与，生态修复有可能增加该修复地区的价值。这是生态修复有别于生态保护的一个显著特点。积极或被动地保护某种事物意味着不参与其中，只是保留其本身存在的价值，而现在生态修复能够创造新的价值。通过生态修复增加某地的价值这一说法意味着生态修复不是比生态保护更好的活动；相反，这意味着它们具有不同的目的，并体现不同的价值。生态修复所创造的价值是其他活动所创造不了的，因此推定自体再生进程在很多情况下不会实现生态修复。有人参与的活动过程才创造价值，这也是赖特所强调的生态修复的独特点。参与是生态修复的重要评估部分，而且很多生态修复项目不仅涉及个人，还涉及群体。如果修复是指公众参与生态进程，此时假设参与行为越多越好，那么更具公众参与性的生态修复就更好。与这种观点相反，困扰很多专业生态修复主义者的观念是，公众参与的缺乏降低了生态修复的价值。赖特经过仔细推断表明，在某些情况下缺乏公众参与的原因很多，但他并没有说明这些原因是什么。在任何情况下，公众参与是生态修复的重要内容，当然这在通过专业方法实现生态修复时体现得不太明显。第6章讨论了人类机构参与生态系统和生态修复的价值。

对于赖特来说，专业化最令人担忧的问题是认证。认证是一种进程，通过该进程对生态修复参与者进行评估并认可。最小的模型就是自愿性认证过程，该认证具有相对可接受的标准，甚至会得到专业志愿者的关注。这种模式可能会随着正在激增的园丁师傅项目进行。这样做的目的不是看家护院，而是提供严格的激励作用。普遍或通用标准的不足将限制这种认证的力度和作用。另一个极端是由监管机构指派的专业人士管理的全面认证进程。这种标准将是高标准，后果严重。不能达到标准的就无法参与生态修复，不能成为生态修复主义者。目前，其他行业的专业团队目前在使用这种模式：医生、工程师以及会计师。但是，要对参与者进行认证，需要通过专业门槛，且有确保工作顺利进行的专业职责（例如，需要工程师在施工计划上签字）。

一个更为严格的认证方式具有各种好处，这也是针对它的争议如此激烈的原因。对于客户来说，得到最明显的好处至少是获取统一的、复杂的、成熟的技术。经认证的生态修复主义者将至少拥有一套技能和知识，以及清晰明确的职责。生态修复计划的签名意味着签名者需要承担某种形式的法律责任。这对于生态修复主义者的好处就是能有一种更加稳定的专业氛围，并按标准收取费用。当然，这也存在相当多的危险。首先，也是与上述讨论最相关的，是经认可的专业人士可能像医疗领域限制可实施医疗的人员那样限制可参与生态修复的人员，并以此获利。有人会说，这可以确保较高水平的竞争，但这种专业性可能会限制公众参与的人数，降低生态修复价值。其次，认证将为生态修复创造一种新的政治经济，生态修复的成本将满足专业人士的开销以及社会各界客户的需求。第三，这也许是最令人头痛的，就是实践一致性问题。创建一种统一模式或通过标准测试管理的课程，是保证知识的坚实基础。在工程课程体系中有一些异质性，例如有一些大学是以问题为基础的学习著称，而其他一些大学则遵循更传统的方法。问题在于，这种统一性将限制创造力。别出心裁的创意通常出现在千篇一律的实践活动之外。真正的反叛者往往是发明的始祖。将生态修复主义者纳入认证模式会存在一定风险，使得生态修复失去多样性。

　　针对封闭性的和开放性的修复内容，赖特通过梳理确定了主要矛盾。他担心认证会迫使人们遵照强制性的生态修复定义，从而固化生态修复的内容。生态修复的实际工作受到限制，此时强制性条例将起作用，包括选择适当的词汇。那些懂得限制性内容的人们，即那些专业的且经过认证的人们将会胜利。在讨论芝加哥荒野项目时出现的一个问题是，志愿者（即非专业人士）有时会成为替罪羊，因为他们缺乏专业资质。[36] 对于赖特来说，开放性是维持生态修复参与性的关键："若开放性是生态修复的民主潜力的重要部分，且认证是封闭开放性的举动，那么认证就会威胁生态修复的平均主义。"[37] 由于开展专业的实践需制度化来约束，若制度趋向封闭性，则生态修复的方向有着不可逆的倾向。这不是反对认证，而只是一个进一步的忠告。

　　我搬出这种观点不是要反对生态修复专业化，而是指导人们促进生态修复实践活动的开展。它基于两个实践前提：迫切需要创建有意义的生态修复工作，且参与性成为生态修复的关键环节。或许这种紧张关系是不可调和的，他们可能急需考虑如何更好地开展生态修复实践。显然，我们都很清楚什么是我们不想看到的：过度控制的局限的专业实践会导致社会参与度下降。最后导致小规模的实践者协会，鼓励高品质的本地实践。培训和教育计划的目的应在于传授最好的知识，包括确保学生明白生态修复不仅吸引了公众参与，这也是重要的文化实践。最后，需要为人们的有效参与开发扩大生态修复模式。因此可以举办很多聚集了专业人士和志愿者的混合型活动，发展强有力的志愿者项目，这已经成为很多部门的首要任务，而不仅仅在生态修复方面如此。凯利·韦斯特韦尔特（Kellie Westervelt）的佛罗里达角志愿者项目是一项雄心勃勃的生态修复倡导性项目，由美国濒海学会运作，离迈阿密只有几英里，这个项目具有标准的行为、强制培训和明确的职责。但这并不意味着烦琐或限制，反而鼓励并活跃了志愿者参与的可能性。从制订志愿者手册的用心程度以及数百名参与者来看，这似乎是一种很好的策略。同时还有一些值得探讨的策略，这些策略不会阻碍有雄心且想要以生态修复谋生的人，也鼓励创建一种专业的正统模式。

紧张关系确实存在，同时这种关系在短时间内绝不会轻易消失。我们生活在面向专业化和专业性的社会，这表明公众参与所需要的是对外的防卫措施，而不是专业野心。通过让生态系统商品化，消费的文化氛围被逐渐放大。自然、缓解环境恶化项目和企业生态修复的主题化，都旨在促进生态修复商品化。通过认证和其他机制实现专业化的趋势表明，生态修复实践活动可以成为产品。

生态修复的前景和问题

通过歪曲我们与自然进程之间的关系，商品化进程将生态修复实践转化为商品，使得生态修复的主题被破坏。我们担心生态修复的前景还有其他原因，这些原因主要与生态修复的不断成功有关。具有讽刺意味的是，生态修复的最大优势在于其能够以一种新的方式看待人类参与自然进程，这也可能成为其最大的软肋。太多的生态修复成功和改进存在着去自然化的生态修复。生态修复不仅成为包含人类参与的实践活动，还是一种超脱的、无愧于心的技术性维护。由于其广泛的文化限制，生态修复成为一些势力的目标，比如商品化。我们发现，人们对生态修复的期望远超过生态修复所获得的日常关注度，广泛的生态修复承诺确保了生态修复值得进行。也许具有更广泛文化意义的生态修复最明确的观点在于补救。生态修复提供了一种补救机会，也就是我们通过治愈文化和精神达到治愈自身的目的（在补救过程中，为那些使环境恶化的带有负罪感的人们提供强有力的激励措施，进一步推进生态修复神圣的形象，从而得到补救）。因此，生态修复能挖掘强大的文化价值，并促进人们参与并承担实践活动。威廉·乔丹和弗雷德里克·特纳（Frederick Turner）都认为，生态修复包含深厚的文化信仰，例如羞愧，这需要通过仪式来修复受破坏的伤痛，并重生美好。[38] 我发现自己经常从健康方面描述生态修复，就像修复行星健康。所有这些都是神圣的，令人兴奋的，并反映了生态修复引起深刻反思的程度。

与这些需求紧密相连的是一种影响了整个公众和企业的双赢态度。传统的保存与保护技术在过去与现在都被视为否认特定群体（如工业记录仪），它们的存在只是为了保护生态系统。经过生态修复，退化土地又回到了以前的状态，在社会大众参与下，修复过程创造了新价值。[39] 但这还是没有逃过环保组织、政府机构和企业的关注。生态修复已经在企业中寻求到一个合适的位置，正如我先前所说的，生态修复项目被视为一种稳健的投资。我们也陷入了与变化有关的问题旋涡：什么算是自然的合适代表呢？过去的乡村林地和高山远景的画面被文化产物所替代，例如路边的休息区、带有背景音乐的 MTV、电子游戏中的大自然主题、迪士尼的幻想世界，以及许多与那些对大自然更加根深蒂固的文化思想相似的电视图像。[40] 因此，超现实已逐渐登上舞台。后现代修复主义的模糊概念，如前所述，在某种程度上，是针对现实的新方法推动了超现实理念的产生。通过新方法的严格考核，可以弄清楚自然对于我们来说意味着什么，以及怎样才能使修复取得更好的成效，新方法的应用可以使我们去开展更好的修复项目。

总之，这些文化价值观和思想将修复概念从实践扩展到了模式制造领域。修复的广泛范围意味着它在文化范畴具有更显著的意义，而不仅仅停留在实践水平。修复模式的想法借鉴了莱奥·马克思（Leo Marx）有关田园主义的作品，尤其是他对其未来的推测。马克思的作品对于修复主义者来讲具有重要的意义，他定义并描述了文化与自然之间的调节特性。田园主义是一个古老的概念，它的实质是"幻想过着简单的生活并且由一位领导者引导着，这位领导者担负着调节文化与自然的使命，调节危险与匮乏的未开发环境（野生自然）和对文明的过度限制之间的关系"。[41] 作为一种模式而不是实践来强调其规则，是为了强调田园主义的心态或一般原则。修复可划分为修复实践与修复主义。后者是一种关于自然与文化和动机之间关系的典型思考方式，或许是这两种传统意义上完全相反的概念的结合体。修复主义将注意力转移到加强修复损伤或损失的实践，并承认文化对于修复生态系统的重要性。修复作为一种模式变成了一种理解自然的方式，涉及多样化的实践和制度，而理解的困难在于其中的假设，即生态修复就一定是好的。毕竟，表象之外还有一些特质应当引起我们的注意，例如：修复方式很容易成为一种技术修复或迪士尼的道具，而且很可能无法阻止修复成为快速发展社会的替代物。关键问题是：如何塑造修复模式，并使其有益于我们与生态系统之间的关系。在某种程度上，这是第 2 章和第 3 章的主题，也是我在最后一章将重申的主题。

现在，让我们换个问题，看看什么是生态修复过程中危险的或让人担忧的事情。在任何一个生态修复会议上，关于生态修复的话题总是令人兴奋的，具有感染力的，充满无限的热情。从某种意义上来说，个人的实践活动与整个社会的实践活动密切相关。一些小的实践步骤叠加在一起，可以消除因人类不负责任的活动而产生的太多负面影响。但是，如果不适度调节，信仰可以轻易地变成盲从。我们冒着风险追求生态修复主义是一种意识形态，换句话说，一个强大的模式最初可能推进我们的事业，但是最终可能遵照大多数意识形态的立场倾向，从而破坏我们美好的意图。事实上，生态修复是一种容易识别的模式，这是一条线索。已故的大卫·布劳尔（David Brower）是一名美国环保事业倡导者，他在 20 世纪 80 年代反对生态修复，因为他担心这样会使能源失去保护且无法保存。布劳尔 1989 年在芝加哥召开的第一次生态修复协会会议上引起了轰动，当时他声称应该不惜一切代价反对生态修复：这会分散环保人士在保护珍贵物种时所付出的努力。随后，他放弃这一主张，他代表地球岛研究所开展全球 CPR［CPR 表示：保护（conservation）、保存（preservation）、修复（restoration）］研究计划。他触动了许多认为生态修复是一种工业项目的人。不过潜在的恐惧是，我们将变得十分精通生态修复，这使得我们能够掠夺任何我们想要的东西，然后再修复它。关键点是这样的过程完全合法。

我们以废物回收为例来看，在 20 世纪 70 年代时，我第一次帮助志愿者制订废物回收计划，我们实践了 4R 原则：拒绝使用（refuse）、减少使用（reduce）、再利用（reuse）、再循环（recycle）。25 年以后，4R 原则已经减少到 3 个。第一个，也是在我看来很极端的拒绝使用原则已经不存在。在这段时间内，大量的废物管理公司开始整合业务，转向处理垃圾以实现工业回收的目的。成熟的废物分离系统现在已经可用来实现垃圾分类。

通过机械和手工劳动的结合，流水线上的废弃物被分为可降解的、可重复利用的以及需填埋的垃圾。这样一个落实到位的体系，对使用者来说却没有可量化的最低附加要求，因此这些激励措施也因使用者的拒绝而被取消。然而，事实上恰恰相反。如果能够有选择地回收一些重要的部分，废弃物的产生也会变得富有经济效益。如果生态修复深深植根于社会实践，会不会偏离我们保护现有地区的好意呢？生态修复能为我们提供将垃圾修复或再创造的技术帮助吗？布劳尔说得很对，这才是我们应该担忧的问题。

一些反对生态修复的专家放大了这种担忧，他们将生态修复视为造假的精心实践活动。这种观点起源于罗伯特·艾略特（Robert Eliot）在 1982 年发表的文章《伪造的自然》，在这篇文章中，他将生态修复描述为一种伪造活动。[42] 安德鲁·赖特认为艾略特是将恶意与有害的生态修复形式进行区分。艾略特案例的核心在于"生态修复论点"，其中规定，"破坏了有价值的事物，就需要后期创造具有同等价值的东西进行补偿"。从这个角度来看，很容易理解为什么说生态修复是一种有害行为：这使得人们任意根据人类利益逐渐或大规模地创建生态系统。生态修复可以重新创造被消除的原始价值。因此，用艺术伪造来比喻是有道理的。很少的伪造品能比原件价值更高。艾略特当然必须参考特定类型的生态修复，而不能将生态修复视为一个整体。剥夺一个地方的价值并将其用于他处不是所有生态修复的做法。艾略特在后期工作中表明，"人为地改造一个完全荒芜的、生态景观遭到破坏的地区，使其成为更加丰富细微的地区是一件很好的事情。这与下述观点是兼容的，即相信用一种富有人工活动的环境去替换一种丰富的天然环境是一件不好的事情"。[43] 我与赖特都认为，艾略特已经做了深入彻底的工作，为区分好和坏的生态修复项目铺设了道路。

埃里克·卡茨（Eric Katz）的兴趣在于技术哲学以及环保理念哲学方面，10 年后他继承了艾略特的观点。他认为，将生态修复视为一个整体是一种有误导性且危险的行为。生态修复是"弥天大谎"，在此基础上，人类的僭越和统治再次在地球上发挥作用。经修复的生态系统是人类文物，不是自然生态系统。虽然人类在改造自然时的初衷是好的，但通常是按照自己的想象改造。生态修复是能够管理自然的卓越方法，在其规则下，它能够鼓励故意操纵自然。不同于其他那些环保措施那样既要去除人类欺侮，又要保护一些地区免遭虐待，生态修复迫使人们拿起铁锹、植物、种子、杂草、火焰，并有选择性地使用生物杀灭剂。对于卡茨来说，生态修复代表可悲的干预；它遵从相同的破坏模式，而正是这些模式造成了目前生态修复主义者正在努力解决的问题。生态修复是人类与自然商品化关系的产物，以牺牲环境保护的重要性为代价，它为受损生态系统提供技术修复。从某种意义上说，生态修复是一个哲学范畴的错误：修复自然是人们不能做到也无法做到的事。自然是自我调节且自主管理的。[44]

　　这种哲学争论也暴露出一些观点之间的基本分歧，即像卡茨这样认为自然和文化之间有着尖锐分歧，以及很多生态修复主义者认为自然和文化的一体性。从严格的二元论方面讲，这种思想认为人类干预生态系统只是一种具腐蚀性的辅助性活动，这是不可想象的。除了本体论的区别，这也是很难调解的，卡茨（以及艾略特）严重低估了生态修复的共同创造性进程，即若没有生态进程，生态修复行为就不重要。生态修复实践通常是指辅助性恢复，而不是创造人为产物，即使人类活动的痕迹（或其他）在后来看起来很明显。列举卡茨所倡导的主导案例，似乎同样也显得合理，即生态修复解放了因人类的恶意或不加注意的活动所停滞或根除的生态进程。更重要的是生态修复可能创造价值。[45]此外，对于生态修复实践的替代方案，卡茨似乎不为所动。他明确地指出，生态修复很容易体现人类在自然进程中的傲慢态度。与此同时，他不承认生态修复实践也能使人类和生态系统之间产生深刻的互益关系。我完全同意生态修复会有商品化风险，我不完全赞同这种风险是生态修复的固有本质或必然条件。[46]

　　卡茨、艾略特和早期的布劳尔的观点是，生态修复的广泛定义对我们生态系统的前景来说是毁灭性的。这些观点的论点在于三个重要方面，首先指向伪造自然的问题，其次提出生态修复反映出破坏性技术模式，最后转向关注对我们更为重要的事物，例如保护和保存。若生态修复是有益于自然进程的，那么所有三种论点都值得实践性生态修复主义者关注。正如我指出的那样，据我们对生态进程的了解，伪造的论点似乎太过天真。第二个论点忽略了一种可能性，即可能生态修复产生破坏性的技术模式可以鼓励参与并使自然进程受益。最后，至少目前为止生态修复强调了保护和保存珍贵生态系统的重要性。毕竟，大多数生态修复主义者已经明白了这个道理，即在肆意的人类活动浪潮中，生态修复只是一个令人遗憾的必需品。从这三个论点中，人们发现之前疏忽了生态修复实践，或疏忽了生态修复主义者实际上正在做的事情。

几年前，在定义了良好生态修复含义的一篇文章中，我找到了生态修复的广义概念（图5.1）。我的观点很简单：我们不是简单地通过衡量科学有效性来衡量生态修复的价值，而是通过这种实践活动的广泛影响来衡量，或者根据布鲁诺·拉图尔（Bruno Latour）的观点，即"在行动中修复"。[47]生态修复取决于两项基本原则：生态完整性和历史保真度（第3章）。因此，根据现有的标准和规范做法，只有当符合这两项原则时，生态修复才是有效的。大多数人都会同意这是生态修复的核心。[48]如果引入效率概念会怎么样呢？假设两位天才生态修复专家正在投标相同的合同。双方都将在满足既定标准的基础上交付最高质量的产品。有效的生态修复是指，花费最少的时间、最少的劳力、资源和材料所完成的有效生态修复。在讲到效率时，我们在定义良好的生态修复时就不能只严格地看技术标准。效率引入了一种不同的价值体系。效率之所以重要，有几个原因。在生态修复竞争激烈的市场中，即在美国政策"无净损失"的浪潮中开始形成的市场，效率为生态修复主义者提供了性能优势。效率原则在北美文化中根深蒂固，这表明，在以同一目的为终点的两项活动的竞争中，越有效率的活动就越有价值。除了项目之间的竞争，效率之所以能站得住脚的原因还在于它节约了更多的资源、材料和生态修复人员。因此，若我们希望生态修复蓬勃发展，我们就应该需要有效地进行生态修复。

效率对生态修复的影响越来越大，让我们对生态修复感到担忧。忽略对公共参与、文化复兴、社会正义和美学等各种因素的思考，这到底怎么了？是否效率就是我们的最终目标？我认为不是，这也是为什么我认为我们需要对生态修复的概念进行拓展，即良好的生态修复不仅是技术能力和效率，还包括一系列的社会、文化、政治、道德和审美特质，而

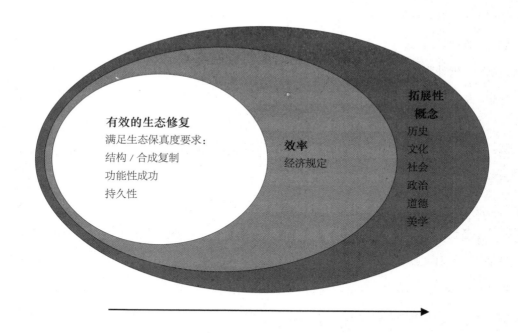

图 5.1

生态修复的拓展性概念（改编自希格斯的《什么是良好的生态修复》）

这些特质都随着地点的变化而变化。在拓展生态修复概念使其包含这些外部特质时，我们在广泛的基础上判别了其价值。这意味着除了科学措施以外的其他因素将决定生态修复的价值，也就是说，其他的实践和知识同样很重要。

经过思考，我发现这个观点存在两个严重的缺陷，尽管我认为拓展的概念仍然可作为一种启发式策略使用。首先，在拓展生态修复定义的范围时，生态修复实践将按照建设原则进行，例如社会正义、对非人类物种的道德看法、专注于不同类的文化知识和实践，等等。对这些问题的担忧显然得不到保障。实际上，似乎更有可能的是，设备范式的拓展模式（即商品化）将蚕食生态修复实践，致使我们越来越多地根据技术因素来评估其价值。这威胁了将生态修复作为社会责任的承诺。生态修复主义再次展示了修复工程的强大力量，让我们了解到人类的文化活动造成了生态环境的损坏，同时也带来了额外的风险。因此，问题和承诺就像硬币的两面同时存在。

第二个，它忽略了文化完整性。在提出拓展性概念时，我认为：文化、政治、社会、审美和道德信仰将赫然耸现。但是，我所提出模式的核心仍然还只是效率。我现在很清楚，只有当人类社会的生活被改变，能够反映健康的、被修复的生态系统时，生态修复才是成功的。换句话说，我们与生态系统相互关联。这改变了良好生态修复模式的核心，使其包括两种生态修复观点，即结合文化实践和生态完整性。这是下一章的主题。通过焦点实践进行的社会参与，是生态修复成功的关键因素。关注那些禁得住推敲和反思的、有意义的事情，可以避免或减少商品化对生态修复的干扰。解决的办法，或者更恰当来说是改革，由当地制订并得到了广泛认可。人类参与自然进程的无数生态修复小活动将继续发挥作用，前提是这种活动得到更广泛的认可和支持。若生态修复变得过于专业化和科学性，或者忽略了什么是真实的，什么是错误的，那么生态修复就会成为人类傲慢活动的另一个案例。只要在决策制订和实践过程中，有主动的、持续性的地方性参与，生态修复就很容易被设备范式所吸收。科学是生态修复中的关键因素，但是，根据长期研究、具有本地区亲身体验的实践也是很重要的。

上述研究强调了技术性生态修复和焦点生态修复之间的理论性差别。技术性生态修复是指在超现实的环境中商品化的实践活动，这种生态修复的参考系统受到设备范式的限制。机械的错觉会产生令人迷惑的干扰，这使我们得到经包装的、易消化的文化产品，而这些点点滴滴的问题会影响到关于社会、家庭、冒险、成就和自由的信仰。同样，我们看到自然和荒野那夺人眼球的科技表现形式正在兴起，这限制了我们感知真实事物的能力。我们的文化观念影响我们的实践活动，像迪士尼公司的荒野度假村这样的景观正在改变我们对荒野的看法。这里传达的信息是，自然比我们之前所想象的还要具有韧性，这削弱了地方参与生态修复的可能。作为变通，焦点修复通过关注现实、争取本地区的参与和采用焦点实践措施，来抗拒这一设备范式。前者描述了未来宽阔、铺装好的道路，后者描述了蜿蜒、少有人走的小径。我们能够成功实现焦点生态修复并在充满技术奇观的社会中阐明其特质吗？我们的想象力是否减弱到越来越无法想象与真实自然正面接触的程度？

6 焦点修复

在驶向东方文明时，没有明确的目的地，也没有航行的动机，哥伦布及其继任者驶入了完全未知、神话般的领域。被称之为"新世界"的实际上是旧世界，是我们所知最为古老的世界，也是西方人曾经到达的世界。但是我们不可能过分强调这一错误。现在，基督教历史的不断发展为其心灵和精神历史带来了文明，这似乎又始料未及。由于随后产生的冲突太过严重，因此有待于解决或被人们所理解。

——弗雷德里克·特纳，《地理之外：西部精神与荒野的碰撞》

无论是对于令人钦佩的伴侣或者高尚的事业而言，这种伟大的冒险故事所带来的变革力量令人惊叹不已。当然，这种可能性挥之不去，就像森林中的种子，只要少许有利条件，就可以创造一片树林。如果我期望能实现彻底修复世界，驱逐绝望，那么我希望立即保护所有物种，所有草原，所有森林，所有沼泽，以及所有的沙漠；如果我期望能重现疯狂的热爱，那么我希望男女之间、男人之间、女人之间，所有不同年龄和地区的人类之间，以及人类、土壤和该地区产生的所有事物之间，有着炙热般的热情。让这些事物之间的爱及承诺成为这种伟大修复的一部分，使我们远离愤世嫉俗，净化心灵。只要我们敢于从属于彼此，以及我们的土地，世界将会变得更加美好。

——斯蒂芬妮·米尔斯，《修复被毁坏的土地》

就我而言，我会思索鲑鱼所要带给我们的东西。正如鲑鱼有其自身生存的习性，我们人类也有自己生存的方式。经过不同的地方，我们与我们所选择回归的事物相联系。

——弗里曼·豪斯，《三文鱼的图腾：从另一个物种获取生活经验》

在本章中，我提出了技术性修复的对策，这在之前的章节中进行了评判。若技术性修复使生态系统及生态修复实践成为一种商品，那么我们将重新关注相关的焦点修复。在本章中我们了解到，生态修复不仅关系着生态完整性和历史保真度，还关系着集中实践。实际上，生态修复作为实践活动的独特之处在于通过参与创造了价值，加强人类社会的联系。生态修复在滋养自然和文化方面起了很大作用。

这段修复旅程始于探索岛，该岛邻近我在不列颠哥伦比亚省维多利亚的新家。肋筐恩族人或者桑吉斯族人正修复传统的食品厂和百合科植物，重建其生活方式。这种文化修复行为同时也是生态修复，因此这两者是息息相关的。很多生态修复主义者已经制定了不同的方式，将生态和文化结合起来。例如，我很佩服生态修复背后的动力，但我也希望有一个不只是连接两个媒介（生态和文化）的术语，例如焦点修复。技术性生态修复的适当对策必须能够指明什么是好的生态修复。若不考虑到例行报告和参与度，那么在文化层面，有关生态修复的讨论就会不完整。如果生态修复是持续性的主题，那么例行报告就是次要问题；而将修复中的主要实践转移到政治平台显得十分重要。最后，我将文化实践和生态完整性放在同一层次，并且放在不同模式呈现良好修复之后。通过流程模式，我总结了本章内容：景观演变。我认为生态进程和注重实践是连续性的螺旋关系。目前生态修复有三大基点：历史保真度、生态完整性和集中实践。

探索岛

在太阳初升的朦胧早晨，我坐在船只启航处，看着休闲的渔民和船夫在水面上为一天的打渔做着准备工作。在一艘大型拖式豪华游艇上，游艇主人忘了更换机舱排水塞。幸运的是，游艇主人阻止了海水淹没引擎仓，这可能是游艇主人遇到的噩梦之一（我正默默地为海水加油）。这是我去维多利亚大学做几个月客座教授期间，待在温哥华岛上的第五天。

南希·特纳（Nancy Turner），我住所的主人，是著名的植物学家。她邀我跟她去采收百合（这是该地区[1]原住民传统饮食中的一种重要根生蔬菜），并参加探索岛上在那天举办的传统火坑烹饪活动。很难想象这种邀请的意义；我知道特纳已经通过恢复传统实践，启发了很多学生和原住民。她告诉了我这次出行的背景，将要参加的人，以及我需要带的东西。我试图留意，但我发现在到达一个新地方时，有太多需要注意的事情。在新的地方，有些细节本来就不重要，有些细节在经过较长时间之后，却还是以成为不重要的事物结束。我坐在船只启航处，喝着热水瓶中的咖啡，虽然很期待，但并未为这种期待感到兴奋。

从维多利亚的东侧很容易看到，探索岛是小岛屿群的一部分。这个城市有数十万人口，是不列颠哥伦比亚省的省会城市。维多利亚位于温哥华岛的最南端，这个岛是加拿大西海岸的最大岛屿。通过历史、政治和生态的曲折发展，维多利亚大致位于靠近美国边境的加拿大南部，这座城市沐浴在奥林匹克山所带来的雨影中。夏季干燥炎热，冬季潮湿温和，但比西海岸的大部分地方干燥。在这里生长的植物让人联想到地中海地区。维多利亚的园丁是所有加拿大人所羡慕的职业，他们经常出现在国家广播电台节目上赞颂新鲜的无花果和洋蓟。紧邻维多利亚的小群岛是郊游和野营的热门胜地（是美国和加拿大岛屿中的较大岛屿，称为海湾群岛，但这些岛离维多利亚比较远）。这些岛屿（主要是探索岛和查塔姆群岛）是指定的生态保护区和原住民地，也是通信塔和助航设备的基地。这里无永久居民，在这里最后居住的居民是桑吉斯族人或肋筐恩族人，他们在20世纪50年代离开了探索岛。

我们12个人分为两组，前往探索岛的北侧。我自告奋勇加入第二组，我认为我对自己的评估相当准确，因为我感觉帮不上什么忙。我从未参加过户外烹饪，对沿海的植物物种所知甚少，对海洋和滨海带生物的了解也很少，这对我来说是个新的世界。后面的4个人尴尬地交谈着，他们将一起踏上旅途。谢丽尔·布莱斯（Cheryl Bryce），之前有人向我介绍过她，她是那天活动的主要发起者之一。当我问她与这个地方之间的关系时，布莱斯的肩膀朝着卡布罗海湾说道："我的曾祖父生活在那里。我是那里人们的后裔。"之后，谈话就结束了。这就是她之前所在的地方。她是肋筐恩族人，他们的族群在这里生活了几千年。1843年，詹姆士·道格拉斯被哈德森湾公司从温哥华堡派遣到这个大陆上，并在温哥华岛的南端建立了一个公司，从此开始了英殖民统治。美国兼并哥伦比亚河流域后，将其划到俄勒冈州和华盛顿州，使得这片岛屿的关注度不断上升。英国殖民者从奥林匹克半岛跨越狭窄的胡安·德富卡海峡，这加强了英国殖民的野心。道格拉斯于 1843 年 3 月 14 日到达这里，在肋筐恩族人所在的这片陆地上为维多利亚的要塞选择了一个基地。[2]

1846 年，美国和英国以纬度 49° 为界划分边界，订立了华盛顿条约。除了温哥华岛以及温哥华岛和大陆之间的几个海湾群岛，这些岛都位于该纬度以南，成为英国的领土。1849 年 1 月 13 日，在令人印象深刻并狂热的房地产开发中，维多利亚女王将温哥华岛分配给了哈德森湾公司。该地区的人群迅速定居，有效地抵御了美国利益群体，没有比这家公司更好的机构了。随着 19 世纪皮毛交易的下滑，这个公司开始兼营物业销售和管理，捕鱼和食物加工，农业和伐木，基本上从事着从这片肥沃的土地上获取盈利的所有事情。最初的议事程序是按照 1763 年皇家公告的规定，保护定居的黄金土地，并消灭原住民的土地所有权。[3] 这个时代盛行的殖民政策迫使道格拉斯协商出售原住民的土地，这些原住民只保留有限的村庄、土地和领土的所有权。无论以任何标准衡量，补偿费都很少：103.14 英镑。[4]

因此，在完成土地出售之后，对于英国来说，意味着无限的机会，而对于肋筐恩族来说，承诺他们可以继续使用未被占据的传统狩猎用地和聚集地。由此所产生的误解是很深远的。在随后的 60 年里，由于贸易商和定居者在 19 世纪末期带来的天花和其他疾病，这片土地被摧毁了，肋筐恩族人迁居了两次，最后在其目前的保护区定居，占据目前维多利亚的郊区爱斯基摩特大约 100 英亩的土地，这块土地大多数被郊区的开发所包围。第一次迁居是将各个村庄的人们聚集到维多利亚内港的保护区内，大致是豪华的远洋邮轮和度假村目前的所在地。第二次迁居是 1911 年进一步向西部迁徙，即从该地迁往目前的居住区。在历史变迁的过程中，几千个人的迁徙，最后只有不到 100 名幸存者居住在此。

我很难理解误解和破坏的程度，但可以想象谢丽尔·布莱斯的样子。夏天的早晨坐在船只启航处，我沿着海岸向卡布罗海湾望去，看到一个郁郁葱葱的城市，昂贵的海滨房子，港口的帆船，远处的商业航运船，以及前方将啤酒冰柜和零食拖上船的人们。布莱斯也看到了这些，但她的思绪回到了祖先在这里的生活，就像在这里生活的人一样，只是时光倒退了几百年、几千年。我无法深切感受到她每次看到这片土地时的失落感。她学习有关天花的知识，控制土地交易，承诺恢复被发展所占据的狩猎、捕鱼和采集地区，将文化压缩到比小萨尼奇半岛北部的定居农庄更小的区域。现在，布莱斯可以在维多利亚沿海岸的任何地方行走，从梅特乔辛镇到科尔多瓦海湾，穿过皇后大酒店，内港的托尼住宅区，沿达拉斯道长廊，三叶草点（以该地区已灭绝的本地三叶草物种命名），橡树湾（比英国更像英国），以及维多利亚大学。通过行走，布莱斯了解到她的祖先曾经在这片土地上的生活。之前的村庄遗址点缀着这片景观，但这些区域已经被其他人的生活区所层叠覆盖。

布莱斯知道，若祖先的一些习俗不存在了，若他们的独特方言丧失了，世界将变得不再那么多样化，我们也就失去了另一种告诉我们如何在一个地区生活的模式。在雇佣劳动和技术分化的时代，同化的压力是巨大的，并且在一定程度上，我们所有人都陷入了消费网络（请参阅第 5 章）之中。我们面对的挑战就是平衡传统与主流文化生活方式之间的关系。桑吉斯族目前的人口数量有 400，已经从 20 世纪末 21 世纪初的极低数目反弹。布莱斯是一名活跃者，并作为一名文化项目专家，为该地区的人民服务，大卫·博德利（Dave Bodaly）是纳奈莫原住民的一员，与肋筐恩族人们生活在一起，通过摄影来记录人们的生活，这成为文化复兴的一部分。他们的工作也是一种修复工作，至少过去发生的事情指导着他们目前的工作，并为未来提供了可能性。

在探索岛的实践活动比其他任何地方更加明显。探索岛和查塔姆群岛也是传统肋筐恩族土地的遗迹，其中一部分被作为保护区。肋筐恩族家庭在 20 世纪 50 年代居住在这些岛上，这些岛屿是重要的狩猎和捕鱼场地。当乔恩·莫瑞斯（Joan Morris）的家族离开这个岛的时候，她才 10 岁，她记得那里曾经有三四间长屋，但是现在已经被破坏性活动和植被的过度生长毁掉了。[5] 富饶的土地主要种植了蓝色的百合科植物，这是肋筐恩族人的主要食物来源和贸易物品。[6] 他们精心养护种植百合科植物的地区，清除了竞争性植物种类，例如相关致命的百合科植物（有毒棋盘花），并进行定期烧毁以增加土壤养分。春天花开之后就可以收获这种百合科植物的鳞茎。以妇女为主，她们会使用挖棒（目前仍然是收获百合科植物鳞茎的最佳方式）挖起草地草皮，选择大且健康的鳞茎，留下含有较小鳞茎的草皮，为了在来年再次收获。对这个花园的定期养护就会收获大量的鳞茎。[7] 传统的户外火坑烹饪百合鳞茎是一种精巧且具有丰富礼仪意义的活动。

1998 年布莱斯第一次向特纳求助，希望她帮助自己识别港口附近的植物，以便对传统食物和药用植物开展研究。牛港是离探索岛最近的海岬之一，也是之前肋筐恩族人的聚居地之一。特纳在民族植物学领域很有名，她定居于维多利亚，并在那长大、成家，写了许多有关不列颠哥伦比亚省植物的现场指南，且最近在维多利亚大学的环境研究学院任教。对于想要咨询有关当地植物的任何人来说，她都是首选咨询对象。布伦达·贝克威思（Brenda Beckwith）是维多利亚大学的研究生，主修有关蓝色百合科植物方面的生物学，她跟随特纳一起，帮助识别牛港的植物。那天在牛港谈论到传统收获时，激发了她收获探索岛上百合科植物这一想法。布莱斯做了一些研究调查并发现，最后一次收获百合科植物发生在 19 世纪末期，也就是 100 年前。这是个找回重要文化习俗的好机会，有助于对肋筐恩族在历史上很重要的岛屿进行传统的土地管理。这就是为何我们这群人（包括 6 名肋筐恩族青年；他们在那个阳光明媚的夏日清晨也许有其他的活动想法）试图坐在船只启航处，等待着搭船去探索岛的原因。

我们乘着舷外引擎驱动的充气艇，在玛丽莲·兰伯特（Marilyn Lambert）的导航下，用了 15 分钟到达岛上，兰伯特是岛屿生态保护区的一名著名博物学家和管理者。我们穿过海峡较宽的部分，左侧不远处就是强潮岛，这是猛烈潮汐和大型驻波的标志。我们在退潮时登上了探索岛的北岸。发动机的声音清晰却不吵闹，我们徘徊在珊瑚礁和潮汐池上。当船的发动机停止时，世界是多么宁静。第一个聚会的火坑烹饪地点被选择在了高于水面的海滩上，周围有巨大的漂流木材，被加里橡木所荫蔽。志愿者四处散开，有些人寻找百合科植物的草甸，有些人寻找用于户外火坑烹饪的合适石头、防火板和植物材料，而我则帮助取火。我需要一些时间来搭建一个结实的用以加热户外火坑烹饪岩石的煤床。户外火坑烹饪的原理很简单，但要知道如何使其正常有效就是一种巧妙的艺术活动。这需要 24 个无裂痕且比成年人拳头小的石头。若石头太大，就不能充分加热，若石头太小，就难以处理且不会传热。熊熊大火燃起来的时候，我们将石头放在顶部并加火烧 1 小时，直到石头发光发热。这是一个在海滩沙石上开挖的粗糙的火坑，大概有一米半宽、半米深。制作好一个火坑需要精心准备。火坑挖好，火点好之后，我们就直奔百合科植物生长的草地。

盛夏阳光明媚，生长在斜坡上的百合科植物草甸对初学者来说显得不那么起眼。这种百合科植物的鳞茎在春天（4月）开出绚丽的蓝色花朵，长出独特的种子茎，然后慢慢枯萎。长在草地和其他植被之中的百合科植物大多已经过了开花季节，因此它们很难被发现。贝克威思针对如何避免致死的百合科植物的注意事项向我们上了一课。这种植物是食用品种的亲属，通过其名字，我就对其产生了敬意。在保存良好的百合科植物草甸中，人们会铲除致死的百合科植物。识别探索岛上易发现的三种百合科植物（常见的百合科植物、巧克力百合、致死的百合科植物）最可靠的方法是通过它们的鳞茎，因此我们挖了样本来做比较。我们几个试图用铲子翻草皮，提起鳞茎，然后更换草皮。我的经验与那些首次尝试新的收获方法的人们的经验类似：若人们仅依靠这种缓慢的劳动，他们该如何在地球上生存呢？布莱斯带来了传统型的挖棒，这是一种简单的复杂工具。挖棒采用直的硬木制成，大约1米长。挖棒一端切割成刮刀形状，用于插入草地的一端。挖棒的设计根据对象的不同而变化，有些顶部有T形把手，有些长或有些短，有些还带有装饰品。对于布莱斯来说，挖坑也是一种新的体验。有了挖棒，她就能够立即完成铲子所要完成的工作。挖棒使草皮松散很多之后，就很容易翻开草皮，发现很多鳞茎。大多数鳞茎都很小，大小如一瓣大蒜。贝克威思向我们解释，在精心管理的百合科植物草甸中，这种尺寸的鳞茎都被视为太小而不便于收集，可留在下一年收获。她的理论（也是她通过对百合科植物的实验得出的主要观点）就是，传统方法可以提高较大百合科植物鳞茎的产量。我们发现，有些大点的鳞茎大概有土豆那么大。产量的减少并没有令贝克威思、特纳或布莱斯感到惊讶：因为这片草地有一个多世纪都没有被翻动过了。

我们加入围着火堆的人群，把收获的大约两捆百合科植物鳞茎和一大捆洋葱放在了一起。这时刚好是午后。特纳和其他人带来了蔬菜在火坑中烹饪，有胡萝卜、土豆、山药、洋葱，还有大蒜。这些大多数是非传统的蔬菜，但可以让我们在任何情况下做出好吃的菜。传统的烹饪方法也不需要完全匹配传统的食物。过去和现在的交融产生了更加深远的意义。当特纳对操作进行说明并给出开始的信号之后，她给每个人分配了任务。首先，两个人拿铲子将燃烧的余烬与岩石分开，抬起热的岩石，将其均匀地放在火坑的底部。有些人在岩石上撒上一层湿海带植物，这时云烟冒出。在火坑的中央插一根两米长的木棍，以便准备一个开口，方便后期浇水。然后加上湿的花旗松树枝，[8] 再铺上一层类似菠菜的滨藜属植物（榆钱孔雀草）。这上面用于摆上所有的食物。然后，再铺上一层滨藜属植物和一层冷杉树枝。将木棍移出坑中，留下一个小洞，向洞中倒入大约三升用于蒸发的水，然后用两块重叠的帆布防水布盖住整个火坑——早期可能使用树皮编织的席子——然后用一层砂砾完全盖住。最后用更多的沙子封住所有的蒸汽泄露口，并将两个大棍子交叉放在火坑中，以确保没人会踩到火坑。整个的装填过程花费了 5 分钟。时间很关键，有秩序的控制可以确保尽可能地保留热量。我们在欢快气氛中开始了长时间的等待。

设好坑之后，我们几个人去钓蟹。在火坑中烹饪百合科植物需要 24 小时，这可以有助于将鳞茎中的复合糖类、菊粉转化成简单的糖类。百合科植物完全蒸熟之后，尝起来就像甜甜的山芋。特纳拥有丰富的火坑烹饪经验，这在不列颠哥伦比亚省的许多原住民中已盛行了几十年，她表示火坑烹饪至少需要 4 个小时完成。我总觉得火坑烹饪很有神秘感，猜想着食物是否做好，采用不同植物进行烹饪会是什么味道。这时，特纳特别担心道格拉斯冷杉可能会传递过多的味道。火坑的构造和用途会有很大不同。采用不同的植物铺垫底部包裹食物，每种植物都会传递不同的味道。通常蔬菜，还有海鲜、鱼和肉类在火坑中烹饪。

这个下午，贝克雪山容光焕发。它是个冰雪覆盖的火山，延伸到东部、奥林匹克山脉以南，我们可以看见雪的结晶闪闪发光。设置好捕蟹陷阱之后，我们前往查塔姆群岛去看一种罕见的兰花，并告诉来访的修复主义者灭绝植物和人们无意识的活动所带来的问题。一些人请求桑吉斯族原住民允许其在岛屿上露营。我们安排了十余人准备周末所需的手持便携式烧烤工具、冷却器、大帐篷、便携式发电机和便携式音响。由于篝火熄灭，其中的一个岛屿被需要营救的露营者烧毁。金雀花这种植物是当地自然学家和生态修复主义者的灾星，在这里到处可见。金雀花是一种顽强的杂草灌木，可取代大部分原生植被，是生态帝国主义的典范。[9] 有一个故事是这样的，有一名苏格兰定居者，卡尔霍恩·格兰特（Calhoun Grant）船长，他在温哥华岛上待了很短的一段时间，带来了一些金雀花的种子，从此金雀花在此生根发芽。像许多外来杂草那样，由于担心植被入侵，金雀花的存在对于那些能够区分杂草和非杂草的当地人来说是一种灾难。对于很多人来说，金雀花还是受欢迎的，它被视为耐寒的绿叶植物，在春天会开出灿烂的黄色花朵。

对于生态修复主义者来说，这些岛屿上的人类活动需要限制，垃圾需要清除，入侵物种需要消灭，然后需选择性种植和播种植物，控制侵蚀，以及控制大量密集的露营和野炊地点。我不知道修复对于布莱斯来说意味着什么。如果 500 年前她就站在这里望着卡布罗湾，她就能看到她祖先的家园。这个地方对于她的意义是我这个具有流动家族史的人所不能理解的。她回忆深刻的过往，但是仅仅怀旧是永远不够的。促使她和其他桑吉斯族人的动机是文化的生存和繁荣。请记住，这片赏心悦目的自然景观处在北美最令人向往的一个城市，是肋筐恩族人居住的地方。但是所有这一切已经被归结为城市保护区。这些保护区比加拿大一般规模的农场以及一些岛屿还要小。虽然使该地区回到过去某个时期的希望不复存在，但是未来还需要主流文化与复兴历史实践的战略联盟。为什么过去的习俗如此重要？因为这些习俗与文化连续相关并为人们提供了灵感。几千年来，这里繁衍生息的文化力量通过仪式、习俗、故事和活着的人们得到保存。找回这些文化并保卫它们是实现持续性的唯一可靠方法，也是主流文化以不同方式融入这片土地的最佳方式。布莱斯所担负的责任很大。探索岛之行之后，我在桑吉斯族的办公室见到了她。该办公室是沿着繁忙的莫特大街建造的最为端庄的建筑。而后我们前往邻近商场的一家高档咖啡馆喝咖啡。她穿梭于两大文化现实之间，了解它们并使它们受益。对于她来说，修复的难点不仅在于恢复失去的习俗和方式，还在于说服人们，使其相信需要保护这些习俗和方式，并确保能促使这些活动所需的生态条件。例如，探索岛上的生态修复至关重要。确保原生植物（也包括稀有物种）的健康生存区，就能保证百合科植物和其他药用及食用植物的收获。修复将涉及对百合科植物草地的积极管理，而不是单一栽培百合科植物。尽管可以实现单一栽培，但是我们需要实现的是一种复杂的长期多元文化。[10] 修复意味着要将人们带回岛上居住，仅需少数看管这个地方的人即可。修复会使得这个岛屿在文化和生态方面的结合更加完整。

捕蟹之旅完成之后就涨潮了，因此我们能够将不远处的船只拖到火坑旁边。特纳用简易的植物（野生蔷薇和茅莓叶，以及她最近在维多利亚以西约旦河附近的圣胡安岭所采集的格陵兰喇叭茶）煮起了蟹水。人们开始在海滩上集合，在小憩中活跃起来，有的带着寻找植物的好奇心漫步于岛屿上，有的仅仅安逸地享受这个完美的夏日。当大家聚集起来的时候，布莱斯做了祷告，以感谢使这次活动实现的所有赐予。有两个人被分配了重要的任务，其任务就是推开火坑上的覆盖物并让饱满的、甜美的食物露出来。人们相互传着盘子，每个人都高兴地挖着，尝着百合科植物的美味鳞茎，这就是下午的主打活动。大家都感叹着食物的美味，声称只有户外火坑烹饪才能做出如此佳肴。对于在场的每个人，甚至是青少年（对他们来说，这种活动是强迫性的）来说，认识到这一点是很重要的。古老的事物又以新的方式开始出现。

生态文化修复

丹尼斯·马丁尼兹是土著人生态修复网络的创始人，也是之前的生态恢复学会的董事会成员，他捍卫生态文化修复理念，即在项目中融合生态和文化修复，如探索岛项目。生态修复的含义从最初对生态完整性的关注进化到一种认知。这种认知就是修复的进程和产品都可能有益于人类——将大家集合在一起，参与修复实践，创建社会。通常，修复项目本身具有教育、娱乐和科学价值。这种观点正好符合修复评论员的观点：约翰·凯恩斯提议的"生态社会修复"，威廉·乔丹提出的"作为庆祝的修复活动"，斯蒂芬妮·米尔斯的"重新定居"，以及丹尼尔·简森（Daniel Janzen）提出的"生物文化的修复"。包括马丁尼兹的生态文化修复在内的所有观点使得生态和文化之间的联系更加紧密。这不仅能够从修复中获益，而且能达到文化和生态修复的目标。因此，目前的修复包含了文化信仰和实践，生态进程、结构和模式。[11]

回顾一下之前章节（图5.1）中所述的与生态修复有关的扩展性概念。因此我认为，正如我们所期待的那样，生态修复的核心是生态，包括了生态完整性和历史保真度。有些经济问题通常会被考虑在修复决策的制定中，因此需要考虑一些额外的因素，将有效的修复转换成高经济效率的修复。有了这种价值观，并认识到我们对修复项目的价值判断取决于该值，我们就可以继续扩展思考的范围，使其包括许多其他因素（美学、政治，等等）。大多数对生态修复的传统评估仅考虑了修复的核心生态因素，而没有考虑到扩展因素。[12]

当然，经济和公共参与只是众多不同变换因素中的两项，但是它们是决定修复项目是否成功的依据。因此，好的修复取决于一系列因素，而不只是生态因素。假设我们跟随马丁尼兹的步伐并承认修复的核心不只是生态条件，还包括文化因素，那么我们对修复的看法就会变得不同。由于考虑了两个核心因素，因此扩展考虑范围就没有必要了（图 6.1）。

可以支持这个观点的一个最明显的例子就是马丁尼兹北加州的部落公园。这个项目的目标不只是简单修复几十年林业产业破坏后的生态完整性，还为了恢复该地区原住民的一些传统习俗。通过修复近海渔业，也修复了维持生计的经济。通过对森林的可持续化管理，选择性收获所带来的生态效益，支撑了经济来源。这些都成为森林可持续性发展的标准。[13]部落公园项目还希望恢复一些古道，这些古道在历史上连接了这片土地，并振兴了对食品和药用植物的生产和收获。因此，修复的目标包括文化性修复和生态性修复。这种文化和生态修复的融合在很多对原住民进行修复的项目中都有体现。这些项目都是为了重振传统习俗和信仰，是一种可视作保持文化可持续性的方式。这种融合在探索岛上也有明显的体现。

若人类与这片土地的长期关系被截断或未知，我不知道这种修复的观点是否还会持久有效。再次回到贾斯珀国家公园（第 1 章）这个话题。人们在阿萨巴斯卡山谷上游生活了千百年，他们的活动肯定会对生态模式产生影响。根据不同的使用和活动强度，可以说这片景观就如文化和生态进程之间的相互作用。在设置修复目标时，我们不妨试着根据历史模式和进程进行设定，人类的能动性不可能遵循历史。根据原住民的放火实践模式，公园管理者可能会在山谷底放火以进行修复，但是历史上的人类能动性是不可能被修复的。在著名的芝加哥荒野修复项目中，芝加哥大都市范围内灭绝的橡树大草原和相关生态系统的修复进行了长达 20 年之久。新的文化实践已在经修复的生态系统范围内展开。早期的生态系统是值得庆祝的，但已不复存在。[14]斯洛伐克共和国的摩拉瓦河修复项目（第 2 章）的成功取决于对湿草甸功能的良好管理。而在遥远的过去，这些草甸受到了常规手工割草的限制。现在，它们因人类活动的变化而受到威胁，或者更具体地说，是技术活动的变化对这些草甸造成了威胁和影响。不得不承认，生态文化性修复有时由于人类的活动而增强生态多样性。但是，从文化角度看，修复不一定意味着恢复传统活动，例如手工割草，而是找出与早期实践活动的功能特性相匹配的方法。显而易见，在很多情况下，从文学上讲

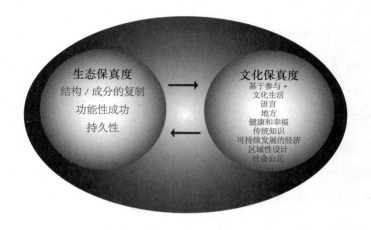

图 6.1

生态文化修复模型

这个生态文化修复模型展示了文化价值与生态修复共同的核心因素。

回归至人类过去的状态显得太没有吸引力。由于怀旧，我们总会反思过去，但是教训往往是惨痛的。通过仔细观察，我们发现了生态系统中的文化创伤：原住民的土地被剥夺；繁重的劳动预示着贫困，而非高贵；在利益驱动下粗暴开荒；在景观面前自夸自大。我们需要了解早期的错误，并找到被殖民主义和工业化浪潮所淘汰的生活方式。对人类而言，历史给我们提供的是明智的建议，而不是简单的教训。

　　土地和付出代价的原住民是失调的。由于受尊重和互惠约束的地方关系已经大幅度丧失，因此这就是我们能够构建和庆祝虚拟世界的原因。巨大的商场、没有中心的城市，以及国家公园更像是博物馆，而不是生活景观。[15] 如果我们撇开文化创建大自然，并始终将文明排在野蛮之前，那么我们已经形成了一种文化观，这种文化观在非常艰难地为互惠和尊重创造条件。[16] 若将自然视为其他事物，而我们也不是参与者，那么我们就没有办法行使职责——自然往往成为人类活动的牺牲品。当代西方文化中自然和文化之间的鸿沟也很深。[17] 随着过去几十年人们对环保责任越来越感兴趣，很多人认为我们需要超越严格的二元论观点，但是很少有理论能够启发人们进行一些改变。盖亚假说是个例外，最初由两位科学家詹姆斯·洛夫洛克（James Lovelock）和林恩·马古利斯（Lynn Margulis）所宣扬。[18] 地球被理解为一个自我管理的系统，在这个系统中人们可以自由生活。我们作为个体、物质和生物体，是这个大型机构的一部分。呼吁这种理念的直觉和隐喻性比较强大，且开始在自然之外作为一个单独实体产生变化。通过涉及人类实践并参与内部生态进程，修复推动了这种观点的发展。经修复的生态系统往往很难与人类的参与相分开。若生态修复的存在只是为了延续自然和文化这两个独立的遗产，那么它也就很难打破这种模式。修复鼓舞人心的是，它通过合适的条件改变了这种模式。

我觉得生态文化修复这种观点很吸引人，但还不是非常引人注目。它具有强大的启发力量，突出了文化实践和价值观。最后，生态文化修复就如一些新词一样令我感到失望。我想要用更平凡、更朴实的词语来描述理想的修复实践。修复概念再次证明了这种混淆性。在文化方面，我们想要的是修复还是类似于再生或复兴的东西呢？在很多情况下，我们希望以严密的方式回归到许多文化实践中，但是目前尚不明确。接下来，我要呈现一个焦点修复的案例。这个案例替代了生态文化修复，能令人产生共鸣。关注某一事物就意味着一直给予它关注，以它的方式进行理解，并了解它适应较大的社会环境的方式。"事物"一词对于艾尔伯特·博格曼（Albert Borgmann）来说有着特殊的技术含义，且第一次接触的读者似乎很容易犯错。一件事物就是指社会历史中的一件事，一个人或者一群人都与这件事物有着文化关联。根据其特殊的设定和周围的环境，事物具有其特定的实质意义。从另一方面讲，某件设备几乎不在任何特定的设置范围内。焦点修复不同于技术修复，它通过激发社会参与修复或者产生影响。修复的价值被保留，尽管价值不包括在修复进程中，但是适当构思的进程能使人们全新地认识到人类与地方之间的关系。与从字面理解的修复文化不同（我认为这样会限制实用性），文化实践和信仰正被进行重新配置，并生成能反映一个地方的新特性（即历史、文字和隐喻）和新文化。

焦点修复

生态修复不断遭受技术性修复的威胁，且通过潜在模式来解释基本模式，并通过想象的殖民化进行加固（第5章），那么这种做法就是聚焦性的。这种聚焦模式将聚焦事物（对我们来说重要的事物）的系统性改变描述成失去持续性和存在性的机械或商品。博格曼认为这种模式的兴起是"现代最有影响力的事件"。[19] 通过这种模式可以明显地发现周围的事物，但更显著的是可以充实我们生活的进程、习惯、思维方式、生活方式和系统。这种模式的传播发生在20世纪，导致了未经技术系统调节的生活向技术饱和的生活转变。这种模式通过不断将自然视为概念性产品以及实践的商品，很容易达到修复的作用。毫无疑问，修复受制于强大的社会模式。与此同时，我们可以感到欣慰的是，修复实践充分建立在社区参与和努力实践的基础上，这能够在某种程度上抵抗强大的社会模式。我在写这本书时担心的就是修复将会变得越来越技术化，技术化的代价就是参与性的缺乏，以及地方和基层采取更多的技术性修复。

聚焦性事物、实践活动以及现实生活在让我们适应意义重大的事物方面有着重要作用。因此，并不只是聚焦性事物和实践才重要，正确对待我们的生活方式也很重要。我们面对的挑战就是开展能迅速恢复活力的有效实践，并与其他实践和经济改革相结合，建立一个更多关注一切事物而不是只关注消费的公共社区。采用设计重建生态模型和文化完整性的干预措施来修复损坏的事物，需要将生态系统视为一种事物，而不是将其视为一种模式。对于生态修复主义者来说，这需要焦点修复：即开展人类和自然进程之间更强有力的实践，加强社区体验。焦点修复就是以生态修复主义者的世界为中心，表达大自然的威严，展示在该地区上的修复行为与其他活动之间的连续性。焦点修复就是关注的修复。

焦点修复是技术性修复的对策。技术性修复从抽象层面上体现了将一个地方转换为一个站点的独特模式，因此迫使参与修复的组织和修复的最终成果相分离。技术性修复的目标就是完整修复所呈现的商品。为了将注意力集中于商品，修复中的参与因素——专业设计、大量劳动、种植、挖掘，等等——从视野中慢慢消失。前景和背景变得越来越分离。在不断增长的可预测专业项目面前，志愿者修复的能力逐渐减弱。行动和结果是分开的，这就引起了责任问题：行动和结果之间的分隔越大，就越不能采取负责任的行动。技术性修复模式是较大模式中的一种，即设备模式，它描述了对我们消费对象很重要的事物。这种模式的存在并不奇怪。奇怪的是我们往往没有看到起作用的模式，部分原因是目前它普遍存在。随着技术在生活中的普及，很难想象修复将会如何完成。设备模式的力量使我对生态文化修复这种概念产生警惕，这主要体现在以一种好的方式将文化实践带回到这种景观中。生态文化修复缺乏触及根本的关键性观点。

在博格曼看来，焦点事物与设备由于存在性和延续性而互不相同。若某种事物在丰富易于理解的范围内起作用，那么这种事物就是焦点事物。焦点事物就如生活中的特性，我们时刻经历着，它将社会繁荣与世界相联系。我在第5章用了吉他举了例，现在我们就采用博格曼的一个经典例子进行说明：火炉。

火炉可以给人们提供温暖。它是一个焦点、一个炉台、一个地方，那里聚集了家庭的工作和休闲时光，成为房子的中心。寒冷是早晨最明显的标志，炉灶传播的温暖预兆着一天的开始。它为每个家庭成员分配了任务，确定每位成员在家庭中的位置……随着季节的有规律变化，整个家庭定期参与活动，在寒冷的驱使下聚在一起寻求温暖，闻着木材的烟味，传授一些技能以及对日常工作的责任……身体参与并不仅仅是身体接触，而是通过身体的感知去体验世界。这种感知是一种强大的技能。技能可以强化和完善与世界的接触。[20]

有人批评博格曼的怀旧——即呈现了过去的范例图像。但是回想一下，他的理论目的是将焦点性或核心事物稳定地转换为消费物品。火炉被手工进料的燃煤炉所取代，这就开创了中央供暖系统。后来，油、汽和电气供暖系统通过越来越隐蔽的设施提供一种加热商品。除了恒温性，几乎没人对燃气炉有过多接触，几乎没人会将火炉制成炉床。

焦点事物是不稳定的，需要不断的供给。那些提供了替代品的模式可以轻松取代这种事物。与火炉相比，壁炉更能够轻松安全地产生热量。木材取暖对社会环境不利，操作和维持自主加热的技能也在慢慢消失。对这些问题的关注有助于进行精心准备，以确保当决定放弃一种特别事物时，焦点事物会继续装点人们的生活。这需要仔细的衡量，反映事物的重要性，并意识到焦点事物在我们生活中的脆弱性。的确，技术承诺引人注目，但对技术的解放和精益求精总会对我们所看重的事物产生影响。保持焦点事物的一种方式是焦点实践，这种实践实际上保持了一些事物的价值，是一种有挑战性、技术性，且有时比较烦琐的活动。对于那些只知道将木头扔进火炉，而不懂得知识、实践和准备的人们来说，火炉并不能很好地发挥作用。没有技术和自信支撑的实践方案，人们是无法完成火坑烹饪的。

在学习技术的时候，总会出现一些不可避免的失望和艰辛，例如不好的吉他课，不起作用的实践，以及在别人面前的偶尔尴尬。我们必须通过实践完成更大、更显著的成绩，并实现对这些因素的衡量。我相信，这种做法适用于我们所重视的大多数事物。

综合来看，焦点事物和实践产生焦点现实，其中技术现实不在经验范围内。这表明，对于我们来说重要的事物也应被给予重视。例如，我们可在准备火坑烹饪的过程中开展一些辅助性活动，但这仅仅是在实现焦点事物——庆祝餐过程中的准备工作。在探索岛进行火坑烹饪的过程中，我们使用了很多物品：打火机、舷外发动机和充气船、相机，以及能够让我们度过一天的食物。火坑烹饪不依赖于这些物品，参与烹饪的个人技能才是实践成功的关键。据我所知，像火坑烹饪或用其他烹饪方式的厨师在准备过程中最关键的就是收到的小刀，还有具有美好回忆的砧板。这些是东西，不是模式。焦点事物往往是相对简单的，尽管并非总是如此。焦点需要某种事物有威严存在感，这就意味着这种事物不是短暂的或一次性的。对于一些事物来说，若要有存在感，就必须有人的参与。一把精湛的小刀可能与人们没有共鸣，但若是一把古老的袖珍刀，已经在很多精美的晚餐中使用过且被手脚麻利的厨师使用过，那么人们就会对其产生共鸣。一个崭新的、符合人体工程学设计的挖棒（假设这种事物存在）可能会被搁置一旁，而一个旧的手工制成的挖棒具有感悟、体验和功能性，存在于一种微妙的平衡关系中。我们所需要的一些事物就有这样的存在感。它需要专注、魅力和技巧的结合。

连续性是理解焦点事物、实践和现实的关键。博格曼认为，事物通过与过去的长期联系才显得重要。正如在第 4 章中指出的那样，将连续性视为生态修复重要性的一个原因，就是过去为目前提供指导。厨师会因为学到祖先或者朋友的制作配方而感到特别骄傲。这个配方可能与朋友一起度过的某个美好的夜晚有关，或者使人想起要做出一道新菜的第一次尝试。我有一个抹有面糊的食谱卡，这是我已故的母亲为我外祖母做烤饼时制作的。每次我做这个菜的时候总会有一些悲伤的回忆。我们通过记录来解释消失的事物，因此连续性得以维持。对于这一点，博格曼提出，我们通过创造的原则来阐明并捍卫焦点事物和实践：视觉艺术、故事、令人回味的写作，等等。他使用了生僻的词语"直证"（这个词是希腊文字的变形，意思是"表明"）来说明这种论述。我不需要数学证据来解释一顿饭菜有多好，我只需要讲述我享用那顿饭的体验，并以此与其他人产生共鸣。

博格曼认为，野生自然具有"威严的存在感和连续性"。这就是野生自然之所以真实的原因。无论我们通过怎样不同的方式去模拟和改进尝试，都没有一种尝试能够与现实体验相媲美。正如博格曼所说的那样，通过精心设计的技术来体验滑雪（身临其境的视频、逼真的声音效果，等等），即使近乎完美，但是这也与真实的滑雪体验不同：

在滑雪场的较高地段，你会发现自己处在美丽而令人生畏的世界。在 7 500 英尺（约 228.6 米）的高度，你是眼前唯一有特点的动物。熊正在冬眠，猫和蹄类动物只到了 4 000~5 000 英尺（1 219.20~1 524 米）的地方，树木也变成了雪雕。你可能会遇到一只黄鼠狼在雪地里乱窜，或者看到一只雪兔在灌木丛里穿梭。树上的山雀和空中的乌鸦都有属于它们的世界，这是一个无休止蔓延的、白色和蓝色交织的冷峻世界，这里的峰峦显得柔软而光滑。你从山上滑下来，跳跃、飞扑，然后像个小鸟一样展开双臂。你的重力中心已经转移到这些高耸而纯朴的山坡，你就像是一只具有技能和风度，充分占有这些事物的动物。[21]

我觉得大卫·斯特隆的"相关性存在"这一观点可以用来描述人类与强大事物之间的鲜明关系。因为有了人们的关注，某个事物才会被放大，人们就能更深刻地理解存在与责任的意义，这发生在启发人类和自然生命的生态修复过程中。相关性共存使得很多种修复成为焦点性实践，并使得我们所修复的地方成为焦点事物。生态系统具有威严的存在感，有些人会认为这种威严是我们的行动所不能控制的。我认为修复是一种涉及叙事连续性（第 4 章）的活动。我们的目的是尊重一个地方和工作的复杂性，然后就可以从焦点角度轻松理解修复的含义。

生态修复实践得到了很多优秀作家的关注，他们清晰地描绘了一种修复观，将生态修复与修复、恢复或重振人类价值观和精神结合起来。斯蒂芬妮·米尔斯在其修复治疗作品《野外工作》中强调了自我、社会和自然。位于密歇根州北部的土地平凡但深受人们的喜爱，她将修复自身的精神世界与其周围的景观联系起来："摆在我们面前的修复必须是对整个系统的修复，它包括了人类自身和个人的内心。"[22] 米尔斯还提及了其他修复项目——威斯康星州的柯蒂斯草原项目，索克郡的奥尔多·利奥波德土地项目，加利福尼亚州的马托恢复理事会项目，印度的人为社区阿罗新村项目。这些项目的共同主题是将修复项目与个人、社会和社区联系起来，或者换句话说，就是项目涉及的都是集中实践。

弗里曼·豪斯讲述的关于马托分水岭修复的故事特别能给人启发。对产卵地区的过度捕捞及破坏景观的实践活动，以及不断增加的孵化群和遗传同质性，马托河的大马哈鱼面临着灭绝的危险。已经发生过太多类似的事件，20 世纪 80 年代早期，住在分水岭的人们就在寻找解决的办法。人们所面对的困难是艰巨的：要修复这条溪流中大马哈鱼的产卵和饲养栖息地，就需要对河道和河滨进行修复和改进。这还只是个开始。因林业发展造成的淤积持续对产卵床造成损坏，这就需要对林业管理作出调整。需要对本地经济中的工业实践作出改变，且经济改变通常会导致社会转型。因为这些项目太小，无法得到国家渔业生物学家的关注，人们面对的技术挑战也很艰巨。这就导致了一系列问题，即需要为业余爱好者找到巧妙的、低成本的孵化技术，他们通过技术期刊学习技术。农场主、伐木工、环保者和依托土地生存的人们之间的关系时常会很紧张，威胁修复工作的开展。豪斯二十多年的图腾鲑鱼工作是人们充满感情的记录，非常鼓舞人心。但通过这个项目，所有人都得出与米尔斯同样的结论：通过修复为某地做贡献是一种集中实践活动，需要个人和社会的参与。

我记得当我在滑铁卢大学帮助创建罗伯特·斯塔伯德·多尼花园时，我对矮草和高山草原的理解有所变化（第 2 章）。凭我对生态的研究以及在这个领域夜以继日地工作，却没有找到解决该地区模式问题的方法。当植物灭绝时，这种艰苦工作只是对自治的生态进程有着微小贡献，确实令人感到羞辱。在有机整体、艺术和关系上，我发现我作出了无数微不足道的决定——例如，"薄荷草种植"的外部边界。因此，我长期以来理所当然地认为，我和这个花园之间的互惠关系让我更加喜爱这些植物。经过 10 年的时间及走过 2 500 英里（4 023.36 千米）的距离，多尼花园在我对修复的理解上留下了深深的印记。用加里·纳不汗（Gary Nabhan）的话来说，我"正在建造栖息地，也在建造回忆"[23]。

把生态修复概念化并普及的主要人物是威廉·乔丹。他写了很多关于文化实践和生态进程融合的文章。他在《生态修复》（曾用名为《修复和管理笔记》）期刊中的定期评论文章引用了奉献、圣礼、羞耻、仪式、社会实践和精神复兴。[24] 乔丹强调，修复是一项艺术，也是一门科学。在反对科学准确性的背景下，生态修复主义者通常专注于微小的事情，以确保项目符合广泛的文化需求。对于乔丹来说，修复是一种表明集中修复可能性的性能或者仪式。

经修复的生态系统可以成为焦点吗？尽管必须考虑到商品化，但答案是肯定的。修复本身并没有什么使其成为焦点。某事物要想保持焦点的地位，那么焦点活动必须要有人类的参与。除非持续实践，否则一件事物不可能成为焦点。焦点事物的实践是改革的核心。因此，可以通过焦点事物解决以消费为中心的生活方式：生活中通过定义和上下文界定具有重要意义的事物。焦点事物和实践帮助区分技术修复与基层修复主义者的修复活动，例如企业项目和超现实商品（将迪士尼荒野度假村称为一种修复项目是不合适的，但它确实表明了偏向于对大自然和荒野的人为影响的观点）。就这样，我就找到了理论，这一理论有助于阐明将修复同化为技术文化的程度和方式。幸运的是，修复继续产生很多抵制技术影响的实践活动和承诺，并以生态关心和文化实践相结合的方式为该区提供了希望。我们需要的不是更少的干预，也许应该是更多的干预。但这种刻意的参与必须以事物为中心，而不是以模式为中心。焦点修复承诺为防止设备模式入侵自然和荒野而提供力量。

仪式与修复

生态修复有多样化的诉求，它完美地阐释了公共集中实践的含义。例如，伊利诺伊州森林湖城的"巴格达风笛与篝火"节，始于一年一度的焚烧"外来植物与杂草"，意在将其从森林湖保护区中清除干净。[25] 几年前一个秋天的星期天，上千人庆祝这个节日，热闹非凡，包括"家庭娱乐、乐队表演、放飞热气球、品美食、尝美酒……傍晚时分，100人组成的苏格兰管弦乐队出现在大草原上，围着灌木丛庄重地演奏着传统音乐"。凯伦·荷兰（Karen Holland）认为这种典礼应是"喜庆的、活泼的、富丽堂皇的"，并呼吁全社会进行参与。此外，"这种篝火仪式的节日提升了原生生态系统再生过程中的社区共享精神"。[26] 通过节日，历史作为纽带得以唤醒并受到仰慕。自然与文化相互渗透，而在这种自然进程和文化模式的作用下，人与人之间的关系更加紧密。因此，在热情与毅力的作用下，社区纽带将更加坚韧。

艺术与修复的融合，例如，艺术家巴巴拉·韦斯特佛（Barbara Westfall）笔下的威斯康星州的柯蒂斯草原上的"日光森林"，他将修复变成了一种行动。修复式表演多半是一种公共活动，例如，巴格达风笛和篝火节或各种日渐增加的修复项目均需要公众的参与。这些活动被视为一种助兴演出，更新了"原生态系统再生过程中的社区共享精神"。[27] 一些演出自发形成，浑然天成，而另一些演出则是精心组织以达到特定结果。通过将技术性活动化作演出，人们或许可以探究深刻而朴实的人员与地域之间的联系。[28]

一些人将这种表演视为倡导性仪式，是修复实践的必要组成部分。乔丹就是这种思想的鼻祖，他的思想主要受益于弗雷德里克·特纳的作品的影响。特纳是一名文人，他的父母是著名的人类学家伊迪斯·特纳和维克多·特纳（Edith and Victor Turner）。乔丹呼吁修复应屈服于来自杀戮仪式的耻辱，杀戮渗透大部分的修复活动。仪式为自我与社会的转型提供形式结构，为生态系统的转型提供支撑。乔丹的观点因具备深刻的文化底蕴而具有说服力。仪式唤醒宗教体验，而宗教价值和宗教信仰是修复实践成功的关键。

我本人之所以对仪式敬而远之，是源于"仪式"一词的滥用，也源于这种思想的暗流。同时，我深深迷恋乔丹笔下刻画的宗教与科学间的纽带，精神信仰与修复实践间的纽带。此外，我更倾向于限制仪式在修复实践中的使用。丽莎·米金森（Lisa Meekison）和我探索了大量修复实践中的仪式，并将其与仪式的人类学研究结果进行对比。[29] 我们研究的焦点在于那些能"坚持本性的人"，正与米金森所认为的那样，这些人会因宗教实践而焦头烂额，心躁不安。事实上，对于修复仪式的需求越来越广，从认为修复是一种精神转型体验（例如基督教圣礼交流），到认为仪式是单纯的常规参与活动。不管怎样，拒绝仪式在某些方面会减少人们参与自然进程的积极性。[30]

修复中仪式较难理解的部分原因在于术语与概念转换。"仪式"和"典礼"通常可以互换，而仪式的惯常用法是指那些对小部分人富有精神意义的意识活动，往往具有其他模糊性含义。一些人用仪式代表宗教活动，用典礼代表世俗活动。另外，仪式与典礼的混淆日益严重，而它们的区分并不那么容易。"仪式"和"典礼"两个术语承载了众多意义，有针对性地寻找社会转型的替代品是明智之举，而这正为将集中实践作为替代的思想奠定了基础。

如果修复学家对仪式有所质疑，特别是那些认为他们的工作主要是作为一种技术或科学的实践，那么我们还有必要考虑它吗？许多资料表明（尤其是维克多·特纳对仪式和仪式的意义进行了长期的研究），仪式提供了一种审查和表达的方式，它甚至可以改变自然和文化之间的关系。如果我们接受这个想法，即恢复破坏性模式的潜力，那么后一种考虑是特别重要的。

乔丹大大支持了修复仪式与执行的作用。如果修复被理解成一种联系的方式，那么修复就具有改革能力，他对将自然和文化分开的环保主义者持批判态度。他警告说，"应将我们所有的人——徒步旅行者、猎鸟者和露天矿工，全部变成自然景观的使用者和消费者，而不是社会成员"[31]。环境问题"植根于人的思想、价值观和信仰"。因此，必须提供足够的技术解决方案，并且资源对文化的改变也很有必要。执行、仪式与修复息息相关，这就告诉我们"如何与世界建立一个健康的生态关系，以及如何以有效的方式清楚表达和庆祝个人与社会之间的关系"[32]。

维克多·特纳的阈限概念启发了对于文化变迁的思考。在特纳看来，活动是处于阈限的，如果它同时占用两个区域间的边缘地带，它并不属于其中任意一方。例如，阿诺德·范·格纳普（Arnold Van Gennep）提出了过渡仪式的三相模型：分离、阈限状态以及合并。在第一阶段中，将个体从日常形态中移动转换是困难的。一旦移动，在阈限中间状态的时候，传统的模式就会被削弱、解散或重新安排，以便重新准备工作。阈限状态通常比较困难，但也是具有相当大的自由度和创造力的时候。当个人以一个新角色重新回到正常的生活中时，合并便产生了。这种普通的模型广泛应用于正式古典仪式观念，同时也会改变很多未确认的形式。特纳将共享阈限经验的集体表述称为共同体。

共同体是当人类统一超越普通的社会结构而令人兴奋的状态，是午后与邻居及朋友一起在恢复项目中的状态。这些条件可以实现共同体，但是实现共同体往往难以预测。因此，这样的经验仪式是一个必要而不充分条件。有些人谈到变化突然顿悟，认识到这一飞跃是基于引人注目的情况。特纳和其他人认为这样的观察和后续的变化产生于阈限条件，也就是我们愿意接受认知世界的一种新方式。仪式的改变能力是什么？美国人类学家巴巴拉·梅耶霍夫（Barbara Myerhoff）认为，仪式是真正的变革，但这种变化并不一定具有持续性。持续变化往往是更大的挑战。

变化的结果是什么？先抛开这种变化的持久力，修复活动的仪式支持者通常都会采纳这种观点，认为仪式对聚集性、群落性、创造性以及自由都有好处。然而，有证据显示，仪式具有保守功能及限制社会的作用。它可以有力地规范并效力于群落，这通常是一种虔诚、沉重、规范的宗教活动。并且，仪式的力量是强大的。正如梅耶霍夫和阿伯纳·科恩（Abner Cohen）都表明，仪式采用的技术：重复、服装、舞蹈，等等，可以有效地使参与者信服仪式目标的愿望。

这诠释了宗教组织礼拜仪式和教会的权威性。这些技术可以极端用于邪教活动的思想塑造体验。仪式不论如何解读，都具有政治性。针对仪式变化或者规范问题，人类学家尚未提供决定性的证据。其结论有以下四点影响因素：人们组织仪式的目的、参与者期望、活动内容与类型、仪式环境。从这四个方面对仪式进行分析，为明确活动目的与过程打开了一扇门。

我个人认为，仪式最主要的困难在于其正统、权威与控制力。修复策略与基础团体同样是多样的。仪式提倡者必须具备对这种多样性的敏感度，以确保社会正义的公平性。一个人选择仪式执行权利是可以与宗教、言论自由相提并论的政治问题。因此，诸如"谁为什么参与了仪式？"的问题被提出。开放式问题是确保修复仪式中防范正统以及知情参与最可靠的办法。

关于修复活动会被讨厌的仪式所替代，导致不良生态实践的问题并未引起太多关注。有些人用一种排斥广泛参与的方式来推进仪式活动，这是完全可以接受的，正如某些宗教活动排斥广泛参与一样。乔丹的作品有时候会从仪式脱离世俗转移到宗教主题，如圣餐活动的本质。在有关修复与文化的散文集《保存之上》一书中，基恩·威尔勒克（Gene

Willeke）和杰克·科比（Jack Kirby）都表达了对乔丹将修复引向一种环境宗教的担忧。威尔勒克解释说，"生态学者修复的目标仅仅是通过人与自然的再连接的仪式，来拯救新式欧洲人的灵魂"。科比对参与尊重人与生态系统之间关系的修复活动和正式实践表示满怀希望，但他怀疑"是否除草与放火可以拯救他的灵魂"。[33] 最重要的是避免修复中的强制性，人们会寻找多样的方式来表达他们与一个地区的联系，其中有些人最终会获得心灵的宁静与坦诚。有些人会很虔诚，他们需要一个开放表达原则，让每个人都能找到适合自己的修复实践方式。否则，人们会开始感觉自己的背景与信仰不受欢迎，因此远离了修复活动。如果这成为现实，就如许多人类学家预测的一样，对神话、宗教以及表演会出现广泛需求。不管怎样，这并不意味着修复者应该具备通过修复工程来表达这种冲动（需求）的能力。

仪式及表演是个人和团体可以重新分配他们与地方关系的方法。很难高估这种社会过程的重要性。朝着一个生态社会发展，显然探索岛上的修复工作需要意识和信念的转变。在某种程度上讲，修复是一种表演，它需要我们谨慎理解驻留在它们内部的转换潜力。如果百合科植物的收获和火坑烹饪成为一年一度的活动，并作为文化更新以及修复的焦点，将桑吉斯族人结合在一起可能成为传统和新的实践仪式。仪式可以转化成为强大的商业行为。而且，正如乔丹指出，修复生态系统最有效的办法就是搞人类活动，包括美学和表演。[34] 我们面临的挑战是保持警觉，以确保仪式使传统活跃，而不是仅仅延续它。

这让我回想起了集中实践理念。即使是最温和的表演，也只能通过文学实践完成部分变革。在许多情况下，为了改善安全关系而全面推进仪式是不必要的。我相信，共享劳动力实践，对非凡或常规任务的忠诚度，通常足够提升一个地方的重要性。至少焦点性实践的参与，需要他们很注意一些事情。集中实践要求对真正重要的事物给予关注和关心。集体集中实践使个人的集中实践加强并变得更有意义。焦点性的想法占据仪式大部分工作，同时省去了仪式来描述集中实践的故意转换目的。有一个对集中实践的直观呼吁，几乎每个参加了一个修复项目的人都理解：集中实践是无威胁的和开放的。

参与修复

对于在修复进程中增加社会影响的必要性有两种主要阐述方式。第一，参与修复是对这种修复实践的额外奖励。在同等条件下，若集体参与修复，就能够强化人与人之间，以及人与地方之间的联系，这就如锦上添花。虽然集体参与修复很重要，但这并不是传统意义上的修复核心（图5.1）。换言之，这是锦上之"花"，而非"锦"之本身。第二种方式是，参与修复实践的精髓，例如渗透到那些所谓成功修复的固有本质中。其中，第二种方法与我对修复文化意义的整体探索思想更加契合，但是，是否存在其他思想，认为"参与"仅仅是修复的一部分呢？集中实践是在一定程度上落点于民主政治吗？焦点修复存在政治依据吗？这就是在过去几年中困扰安德鲁·莱特和我的难题。[35] 我们推断修复有其固有的民主能力。修复实践的内在品质可以促进社区参与、实验、地方自主性、区域差异，并提高工作、自然模式与流程的创造力，是自然价值与社会价值的结合体，从而使其足以夯实政治的参与。相较于其他环境活动，修复有何不同呢？首先，修复创造的价值根源在于"保存"。修复通过两种方式创造价值。首先，对一些由于无意造成的不可恢复的生态条件的毁坏，修复者将其恢复完好，某种意义上，这是一种中性价值。事实上，悄然中恢复的价值确实看似不可恢复，且生态条件最终能恢复到之前的状况亦是如此。

然而，真正的价值也是存在的。修复并非出于偶然，而是始于意识性。因此，作出修复决定以及修复活动本身会产生政治价值。修复工程的部分价值可通过其对民主参与的贡献来衡量，参与程度越高，修复价值越大。我们争论的焦点在于"修复中的政治学"和"修复的政治学"，前者围绕一个更大的问题——修复的特点，我们一直认为修复过程是恒定不变的；后者则认为政治环境随时局不断变化。通过参与价值增加的活动赋予修复内在的民主潜力。一个修复工程是否具备参与性与具体实践息息相关。[36]

莱特将上述争论进行浓缩，并解释出修复的独特之处，即创造一些本不会存在的事物，他认为这些产物与人类的参与性活动密不可分。[37] 如此一来，参与性便成为修复的一个组成部分，可通过实践呈现。然而，令人厌恶的行为和不道德行为却可轻而易举抹杀修复固有的民主潜力，这也说明修复的参与性只是一种潜能。保持社区化的焦点修复，需要勇于担当和不屈不挠的精神，同时，确保政治格局因更加切实可行的修复观点而承载希望，也离不开上述精神。将修复看作一种集中实践是保持其开放性的不二之选。

忽视修复活动的政治意义，就是过分强调其作为技术性活动的重要性，而低估其能力与潜力。修复活动中的政治意义反映了人类社会实践更深层次的趋势，这种深层趋势的确使得修复活动成为独立的环保活动。这种涉及修复集中实践的活动与土地所建立的持久性依存关系，比可能的其他形式的环境作用都要强大。这显然是一个存在争议的观点，它并未意图减少栖息地的保护、公园的建立以及其他各种形式的保护措施的意义。

这些实践活动至关重要，但它们并没有像亲身实践那样具有持续性。一些挑剔的活跃分子认为，这种实践活动可以延伸到人与地区之间。这些活动者将他们的生命奉献给一个地区，或者参与拯救因发展而受到威胁的土地具体挑战之中。生态保护运动的商品化带来对金钱捐助而非本土义务的无止境需求，并打着另一种幌子将环境问题视为简单的经济问题。这种商品化的生态运动减少了人类参与，或者说是将其变成文化极度活跃的另一方面。

通过之前对仪式的讨论以及现在对参与修复实践的讨论，我们可以得出结论，即社会参与不仅仅是事后补充，而是修复活动中的重要一环。因为修复活动本身具有与生俱来的民主潜力，所以应当多加小心关注，以确保其（社会参与）得到修复政策的认同。修复活动的实施方式必须能够使文化与生态、人与地区建立显著联系，这尤其重要。我认为实现这种目标最好的方法是通过对集中实践的认可与增补，不仅促进修复活动，使其成为生态文化的时尚，也为设备模式的微弱力量提供反作用力。伯格曼的理论是对当代生活中社会、政治、经济以及道德危机各方面的一项强有力的说明，由于过度依赖消费，我们正面临着公民积极意识的结束以及健康地球丧失的风险。这种模式显然是直观的，但作为一种具有普遍渗透力的模式，它避开了简单的检测。认识到现在与将来生态修复衰弱的结果，使得修复活动能够与更广阔的改革需求联系起来。[38] 因此，发展焦点修复是理论大规模改革中的一部分，基于在人类生态过程的积极实践。

集中实践在理论改革中是否足够？特别是，如果我们认为自然与实践的商品化对生态修复具有隐性意义，那么，进行焦点性活动（生态系统）就是进行协调改革方案最好的地方。改变必须从个人开始，抽出时间做生活中重要的事情，开展实践活动，鼓励、保护这些事情的重要性。伯格曼要求我们尝试两项重要的挑战：第一，阐明我们对具有最终意义的事物的理解，其中包括良善的公民、身体及性格优点；第二，承认作为我们生活的中心，事物发展很清楚，不模糊。改革的下一阶段包括将个体集中实践转化到在公民层面的意义。公共的集中实践，包括体育活动、公共活动、当地决策制定参与，并不仅仅是个体活动的聚集，而是对维护一个有活力的公共生活重要性的认识。

改革的第三个阶段也是最后一个阶段，包括建立一个双层经济体系。其中一个是个体经济，包括当地自治实践。另一个是可以产生满意商品的经济体制，这些商品在分散过程中被认为过于复杂、密集因而不能生产。由此，伯格曼认为如冰箱、汽车、计算机等这些消费品都属于以上商品。政府行为不仅鼓励了个体手工业，同时也减少了对大型工业的控制。人们越来越致力于关注和抵制这种理论，并且会尽可能抗拒使用对文化和生态有破坏性的商品。作出务实选择可以减少我们对批量生产商品的依赖，从而使用并支持地方性商品。生态修复是这项改革的重要组成部分。从自然制造，即技术修复到社团参与实践的转变，人与地方的关系将奠定新格局。凭借对当地种子、植物资源和劳动力等的承诺，技术修复将使伯格曼提出的经济手工领域受益。

自从在 1984 年第一次读到伯格曼的经济改革论时，我一直对其感到困惑。它们似乎不足以抵制惯性规模和有效性。爱德华·赫尔曼（Edward Herman）和诺姆·乔姆斯基（Noam Chomsky）在他们的同名书中，称之为"制造共识"（1988）。电视普及，广告和市场营销逐渐增加隐性和创造性，媒体和娱乐产业的整合，信息化技术与互联网开始融合，这些都改变了经济性质。伯格曼的理论解释了这些影响，随着机械和商品分解模式越来越普遍，要不被这种制造共识模式所吸引就变得越来越困难。制造共识变得越来越容易，使得它更难以抵抗技术入侵，并且富有想象力的可能性变小。其结果是产生一个超实体经济，更加能够抗拒传统策略的力量。在我看来，阻止理论的发展是集中实践的形成和稳定性与制造共识之间的竞争。[39]

这些观点被个人及团体智慧和动力抵消，他们继续坚定地支持着集中实践。幸运的是，没什么可以消除焦点关注和集中实践的可能性，同样，精神和个人信仰在被极端剥削中得以生存。这对生态修复学家来说是个好消息，他们靠自身的信心、实验和谦卑获得成功。

事实上,生态修复是一个草根运动,但总的来说是一个好的开始,我担心的是其长期的发展。超现实商业实践的警钟足以证明这些,现在找到适当路径所花的时间将比10年后少得多。

自然景观共同进化

为对生态完整性和历史保真度进行阐释,生态修复模型必不可少,这创建了文化实践的主体地位,这便是本章内容探讨的核心。图6.1虽然对此进行了一定研究,但对于人与自然间的相互作用是如何随时间变化,并如何对自然景观产生影响,这种关系的动态特征还有待深层研究。因此,有效的生态修复模型应体现出自然景观的动态特征,并能够解释自然景观是如何维持人类活动与生态进程之间不断的相互影响。此外,人类参与自然景观中的活动也因适应自然界中的钾钠风化比而变化。因此,尽管修复成功的活动的认知被局限于某些核心概念上,如完整性和准确性,但它仍是与时俱进的。而更令人生畏的概念是,在未来25年或50年内,修复活动可能不会再反映当代时局。事实上,这种认知进化本身不是一种坏事,反而具有两面性,它以变化应对自然景观本身的变化。正如其他腐蚀力量一样,理论的弱化力量将继续产生影响,而这种有效阻力源于知晓"变化是可能的,而且是不可避免的"。人类能动性的重要性不仅体现在它能产生稳定且有益的变化,更在于其必要性。生态修复的"生命"在于其参与性。重点提示:"修复活动可创建社区,是有价值的"这一事实,并不会削弱对保护性批判实践的需求,以及必要的管理付出。在人类破坏过的地方以及那些人类居住的地方,修复活动为人类提供了一种连接或重新连接自然进化的方式。加里·纳不汗认为,"整个美洲并非由美国土著居民开发的伊甸园,也不具备原始性。北美洲的大片地区不受人类文明的影响,这些地区本该如此"。[40]

基于对修复活动的思考,随后我对自然景观进化的概念进行了研究。[41]自然景观随文化和生态进程的变化而变化。在足够长的一段时间内,进程的长短依据当下的生态系统而变化,自然景观为适应新的自然条件而进化。如果人类实践是景观变化的一部分,但只是占了很小一部分,这便是人类与景观的"共同进化"。从文化角度来看,共同进化是一种

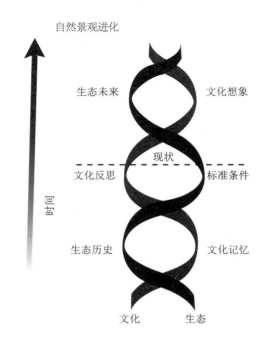

自然景观进化

生态未来　　　　文化想象

现状

文化反思　　　　标准条件

生态历史　　　　文化记忆

文化　　生态

过去

图 6.2

自然景观进化模型

图中是自然景观进化模型，展示了生态与文化如何随时间而相互交织。通过对文化与标准条件的反思将历史知识转化为当下，从而使我们可以推测并理解未来信息。

反思学习的过程，目的是利用变换的生态条件和文化价值。我提出的模型以地域为基础（图6.2），假设从过去到未来的进化是连续的，那么地域随时间的变化是文化和生态进程的共同作用。积极为未来储存一些事物，文化记录和生态历史必不可少。目前，这两种知识已被环境历史学家整合在一起，但许多人还未能接触到相关领域的知识，因而有必要将两者作为整体进行学习。目前，为理解生态标准条件，反思文化实践，过去的有关知识已经被整合在一起：它们是如何变化的，以及变化的动因是什么。在未来，要加强对文化创作的学习，才可能自由地发挥可能性，或明白自然景观将进化成什么样子。而掌握这些知识的基础是为了了解自然景观在各种条件下将发生怎样的变化。该模型将我所提出的主要概念汇集到一起：生态完整性、历史保真度、历史性、内容连续性、标准条件和文化价值。此外，由于"从不后悔"的思想根深蒂固，该模型并未体现出集中实践的思想。将文化链与生态链整合到一起，使得它们之间的关系更加具体明确，而这反过来又增强了焦点物、集中实践和焦点事实的前景。

在 7 月一个阳光明媚的日子，我在探索岛上窥到了一丝生态修复的未来，能够让文化传统在生态传统的决定下再生。尽管我们不是那么确定，但是收获的百合或许仅仅证明了当代群落与古代的象征性实践。谁又知道呢？——布莱斯和她的同事们很可能在当地发现了一个专门的百合市场，并且将其与更加古老的经济联系起来。人们通常认为传统食物比现代快餐饮食更加健康。从这层意义上讲，修复活动可能不仅仅能够致力于生态健康，更是能直接为人类的健康作出贡献。这种连接，无论是象征性的还是经济上的，都对完全热爱一片土地所需的尊重与理解提供了可能。修复——集中实践为我们所生活的土地赋予了意义，也突出了修复之外重要的事物。我们因修复实践而获得了双重奖励。

桑吉斯族（肋筐恩族）人以及不列颠哥伦比亚省的其他许多原住民面临的困境极其严峻。他们要抵抗存在至少两个世纪的殖民帝国，在谈判过程中为法律定义而抗争，他们这样做的目的是为了平衡传统的需要与当代生活的需求，这将是一场持续斗争。或许由我来表达这样一个观点显得有些放肆，但是我希望在 10 年、20 年或者上百年时间内，虽然文化与气候变迁，但布莱斯的亲戚们仍能在探索岛的草地上收获丰富的百合科植物，在一切可能成为现实时，再来回顾在 2000 年的夏天进行修复实践的时光。我也希望其余的人们、后来者能从中受益。在文化方面对生态修复的思索有很多值得学习的地方。

我所寻找的呈现生态文化修复的模型是一个能够广泛运用的而非束缚在传统修复范围内的构想。它建立在广义修复的概念上，在"什么是好的生态修复"的模型中，我认为一个对其广泛而具有社会意义的解释对评价好的修复实践是必须的。对此，我认为生态价值与文化价值必须共同发展才能实现。生态修复的核心仍是生态学的，但是这个模型现在也需要将其核心扩大化，为文化参与提供空间。建立生态与文化之间相互联系的这种高层面的措施对于修复实践是必要的保证，这种修复实践为生态系统中复杂的生活产生积极价值，并提供支持。焦点修复可以完成以下内容：它反抗理论的腐蚀性力量；有实例化的参与项目；如果仪式对特定项目具有意义，则为其提供空间；并且充分确信，好的修复实践需要与文化、生态紧密结合。

7　设计自然

　　自由也是有礼仪并受约束的，这是我们从野生自然中所学到的经验。我们享受人类的本性，包括人类那聪颖的大脑和性兴奋，以及对社会属性的渴求、固执与怒气，我们可以把自己看成五大湖流域不多不少的另一个存在。如果我们彼此都是赤足睡在同一片土地上的同等生命体，我们就可以相互接受对方。我们可以放弃获得永恒生命的渴望，也不再与世俗奋争。我们可以赶走蚊子，用篱笆挡住淘气鬼，同时对他们心怀善意。我们是一个没有期待，没有警惕，做事满足，心怀感激，细心、慷慨而直接的生命体。当我们在干活的间歇将手上的油脂擦掉，抬头仰望天空中飘过的云彩时，我们的内心就会升腾起平静而透明的感觉。另一种快乐就是终于和朋友坐下来喝杯咖啡。野生自然要求我们了解这片土地，对所有的植物、动物和鸟类点头致意，涉过溪流，穿过桥梁，回来的时候给故人讲述一个美好的故事。

——盖里·辛德（Gary Snyder），《自由的礼仪》

身体和灵魂被太多的线条所束缚。

——弗里曼·豪斯，生态修复协会会议，1995

对历史地貌的记忆

梦想与现实之间的帘幕是透明而精致的。一个凉爽的夏日清晨，在贾斯珀国家公园研究中心，也是这本书开始的地方，我在后面的平台上喝着咖啡，从山坡上吹下来的清风裹挟着一阵芳香，我眯着眼睛，现实逐渐被抛在脑后，我集中全部思绪进行思考，想象着这个地方一百年以前的样子。我想象自己在一块截然不同的土地上晒着太阳。我所想象的并不是一片茂密的山杨树、云杉和枫木林，而是金字塔山，它是这个公园中最大的地块。一些高大的花旗松第一次显现出来，还有一些虽然矗立着但已经死亡的枯树，等待着大风暴让它们彼此能靠得更近些。10 年前，大火曾在这个区域肆虐，烧死了许多树木，留下了大片的开阔地，我们也就拥有开阔的视野。正如在 75 年前，1817 年的 6 月，罗斯·考克斯（Ross Cox）所描述的景象：

6 月的太阳拥有的温暖让白雪皑皑的山顶那冬日的景色逐渐消退，当太阳升到高耸的山顶之上时，它给绿色的热带草原、开阔的树林和无数条溪流镀上一层淡金色，这些溪流最终流入了阿萨巴斯卡河。这的确是一片充满矛盾和对比的地貌，除了落基山脉阿尔卑斯山区以外，在其他地方很少能够见到这样的地貌。[1]

当我向右后侧看去时，就在几百米远的地方，正是刘易斯·斯威夫特和他的家人在 1895 年修建的几幢房屋。我似乎能够听到他们日常生活所发出的种种声音——用横锯锉磨的声音，或是孩子们的声音。斯威夫特一家人在这片干燥的土地上耕作，他开发了一种灌溉系统，给不远处的菜园提供灌溉用水。在他们家房子旁有一条古老的蜿蜒小道，这条小道位于阿萨巴斯卡山谷的西侧，这条河就在几步远以外流淌。沿着这条小道向北或向东，就能走到那些混血族的门口——莫伯利家、约阿希姆家、芬利家（现在改名为芬得利），以及亚当家——在毛皮贸易衰落之后的几十年中，这些混血族一直在山谷中耕作。向南和向西会遇到另外一些人，还有一些旧的用于毛皮贸易的房屋废墟。

更加引人注目的是100年前不可能有的东西：贾斯珀镇；主权森林保护区（也就是后来的贾斯珀国家公园），以及所有相关的基础设施；耶洛黑德高速公路（Hwy.16）；两条铁路线；电报、电话和光纤电缆；石油和天然气管道；露营地；汽车旅馆；消防通道；搬运道；下水系统和水处理管线；徒步者留下的旅行路线以及徒步旅行的人。这一切在1899年那个安静凉爽的夏日清晨都是完全不存在的。

如何解释这些变化，这纯粹是一个视角问题。有些人会哀叹野生自然的消失。有些人知道在公园建立之前，人们曾在阿萨巴斯卡上游山谷耕地，则会感叹田园风光的丧失。还有一些人看到的则是符合逻辑的发展顺序，在当前条件下达到了最高发展水平，这是对更宏观文化的直接反映。无论视角如何，任何一个敏锐的观察者都能看到的是变化的程度之深和速度之快。这样的变化也是令人难以置信的。在不到一百年的时间里，这片山谷的样子发生了不可逆转的改变。这是一个很简单的事实，但是变化是逐渐发生的，因此有时我们会忽略掉这一事实。迄今为止，这一系列变化轨迹已变得清晰，但这些变化在下个世纪将如何继续呢（图7.1）？历史的脚步如果被作为一个独立的章节来看的话，那么应当能够激发公园管理者、学者、普通公民和游客对未来的思索。

当我们试图对历史作出不同释解的时候，问题就出现了，这也可能是最核心的问题。有些人认为未来希望渺茫，篱笆和开发区会将野生自然纳入网中，形成一个巨大、也可能是最大的主题公园；还有一些人乐观地认为我们将进入一个舒适度更高的世界，拥有精心设计的滑雪场、面朝白雪皑皑的山顶的热气腾腾的室外浴池，同时也为游客创造更多的游玩机会。我们可以将这两种关于未来的设想分别称为被束缚的未来和富饶的未来。笃信前者的人们会竭尽全力阻止未来的开发，并撤除现有的经营活动。

这场战争将会是惨烈的，因为所设想的困境——资本积累和技术开发模式——已经建立（第5章）。关键是将所有物种保留下来，避开游牧部落的掠夺者以保证其安全。持富饶未来观点的人们则坚信野生区域和人类活动是完全相容的，便利的设施让这个世界变得更加美好。是的，的确会有问题，但是随着每一个问题的出现，这些问题也都会——得到解决。这群人的观点是富饶的未来。而其批评者则批评他们目光短浅，仅受金钱利益的驱使，一门心思要跨越生态完整性的界限。这些批评者认为对国家公园持这样一种观点，这根本不能称之为富饶，而是充满欺骗性的，是危险的。

这两种观点的对立代表着两种文化价值观的根本对立。就其本身而言，各种世界观的内在是一致的；各种世界观都有其坚定的支持者。但是小规模的冲突也是常见的——某条路线可能被推翻，扩大小镇郊区某个酒店规模的提案可能被批准（当支持的观点普遍流行，

图 7.1
从惠斯勒山向北方望去所看到的贾斯珀镇的景观
上方的照片是 M.P. 布里奇兰于 1915 年拍摄的（详见第
4 章），而下方的图片则是由 J. 雷姆图拉和 E. 希格斯于
1998 年在同一个地方拍摄的。这个小镇规模的扩大让人叹
为观止，而植被的变化也同样让人瞠目结舌。

看似支持富饶未来的一方正逐渐占得上风）。这样的对抗有助于让我们对一件事实感到释怀，那就是国家公园和自然区域从整体上而言，都是由我们的文化价值观塑造而成的。

一旦意识到这一点，事实就迫使我们承认文化价值观也在发生变化，文化价值观也同样无法抗拒时间的力量。正如那些塑造这种文化价值观的人一样，这些文化价值观也是容易改变的。现在我们已经不允许在贾斯珀打猎，以前是允许的。20年以前并没有几百万人穿过耶洛黑德隘口，而现在这却成为了事实。就当前的发展而言，虽然发展模式可能需要经过更加严格的审查程序，但是特定的发展模式还将在这个公园里持续。我们只有在充分理解如何走到这一步的条件下，才能理解并制定相应的审查程序。

还有第三种设想未来的方式，那就是一个经过修复的未来，而这也正是本书的主旨。通过思考贾斯珀国家公园的历史变化，我们可以想象未来这里会变成一个完全不同的地方。如果我们从历史变化中领悟到不同的教训，那么将会怎样？如果我们理解许多变化都是偶然的，是不确定的，仅仅是更长的一个时间轴上孤立的点，那又会怎样？那么我们接着可能就会想，未来是否也有可能发生同样巨大的改变，但在改变的同时，我们要比以前更加谨慎。

我经常听说，耶洛黑德高速公路将会永远留在那里为我们服务，因为这一条高速公路与美国其他州际高速公路一样，横贯东西方向，也许确会如此吧。但是随着时间的推移，几十年以后，当流行的价值观发生了改变时，这条高速公路完全有可能退出历史舞台。尽管现在看起来是不可能的，但是谁又知道交通技术会发生怎样的变化呢？要知道1899年的时候，仅仅是一个世纪以前，即使是在发明家的幻想世界中也难寻汽车的踪迹。将来我们可能会采取这样一种方案，将所有车辆全部换成轨道车，可穿越整个公园，正如欧洲一些山区的做法一样，或者也可能将公园范围以内的交通方式局限于班车。谁能告诉我们未来贾斯珀公园的边界会固定不变呢？在过去的一个世纪里，公园的边界发生了多次改变，大多数变化都是边界收缩。但是，关于从黄石公园到育空河工程的大胆构想，以及与科迪勒拉冰盖相接的荒地，还有经济活动的变更，这些都可能为贾斯珀国家公园边界的放大创造条件，从而使贾斯珀公园与其周围的人造景观建立更加紧密的联系。

生态修复使我们平静地看待过去和未来。历史为我们提供了参照信息、干扰类型以及健康活动的模式，还有从毁灭性的活动中所得到的经验教训。对历史的把握有助于我们为未来设定目标，也就是将我们人类的智慧铭刻于自然地貌上。这一点非常简单：未来蕴藏着危险，也蕴藏着可能性。我们将商业活动、公园便利设施和通信工程带到这片土地上，让它变成现在的模样；而且我们在这片地貌上留下了太多的人类痕迹。未来、过去和现在一样，我们将继续在这片地貌上书写人类的印记。我们会成为什么样的作者呢？

我们的目标不一定完美。但我们至少应当尊重生态和文化的进程。就像作者一样，我们必须努力将自己的工作做到最好。有一点很重要，我们必须意识到将来人们会严谨地回顾我们今天所做的努力，正如现在我们以严谨的眼光审视过去人们所做的工作一样。如果我们尽了自己最大的努力，那么我们相信，将来回顾今天的人们会说，我们拥有正确的观点，我们开创了一种思考珍贵的野生区域管理模式的新思维方式。

我们需要设想一百年以后的贾斯珀地区，并问问自己我们认为贾斯珀（当然还有其他地方）应该成为什么样子，或不应该成为什么样子。这种设想最初可能是模糊的，而且难以形成确定的观点。由于会受到价值观领域新知识和新变化的影响，因此这种设想也会发生变化。当我们意识到我们有能力也有责任为未来而努力时，我们就会感到振奋。

设计的模糊性

我们通过审视过去而进行生态修复工程，但是我们真正的兴趣在于为未来的创造确定一种漂移的模型。我在第 2 章到第 4 章试图创建模型的基础。我没有解决的是修复主义者应当如何与未来作斗争。在第 6 章的结尾处，我提出了在地貌演变模式中，时间连续性的重要性，而且生态条件和文化想象塑造了未来。缺失的是对关于生态修复意图的清晰描述，也就是说，任何修复行动都会让我们对未来的刻画变得更加明确。

每一种修复行动都是，而且总是有意图地争取改变未来，或尝试改变未来。在本章中，我提出这种意图性——或者后面称之为"荒野设计"的观点——至少应当占据一席之地，成为与生态完整性、历史保真度和集中实践并列的四大因素，共同构成生态修复工程的

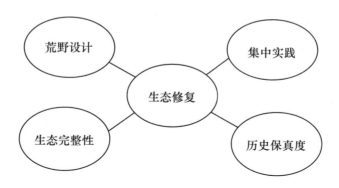

图 7.2
良好的生态修复工程的四个基石性概念

四个基石性概念（图 7.2）。

　　理解生态修复工程的意图，凸显了设计的重要性。作为修复主义者，无论是否愿意，我们对生态系统的修复必须融入地方设计的过程中。地貌建筑师始终都了解这一点，而且为此奋斗了很久。伊恩·麦克哈格对如何以生态的手段修复地貌所进行的研究体现在《自然的设计》一书中。这本书在 20 世纪 60 年代的，晚期在北美洲赢得了广泛的赞誉，因为这一研究打破了旧的传统，也就是把生态进程和生态类型视为理所当然的传统。在过去的 30 年间，在生态设计和环境设计领域的所有活动，无论是封闭循环的废料处理、节能型建筑物、强制营造绿色空间的市政规划，还是替代能源系统工程，这些活动汇合在一起，使我们第一次能够看到生态原则在城市开发和私人开发的过程中能够被认真对待的可能性。[2]

　　位于俄亥俄州的欧柏林大学内的亚当·约瑟夫·莱维斯环境研究中心是这一观点的集中体现。以学生为中心的设计活动持续 10 年后，该研究中心于 2000 年开放，并且该中心与美国一些顶尖的建筑师、设计师和环境工程师合作，所设计的建筑自称零废物排放，并且是这所大学的一个主要能量来源。不仅如此，对于学生来说，这里还是一个充满生机的实验室，学生在这里能够对生态问题及其解决方案获得综合性的理解。用戴维·奥尔（David Orr，莱维斯研究中心背后的一个主要推动者）的话来说：

这所建筑可改善我们的思维方式，可提高我们思维的创造性，这是为实现更远大的目标所建立的途径。在未来的一个世纪里，这所大学里接受教育的所有学生都必须学习：如何利用太阳能为社会提供能源，如何稳定气候，如何消除"废物"，如何在自然体系的限制内创造繁荣——用可持续发展的方式实现这一切，保护生态多样性，修复被损坏的生态系统，在推进正义事业和非暴力事业的同时完成这些任务。[3]

生态设计是一项开创性的事业，正因为如此，这也是我们成功度过在第三个千禧年之初所面临困境的主要方式。通过有意识地思考和主动的意图，我们就能够将被割裂的事物修复完整，将被污染的事物清理干净，用充满人类智慧的方式使用更少的资源。这样的未来令人向往。[4]

对于生态修复工作者而言，前景远没有这么吸引人。生态修复工作者将工作目标定为实现历史保真度和生态完整性，实际上也就是尊重生态系统固有的形式和生态进程。修复工作的重要表达方式是用一面镜子反射自然。因此，人类意图只能被理解为造成阻碍，或是在一个本应干净清洁的工程中点上污点。从这个意义上说，设计一词是一个负面的概念。这个概念又牵出了糟糕的技术性修复。一些修复工程的工作者会争辩说，最高的目标是自我克制，也就是主动地拒绝人为改造。

在这本书中，我曾试图证明生态修复是一个非正统的实践，这种实践包含多种不同的活动和意图；因此并没有一种唯一正确的修复途径，而是有许多种良好的修复实践路线。我曾争论道，除了生态系统的完整性以外，历史也是很重要的，并且其重要性应影响整个修复事业，而人类以及具体的参与活动也很重要。随着我们一步步深入地走进一个技术化的世界，修复工程被作为一项集中实践使人们投入到特定的地方，这样的修复工程能够为我们指引方向，避免让修复工程沦为另一种商品。但是，这并未触及一个根本性的事实，那就是随着修复工程的推进，随着越来越多的人参与进来，技术也将被进一步精炼，人们会更进一步地寻求效率并实现高效率，并记录下优秀的措施。这些都是非常明显的进步，至少按照我们当代的标准可以这样判断。如果我们希望加速推进修复实践的发展，那么这些前进的方式都是可取的。假设我们能够预先阻止批量的专业化，而为多样化的实践和广泛的参与预留空间，那么即使是校园范围内的工程和社区溪流的修复工程，也有希望从成功或失败中总结经验。另外，一个项目成形的方式、该项目如何被呈现、施工阶段给路人留下的印象是什么、本地因素如何被整合使之成为当地人类社会的一个永久部分，以及设计要素的类别，这些对于一个项目的可持续性和成功而言都起着最终的决定性作用。很明显，这些因素都应归入设计领域。因此，在生态完整性、历史保真度和集中实践的基础上，我们还有另外一组关注的要点。当我介绍修复工程的生态核心时引入文化特征，将修复工程视为一个连续性呈螺旋形的文化和生态进程，对表示反感的人们来说，这一倾向于设计的趋势更进一步地逼近已知世界的边缘。

在修复工程中调和两种完全相反的趋势很困难，即意图和生态系统的独立特征。这也是我为本书命名的二义性所在。"设计自然"这一标题可以理解为对修复工程的批评（正如那些担心修复工程会变成一项技术化的人工制品的人对修复工程的批评），同时也可被理解为是一种召唤（正如对那些愿意为修复工程奋斗，使其成为一个完美实践的人的召唤一样）。我认为设计是大多数修复工程的一个隐性组成部分，至少从生态工程发展需要作出规划来说是如此。这些规划涉及专业合同的详细信息，其中详细的地图展现了工程和植被的特征，人行通道和入口被明确标注出来，各种指引设施被仔细地布局和设置，同时呈现艺术概念，使客户和公众能够对未来的概况有所了解。这样的设计往往被视为理所当然，它被视为达到特定目的（也就是生态目的）的必需的机械手段。

我是在说明，我们需要将设计提升到一个新的水平，一个更加直接的层面。在这一层面上，我们应承认修复工程中存在人类的干预。不仅如此，我们还需要承认修复工程从本质上来讲是一个设计实践的过程。保持克制并非合适，因为在修复工程的设计中，我们应当推崇并丰富我们的技艺和智慧，而非将其掩盖于生态准确性的光芒之下。另外，无论我们多么努力地使我们自身与生态系统的利益相协调，并使实物回归其本来的面目，或是尊重我们与自然进程之间的关系，我们最终都会不同程度将我们自己的意志强加于自然。因此，设计是不可避免的。这一模棱两可的状况所带给我们的两难处境并不是要抛弃设计，而是发现并理解设计含义的最佳方式。在修复工程中是否有好的设计呢？我们怎样才能最好地理解设计的特征、设计的功能和设计所存在的危险呢？修复工程的设计能否帮助我们避免技术化修复所带来的自然衰退的结局呢（第5章）？

设计也就是用一种技巧性或艺术性的方式创造出一种方案。当我们以常规思维想到设计一词时，我们就会想到给世界强加一种特定形象的方案、安排、模式和结构。尽管设计并不像医学、法律或地貌建筑那样有统一的标准，因为设计并非一种标准统一的行业，专业的设计师在非常广泛而多样化的背景下完成设计：汽车设计、室内设计、地貌设计、工业设计以及许多其他类型的设计。理查德·布坎南（Richard Buchanan）是一位创建设计理论的核心人物，也是《设计问题》期刊的编辑，他认为设计的概念在过去的一个世纪发生了巨大变化，"*从一种活动变成了一种单独分离出来的职业，又变成一个技术研究领域，现在又变成了一种技术文化中全新的人文学科［原文强调］*"。[5]技术所扮演的最新角色（即作为一种技术文化中的人文学科）引人深思。这一角色表明设计是一种将各种实践整合在一起的方式，并通过这些实践以创造性甚至有时是批判性的方式处理技术性的问题。设计给我们提供了在技术文化中重塑我们固有关系的前景，增加了集中实践的可能性，并为事物（而非手段；详见第6章）创造了新的繁荣机遇。

设计从来都不具备为某个问题提供一种有效解决方案的能力。将优秀的设计看成一种集中实践的必要但不充分的条件。让布鲁克林的展望公园变得与众不同的原因就在于这座公园能够承载如此多的公共活动，并赋予这些公共活动魅力。这座公园是卡尔弗特·沃克斯和弗雷德里克·洛尔·奥姆斯特德于19世纪60年代设计的，这座公园现在正在被焦点修复，包括对历史构筑物的修复、人类设计景观的修复和树林生态系统的修复。20世纪80年代晚期，我曾在布鲁克林居住过一年，当时展望公园正从20世纪70年代的低谷中复苏。当时这座公园的资金非常缺乏，也没有得到足够的社区支持，因此这座公园逐渐衰退没落，最初的世外桃源的形象逐渐消失——高大的树木、广阔的草坪、可以滑冰和划船的池塘，以及骑马小道。在我的心里，展望公园比更加著名的中央公园要有意思得多，因为奥姆斯特德留下了大片大片的本土植被——这些植被被设计成了精心布局的小径和景观。[6]我几乎每天都从公园中穿过。这里驱散了我在城市生活中沾染的一些焦虑，让我能够更加舒缓地从休伦湖畔的小屋过渡到纽约这个国际化的嘈杂大都市。我经常从一个小小的社区走到这里，那个社区是位于公园西南侧的肯辛通，途中我常常会绕过展望湖和卢考特山，抄近路穿过伍德斯托克走到贵格山旁的小径上，然后穿过整个长草地（那是一片几乎有一英里长的草地），从靠近大军团广场的公园北侧出口走出去，走到布鲁克林公共图书馆，在那里我会开始我的工作。这样的散步是一场温和的冒险，也是强效补药，但是对我的生态敏感性却造成了干扰。垃圾随处可见，散落在长凳周围的是可卡因瓶子。喂食过于丰富的水禽使得池塘变得严重富营养化。在森林覆盖的区域，时不时会出现条条小径将森林切割成一块一块，杂草似的植物长势繁茂。公园内的大多数设施历经多年都已经破败，只有船库和奥姆斯特德的一些装饰性的石拱例外，因为船库和这些石拱近期刚刚被修缮过。最引人注目的是环形道路上车辆的喧嚣，然而最初奥姆斯特德本打算将这条环形道路作为马车行驶的道路。在高峰时刻，长长的缓慢移动的车流包围着这座公园。

2000 年 2 月，我故地重游，当时是安妮·王（Anne Wong）做东，她是这座公园的景观管理经理。那是一个雾气蒙蒙的凉爽的日子，看起来似乎会下雨。我们参观了几个最为特别的项目，这些项目都属于一个让人激动的规模宏大的修复计划，这个计划让公园里的工作人员为之忙碌了将近 10 年。由于得到了更多的公共资金和私人投资的支持，公园启动了一个改善幅度较大的志愿者项目，因此公园的工作人员修复了池塘，这些池塘周围现在遍布着本土植被，并且得到了更好的保护，避免了那些粗放的活动。尤其突出的是，我近距离地看到了巨大的蓝色苍鹭，听到了更多鸟儿的鸣唱。小道旁边重新种上了植物，原来的小径则被重修加固，杂草类的植物被清除掉，所有这一切的目的就是恢复沃克斯和奥姆斯特德最初看到的景观。其中一些优美的带有田园风情的木质遮棚按照最初照片中的样子被重建修缮，而变化最为巨大的则是那条山涧沟谷的修复工程，这是一个由一条小峡谷、瀑布和周围的小径，还有瞭望台以及雨遮组成的一块地貌。这个修复工程的目的是恢复原始的状态，这样做也代表着人为的巧妙设计和自然过程的结合。这条山涧沟谷完全是人为设计的，但是这条沟谷流经一片历史久远的林地，所产生的效果让人震撼。突然之间，你会感到自己坐着时光机器回到了一个完全不同的时代，不仅为人工设计的精妙和古老森林的优雅而折服。展望公园是一个宏大的让人震撼的修复工程，它一方面否定了城市破坏的主张，另一方面又将文化与生态景观完好地融合在了一起。[7]

展望公园的设计，无论是原始的设计还是后来新的设计（包括最新的修复计划），都为生态系统的繁荣和焦点文化实践创造了可能性。但是这些设计并没有改变这个地方的特性；这一点取决于多方面的生态进程和人类参与的形式，人类参与的形式可从这些设计中体现出来。一个优秀的设计就应当为这种可能性预留空间，应当尊重这个地方本来的轮廓和美化后的样貌。用劳伦斯·霍沃思的话来说，优秀的规划和优秀的设计一样，都取决于开放性、灵活性和适应性。[8] 展望公园的成功很大程度上与其接受多种形式的生命和开阔的生态进程的胸怀有关，包括那些与更加古老的地貌相伴相生的生命体，其成功也在于它有一个能容纳多样化活动的灵活组织结构，这些活动与社群（生态社群和社会社群）的需要相呼应，也在于其包容新型活动的适应性，例如打鼓队、跑步俱乐部、钓鱼竞赛、大自然徒步旅行，还有水上单车。

毫无疑问，在展望公园里，文化进程几乎取代了生态进程，但是最为显著的是在一个人口几百万的城市区域里还能保留如此大规模的生态多样性和生态完整性。在这个布鲁克林绿洲里，对于修复工程和自然进程的繁荣而言，设计是必要的。这是一条关于生态修复工程不可否认的真理，这一点引导我们领悟设计的范围、设计的意义和设计的界限。

荒野设计

在现代生活中，设计无处不在，这不仅仅是因为技术系统和选择的复杂性。比如说，对于一个产品的设计而言，仅设计产品本身是远远不够的。又比如说，在设计和塑造一个计算机工作站时，可将其当作一件独立的产品进行考虑，根据可用的材料、工程限制条件、市场营销需求和消费者的观念来完成设计。然而在过去的 20 年中出现的一种新型的设计方法则是从更加广阔的视野来考虑设计所面临的挑战：所要设计的并非这个工作站本身，而是用户使用这个工作站的体验。现在，相关的思考范围包括计算机和外接设备将要放置在什么样的表面上，光照、座位、用户的视觉体验以及许许多多影响着用户体验的其他因素。现在在塑造和设计用户体验时，还要实现以用户为中心的具体目标，这一点远远超出了人机工程学的领域，尽管这些目标一般而言都属于企业目标的范围。[9]

布坎南提出了当前展开设计工作的四种方式：

·象征意义和视觉传达，包括图形设计师、广告策划师以及类似的专业人员的任务。这种设计已经开始逐渐偏离了"书本化"，而成为语言与图像的融合，这一点主要是受到互联网技术的驱动。

·人工制品，其中包括任何一种有形产品的设计，包括衣服、食品和汽车。这种设计已经逐渐偏离对物品本身的设计，而转向思考用户与物品的融合。

·活动和有组织的服务，包括传统的后勤部门管理者关注的问题，将物质资源、仪器和人类以高效的方式结合在一起，以实现特定的目标。这种设计的目的已经扩展为思考如何使用户体验变得更加智能化、更加有意义、更加令人满意。[10]

·居住、工作、游玩和学习的复杂系统或环境，包括传统的实践，例如工程、建筑、城市规划，具有极高的优先性。

因此，设计实践涵盖了标志、事物、行动和思想，并通过对设计的调整以满足特定的需求。第四个领域是在技术文化中浮现出来的一个关键领域，这个领域最能代表生态修复工作。布坎南写道，这种设计的途径"越来越多地关注在持续的、发展的、整合的人类中探索设计所扮演的角色，并逐渐进入更加宽广的生态和文化环境中。在可能的情况下塑造这些环境，在必要的情况下适应这些环境"。[11] 设计师需要对变化的环境和特征作出敏捷的回应，这也是布坎南提倡用"布局"而非"范畴"来进行思考的原因。"布局"有其"需要塑造的边界和对意义的限制，但是并非僵化地固定和绝对地确定"。[12]"范畴"则更为僵化，"范畴"是在一种完全确立的哲学或概念框架内被塑造的。让设计师产生创造力的重要一点就是承认新的布局，实际上是多种新视角的可能性，有助于实现创造性，发现意外的惊喜和发明。与此同时，"布局"也是地方——也就是说，布局体现着传统。这一点与过去十多年中流行的建构主义者的观点是一致的，也就是认为现实是由经过社会一致协商而确定的意义组成的（详见第5章）。

在一个复杂的技术文化中进行良好的运作需要优秀的设计，而优秀的设计则取决于科学与艺术的融合，也就是如约翰·杜威（John Dewey）在20世纪初期明确呼吁的那样：

如果将艺术和创造力放在第一位的趋势得到认可，那么这一立场的潜在影响也就会被公开提倡和贯彻执行。那么接下来就会看到科学也是一门艺术，而艺术则是实践，唯一值得提到的区别并非实践与理论之间的区别，而是两种实践模式之间的区别，前者是非智能、非内在的和即时带来快乐的实践，而另一种则是充满享受意义的实践。[13]

众所周知，定义优秀的设计非常困难。在这一点上我们会遇到标准的美学和价值立场偏移的矛盾，这也正是设计的艺术。但是从一定程度上来讲，这也是一门科学，那就是我们从各种不同的技术、途径、策略和系统化应用中学习新的知识。优秀的设计要求我们将科学和艺术融合在一起，而这正是当代生活制度化的重要分歧。生态修复作为一门设计领域的学科，需要同时关注传统和新颖性，以创造性的方式在艺术和科学的领域探寻尊重生态和文化完整性的最佳途径。设计体现了具体的意图性，这意味着我们的偏见和性情以及实际的关注点都会通过设计体现出来：所有的牌都一览无余地摊在桌面上。如果说我们仅仅是自然的传播者，那是毫无意义的，即使我们极其努力地去尊重一个生态系统的历史特性以及类型和进程。在最为复杂的修复工程中，我们所做的不仅仅是布局物体，我们的关注点集中于表达、外观、功能和组织结构（包括生态组织结构和社会组织结构）以及体验。

设计作为生态修复工程的一种模型存在两个主要问题。我担心从集成化设计的核心领域能够找到认真对待生态系统的利益，而非仅仅是人类的利益的范例相对较少。这是非常严重的匮乏，而且可能对设计构成一个新的"严重问题"。[14] 设计领域的文献充斥着改善人类体验的优秀设计的范例，但是很少有关于如何通过设计来代表其他物种未表达的焦点的例子。地貌建筑师和设计师当然也参与了这些问题的讨论，但是他们的大多数工作只是为了满足人类客户的要求。修复工程推动着设计的边界，使其将相关设计要素纳入进来。我们可以理解的是，推动了欧柏林大学环境研究大楼建造的生态设计运动热切地关注着人类进程和生态进程的融合。例如，作为欧柏林项目主要设计师之一的威廉姆·麦克多诺（William McDonough）在一次采访中说道：

我所做的工作背后的哲学实际上是关于社群的。当我们开始着手一个工程时，我们并非真的认为我们在设计建筑物，我们认为自己是在为一个社群创造一个环境。我们最开始是将该社群以内的所有物种都考虑在内的。与其简单地问我们怎样爱我们的后代，即使是间隔七代，不如问我们如何永远地爱所有物种的全部后代？从这个意义上讲，这是一种根本性的修复和再造的行动。[15]

麦克多诺和其他设计师所采取的方法就是鼓励，但是这一进程仍然从对人类的关注开始，而非始于对生态的关注。生态系统对于客户来说具有很高的价值，其价值主要在于生态系统所能够提供的服务。无论所给定的生态系统如何独立，它都只是整体设计的一个组成部分，例如位于加利福尼亚州圣布鲁诺的盖普公司总部将屋顶草坪当作运动场地。修复设计要求认真地对待生态系统。尽管我声称生态修复涉及文化实践和生态进程，但是生态系统仍然具有优先性（从严格的逻辑性视角来看，如果一个工程的目标并非生态系统本身，那么生态修复工程也难以称之为生态工程了）。

第二个问题与设计的本质相关，也就是说，设计是技术文化的产物，而非对技术所作出的批判回应。设计，尤其从其新的集成化形式来看，很明显是技术的附属物，在布坎南将设计定义成技术文化中的一门人文学科时，这一点也变得尤为清晰。这样一种定义分出了两条岔路。从一个方向上讲，设计实践能够使事物变得功能性更强，也更加美丽，但是这难道不是在为技术构筑新的防御工事吗？到目前为止，从上面所列出的与设计相关的所有证据来看，似乎正是这样一种情况。而从另一个方向来看，设计也能帮助我们承担关键性的责任。比如说，想一想"广告克星"所出版的带有煽动性和讽刺性的印刷品和电视广告，"广告克星"是加拿大的一个组织，该组织致力于揭露市场营销、广告和用户体验管理方面危险而不为人知的一面。从这个意义上说，设计也可能成为一种破坏性的工具，正如安德鲁·芬伯格（Andrew Feenberg）讲述的技术如何变为一种建构社会，甚至有时具有革命性的工具。[16] 那么，对于设计师而言，挑战就在于如何使工作变成一种批判性的实践，一种利用技术所提供的最好建议和设备，同时又抵制理论模式入侵的实践。换句话说，设计实践能够强调焦点事实吗？

在我看来，设计作为一种实践，其本身并不具备使其倾向于焦点化或商品化的内在属性。很大程度上取决于如何释解设计实践，以及设计实践所依据价值观的种类。布坎南提议"将设计作为一种提高，向符号、事物、行为和思想的相互作用和相互联系移动"。[17] 设计是核心内容、可用性和可取性的组合。这是布坎南对以人类为中心的设计的看法，他认为这种设计模式经过调整也可用于生态修复。主要任务分为两种：设计生态系统的同时了解生态进程至少是自治的，另一种就是设计人类体验和人类参与生态系统的过程。对生态问题的关注通过核心内容浮现出来，其中设计师为一个项目的生态特性（而非可用性和可取性）赋予意义。[18] 尽管看似非常高雅，但是这种方法不能解决关键问题，那就是设计赋予了生态系统优先性，也不能有效地抵制技术模式的入侵。

"新型的"、以人类为中心的设计对于技术文化中经验的整合提出了更深层次的思考。这就为拥护集中实践的论点打开了明显的缺口，也就是说，如果生态修复强调参与自然进程，那么该如何进行布局。这一点又可以延伸到优秀的设计是关于物质文化优势的，正如伯格曼所述。因此，修复设计能够接近物质文化的优势，那就是修复设计能够使人类的优势锦上添花，并且使自然的完整性获益。伯格曼写道，"在自然保护与修复工程中，设计承担了一种更为屈从也更为有意义的角色，更为屈从是因为它屈服于历史给它留下的状况，但同时也更为有意义，这是因为精心的设计本身能够复原历史并古为今用"。[19] 伯格曼的论点是以一种观点为依据的，那就是参与是指"将人性与现实联系在一起的对称性"。当一个人无论从身体还是从社会性来看，都完整地参与到现实中，那么焦点事物就能够彰显其作为中心的重要性。焦点事物需要人类的关注、忠实以及技巧。当得到人类的关注时，事物就能够逐渐形成自己的特性。[20]

肤浅问题的表现是驱使伯格曼提出参与提议背后的动因，或者我们对他的措辞进行调整，可以说成是焦点设计。高超的设计师将全部注意力集中于塑造体验和提供一种丰富完整的冒险经历上，无论是一个网站带给用户的体验、一幢建筑物的布景，还是当一个人走过一片修复后的草原时所拥有的心境。假设你负责为一群政客设计一次贾斯珀国家公园巡游，目的是研究国家公园的发展命运。这群政客的时间有限，而且你希望给他们留下的印象是超凡的美景和生态完整性所受到的威胁。你会把优秀的资源整合在一起，创建一份特制的行程，行程上应突出生态管理工作中具有代表性的主题，安排这群政客在一天中最有可能遇到大批人群（威胁）或太阳暴晒的时间在山区森林中散步，并确保他们经历某种记忆深刻的户外体验，可能是一次篝火晚会，但是不能给这些政客造成能源负荷或自然界真正艰难的体验（实际上这种把戏可以暗示艰难的处境，比如艰难的户外体验，但实际上并非真得去完成这种艰难的任务；可以请一位颇有名望的山区向导引领这群政客来一次短程的徒步旅行，途中讲述许多让人痛心的故事）。因此，可以以娴熟的技巧设计这一体验，以期达到传达特定信息的目的。最后，所遭遇的问题就是肤浅的问题：如果你没有真正站在一个地方去体验，那么你就没有参与到这个地方，尤其是野外区域，这种体验你无法得到。

解决肤浅问题的方法就是加大挖掘深度。如果能确保设计师的主要责任是提高参与度，那么就可以实现深度挖掘了，可通过强调人类和社群的集中实践来有效地提高参与度。伯格曼写道，"设计的好处就是人类塑造和建构的环境所具有的道德优势和文化优势"。[21] 因此，如果设计能够摆脱对产品本身（形式和功能）的直接关注，而转向事物所带来的多维度的深入体验上，那么设计就能够发挥良好的功能。这一关于设计的概念与当代设计圈中非常超前的理念是一致的。从某种程度上来说，设计具有很强的政治性，反映了设计践行者的意识形态，而他们的意识形态又会进而激发公众的响应，也会受到公众响应的影响。

在一个极度活跃的市场中，如果这个市场依赖的是不断提高其外在形象的复杂性和想象的技术性，那么背后的政治原理会受到后现代资本主义的影响。无论当代资本的权威和强制力是什么，这种意识形态既不会鼓励，也不会支持集中实践，所产生的风险就是触发更广范围的辩论，但同时又不参与其中。幸运的是，集中实践仍然是一种高度本土化的体验，且不容易受到先进市场力量的操控。比如说，园艺业已成为以小型园艺摆设为导向的副业，同时又产生了越来越多的专业期待，但总而言之，这是一种园艺体验，一种清理岩石和种植植物的体验，超越了遥远的商品干扰（希望这些商品能够为集中实践服务）。

生态修复也是如此。参与生态修复工程可鼓励集中实践，公司化和效率措施的浪潮则会陷入困境，至少包括排他性的专一力量或主导性的力量。在修复工程中，良好的设计鼓励这样的开口。修复工程有力地推动设计的发展。设计师习惯于处理人造的或以人类为中心的物品。由于自然进程的存在，修复工程则对这种正统的观念嗤之以鼻。无论人类的能动性和意图有多少应用于修复设计的实践，自然进程都会参与进来，甚至有时会完全掌控整个局面。不仅如此，这也是典型的理想状态。可将其称为野生自然的设计。这就超出了生态设计的常规观点，生态设计的常规观点通常是以人类所用的生态服务为基础的。在修复工程中，总是会有一些以人类利益为中心的措施，即使是非常小的措施。

那么设计能够为生态修复提供怎样的帮助呢？首先，修复设计在设计过程中可以遵循常规，即使是近期形成的常规，强调游客或居民在一个修复区域的体验。通过以生态为中心的干预措施来实现或保证一个地方的生态完整性，正如当前修复工作者所做的那样。但是，游客的体验应平衡生态完整性和审美性。毕竟这是几代公园管理者所得到的重要经验，即动物和植物通常并不需要管理。相反，强调的要点应放在设计游客和居民的体验上，即强调长期的责任、表达尊重的行为，以及贡献、物质，即强调生态系统的持续繁荣。在修复工程中，人类的体验能够提高修复活动的可接受程度，并为一个地方社群的生计提供支持。

修复设计师所扮演的另一种更为激进的角色就是超越人类利益的需求，去满足生态系统潜在的需求、模式和特性，很难选择恰当的语言来描述这类实践。我们应特别关注生态系统想要的是什么，因为我们知道生态系统永远不会以常规的方式来表达它的诉求。这也就暗含着一种沉重的责任，可能是最最沉重的责任：我们并不是为我们自己、为客户或确切的用户而设计，我们是为生态系统的利益而设计，而这些利益绝大多数是无声的。对于这类实践而言，参与是关键。许多修复实践的践行者对其所工作的地方拥有着深厚的感情，而且有意识地——精心种植，选择最恰当的时机引入新的物种，模仿历史上的水渠——鼓励自然进程的繁荣。

我解释修复一词的传统意义，是为了强调修复工程中的意图性，而设计就是表达意图性的手段。设计是一种强调意图性的实践，优秀的设计鼓励个体的参与和社群的参与。优秀的设计水平可为焦点事物和集中实践创造愉悦的环境，从这个程度上讲，设计强调人类的参与以及人与生态系统之间的关系。我相信，设计的概念还可以进一步延伸，可以延伸到荒野的设计——也就是说，更深的理解和尊重生态系统需要哪些要素才能实现繁荣，然后让这样的条件成为可能。在这样的行动中，总是可以找到意图性的踪影，但是很快就会被生态进程的繁殖力和多样性所湮没。我们必须承认，修复工程是对自然进程的干预；最大也是最难的挑战就是弄明白我们的行动、我们的设计如何能够与自然进程相辅相成。

在领会修复工作的意义在于集中实践这一点上，我们应保证，或至少应当证明如何保证减少线性思维、纯粹的效率措施、贪婪的欲望和短浅的目光。唉，在一个技术文化中如何处理那些使自然趋向衰弱的模式，对此并没有任何有效的解决方案。没有任何一种方式能够有效地对抗不断上涨的开发浪潮，这样的开发浪潮吞没着自然区域，并从根本上威胁着修复工程，使其不再是一种投入的、参与性的活动。

奇怪的是，修复工程给我们带来了最大的希望，无论是从修复已造成的损害来说，还是从创造与荒野进程友好相处的新方式来说。修复工程让我们的思想和身体都参与其中，与自然进程之间建立起内在的联系，甚至是在城市的中心以及荒凉的被掠夺的地貌上。修复工程是艰难的，正是由于这个原因，它也刺激着我们的野心；修复工程推动了自然保护工作。它为技术文化带来了看待生命的新视角，并建议我们还可以采取其他可持续的生存方式。在没有任何外力帮助的情况下，这些替代性的生存方式并不会自行浮现出来。设计使我们为自然和文化都打开了一个突破口，使其合为一体，那就是走原生态道路。

把修复当成对话：讲述地貌的故事

在第 4 章中，我大量采用了叙事连续性的技巧来证明在生态修复过程中，过去、现在和将来之间的联系。我们参与一个地方的深度取决于我们与时间的联系，包括向前与向后两个维度，这种联系所及的长度越长，通常这种纽带也就越牢固。深度更多地取决于时间的流逝。我们的联系取决于我们所参与的实践，以及我们所讲述的故事，这里的故事指的就是其字面意义，也就是我们讲述的关于我们参与一个地方的故事，以及这些故事如何被一代一代传播下去，从这个群体传播到那个群体。修复实践所需要的热情和投入一般能够保证这样的故事长久地讲下去，这样的故事能够丰富我们对一个地方的印象。修复就是重新讲述一个地方的故事。

最后，将修复的意义停留在设计门槛前，尽管从这种联系中能够产生许多好处，但是这仍然让我感到不舒服。意图性对于修复工程的成功起着关键性的作用，但是意图性也会招致狂妄自大的危险。我们承担的风险是：修复工程这种参与性的实践会导致我们以一种快速的、乐观进取的、以技术为修复手段的方式对待自然进程——这也是我在前一章中所表达的主要忧虑。甚至连"设计"一词都隐含着现代的思维模式，那就是凌驾于人造事物和自然事物之上的力量，尽管我们试图证明设计是一种合格的参与方式。设计需要一个平衡力使其保持诚实坦率，这种平衡力可以是人们很容易掌握的某种实践模式，且这种实践模式应忠实于设计的清晰性和直接性。我提议我们将修复视为一场对话。

"对话"一词从其最宽泛的意义来讲，就是指相互交流。"相互"暗含双方的共同利益。典型的对话是在两个人或一个小群体中发生的交流。对话就是"和某人谈话"，而非"对某人谈话"。通过对话，将过去的事件和思想带回到现在，从这个意义上讲，对话也暗含着连续性，有时在多年的老友或同事之间展开的对话本身就具有独特的连续性。通常对话都有一个要点，或有一个选择立场的原因，尽管对于自发性的谈话并非总是如此。对话让人欢喜的一个方面就是，一场真正的对话暗含着信息、视角、知识和智慧的分享。如果一个人占了上风，那么这场对话就会变成一场争论，一场争吵，或者其中一个人主导了另一个人。

通过将对话的概念应用于修复工程中，我希望能够突出强调修复工程的践行者和生态系统之间的交互性，以及科学、美学（文化价值观）和参与度之间的交互性。只要修复工程的践行者和自然进程之间展开了一场真正的对话，那么修复工程就能够进展顺利，从更加接地气的意义上讲，这意味着人类的利益和生态系统的利益都参与其中。从传统意义上讲，生态系统是不能说话的，但是通过关注生态系统的特定需求，修复工程的践行者们就能够代表生态系统的利益。只有当修复工程的践行者花时间真正去了解一个地方，并尽可能地让本地固有的条件来决定一个项目，这样的对话才能顺利进行下去。嘈杂而喋喋不休的人类总是占着主导地位，除非人类能够给予无声的生态系统特殊的关注，正如在一场研讨会上，当一个羞涩的参与者被咄咄逼人的讨论者叫起来时，需要老师给予这名参与者关注和尊重。如果我们知道某人什么时候想说话，什么时候只想倾听，那我们一定会获益匪浅。作为设计师的修复者们必须精通这门对话的艺术。

还有另外一种更具比喻性的对话，那就是在观察和试验（科学）、判断（美学，从广义上理解是指一切被我们视为美好的事物）以及参与和投入的要求之间展开的对话。修复实践深深地植根于科学，无论是在特定地点采集信息，还是借用其他项目中的系统化知识。关于生态系统是如何运作的，我们对此有深入的了解，这一点让我们引以为傲。[22] 科学既需要经验，也需要技巧，这意味着曾经为一项修复工程贡献这一知识的人就是所谓的专家。当然风险就是他们所掌握的知识会成为制定设计方案的过程中唯一重要的依据。因为我们想要为修复工程寻求支持，并鼓励特定类型的人类参与，因此品味和判断所发挥的作用微乎其微。正如前面我所提到的那样，设计倾向于塑造一个人群的体验，那就是人们穿过或绕过一个修复地方的体验。科学家和专业设计师之间发生的对话有利于形成一种专业的修复模式。在某些情况下，这可能是必要的或可取的，但是对于大多数修复计划而言，一个项目的最终成功取决于在合理情况下有尽可能多的人参与其中。因此，我们承认第三种也是根本的论点：参与。科学、判断和参与三者结合在一起能够创造出最好的设计方案，那么修复工程就能够变成一场对话。

最后我要回到故事开始的地方，贾斯珀国家公园，一个充满矛盾、充满对立、充满希望的地方。这是一个野外，但同时并不具备常规野外的特征；人们构成了这个地方的一部分，因此没有人烟的荒野在此并不成立。但是其中还有非常辽阔的区域可能对常规的游赏和露营活动并不欢迎，这些地方人迹罕至，被巨大的岩石和咆哮的河流隔离开来。即使在阿萨巴斯卡山谷的主段，也就是历史最为丰富且当代人类的利用程度最深的区域，仍然有一些远离人类喧嚣的角落。

我并不嫉妒公园管理者所承担的艰巨责任，这些管理者要负责管理公园和执行修复工程，尽管这些地方是被托管的，是要为言行承担后果的地方。这也是很多市民积极地敦促公园对各种各样的问题采取行动的原因，这些问题包括公园内部持续的游览开发活动，以及公园边缘沿线快速的资源开发活动，这也是我花费精力来理解贾斯珀的文化、生态和修复工程的原因。这样一个野生而又现代的地方对于生态修复工程而言是一个严峻的考验。

当然，主要问题是应该做什么。让我们从不应该做什么开始：拒绝行动。人类所作出改变的速度和程度——包括间接效应，如抑制野火和增加小径的利用率——都需要重新进行调整。如将管理责任打包，让大自然按自己的规律发展，也就是古老的自然管理模式，这种简单的行为会形成畸形的地貌，远远超出该地貌已知的多样性的历史范围。这种或那种形式的行动是必须要采取的，目的是保证生态完整性和对历史条件的保真度。幸运的是，这样的决心正在贾斯珀地区逐渐显现出来。

第二点，修复工程需要人类更多地参与，而非减少人类的参与。当然，人类的活动一定不能干扰脆弱的生态区域或等待愈合的区域，这一点至关重要。而且我们还要做一些事情来增加热爱这个地方的人群的数量。但是，除此之外，要创建一个持久保持生态完整性的未来，最有把握的途径就是建立参与型科学研究项目、志愿者修复工程、教育活动——从而创建保真度。生态修复以其意图性和对集中实践的投入使得这一切成为可能。

最大的挑战在于思索未来，并在未来和过去之间建立联系。修复工程所依托的就是这种联系。一旦长期意图（和责任）被放在最前面凸显出来，那么设计的可能性也就随之而来了。我们对于过去的生态条件和文化实践的了解越来越多，而且这些数据也构成了我们未来采取行动的依据。模式就是——真实性模式。我们一定不能将这些模式与它们将来可能发展成的样子混为一谈。这些真实性模式为对话提供了指南，勾勒出了未来的地貌，并将我们的意图综合在一起。其中必须要改变的就是在这样的决策过程中人类参与的程度。像贾斯珀这样的珍贵自然地区必须开放地接收市民的参与。一些管理者担心公园会失去控制，另外一些管理者担心激进的环保主义者或无所顾忌的开发商会掌控整个局面。而我的预感是，如果人们被赋予巨大的责任，同时又获得真正参与其中的机会，那么他们就能够更加深刻地理解一个地方。通过这样的参与过程，就有作出明智决策的更大可能性。任何决策过程也必须在一个适应性的框架内运作。气候变化、文化价值观、参观人群带来的压力等因素都会随着时间的推移而发生改变，且修复工程的意图也必须经过调整以适应这类重大变化和轻微变化。就修复设计而言，重点并非成为大自然的作者，而是撰写一篇叙事文章，让自然进程和文化进程都成为文章的作者。

注释

Chapter 1

Portions of this chapter are adapted from E. S. Higgs, "The Bear in the Kitchen", *Alternatives* 25, no. 2 （1999）: 30–35.

1. The town of Jasper and the park as a whole undertook a major campaign in the 1970s to secure garbage in sealed, animalproof metal containers, a strategy that great reduced the number of bears habituated to human food. That this particular black bear found attractive pickings was testament more to the hunger or habituation of the bear than to the conditions in the town.

2. Since grizzlies are a sufficiently unusual sight and the park likes to keep track of their movements in the busy summer visitor season, we phoned in a report. News traveled back to the center and a small cadre of people drove up right beside the paddock in a van, which drove off the bears. After this disappointing experience, we thought twice before making subsequent wildlife reports.

3. E. S. Higgs, S. Campell, I. MacLaren, J. Martin, T. Martin, C. Murray, A. Palmer, and J. Rhemtulla, *Culture, Ecology and Restoration in Jasper National Park*, 2000 （available at <www.arts.ualberta.ca/~cerj/cer.html>）.

4. J. Baird Callicott, Larry B. Crowder, and Karen Mumford, "Current Normative Concepts in

Conservation", *Conservation Biology* 13, no. 1 （1999）: 22–35 （quote on 25）.

5. Information on the Wildlands Project is available at <www.twp.org>.

6. Ian MacLaren, "Cultured Wilderness in Jasper National Park," *Journal of Canadian Studies* 34, no. 3 （1999）: 7–58 （quote on 42）.

7. See Thomas Birch, "The Incarceration of Wildness: Wilderness Areas as Prisons," *Environmental Ethics* 12 （1990）: 3–26.

8. Simon Schama, *Landscape and Memory* （New York: Vintage Books, 1996）,14.

9. Ben Gadd, *Handbook of the Canadian Rockies* （Jasper, Alberta: Corax Press, 1995）, 188.

10. I draw on a number of historical sources, including MacLaren, "Cultured Wilderness in Jasper National Park," 42; J. Urion, "An Ecological History of the Palisades Site," unpublished manuscript, 1995; Gerhard Ens and Barry Potyondi,"A History of the Upper Athabasca Valley in the Nineteenth Century," unpublished manuscript, 1986; Great Plains Research Consultants, "Jasper National Park: A Social and Economic History," unpublished manuscript, 1985.

11. *Métis* describes a complex ethnicity that refers to people of Aboriginal and non-Aboriginal ancestry, and seldom yields to simple definition. The Métis families in the upper Athabasca Valley traced their ancestry mainly to Iroquois, French, and English fur-trade workers.

12. R. M. Rylatt, *Surveying the Canadian Pacific: Memoirs of a Railroad Pioneer* （Salt Lake City: University of Utah Press, 1991）.

13. Mary T. S. Schaeffer, "Old Indian Trails Expedition of 1907," in E. J. Hart, ed., *A Hunter of Peace: Mary T. S. Schaeffer's Old Indian Trails of the Canadian Rockies* （Banff, Alberta: Whyte Museum of the Canadian Rockies, 1980）.

14. Archaeological Research Services Unit, Western Region, Canadian Parks Service, Environment Canada, *Jasper National Park Archaeological Resource Description and Analysis* （Calgary: Parks Canada, 1989）.

15. Charles E. Kay, Clifford White, and Brian Patton, "Assessment of Long- Term Terrestrial Ecosystem States and Processes in Banff National Park and the Canadian Rockies," unpublished manuscript, 1994.

16. Edward Wilson Moberly, interview conducted by Peter Murphy, August 29, 1980 (unpuilable; original tapes available at the University of Alberta Archives) .

17. Nancy Turner has written extensively on the management practices, especially as regards the traditional use of plants, of First Nations in what is now British Columbia. See, for example, her 1979 book, *Plants in British Columbia Indian Technology* (Victoria: British Columbia Provincial Museum) , as well as Sandra L. Peacock and Nancy J. Turner, " 'Just Like a Garden': Traditional Resource Management and Biodiversity Conservation on the Interior Plateau of British Columbia," in Paul E. Minnis and Wayne J. Elisens, eds., *Biodiversity and Native America* (Norman: University of Oklahoma Press, 2000) , 133–179.

18. Henry T. Lewis, "Traditional Uses of Fire by Indians in Northern Alberta," *Current Anthropology* 19 (1978) : 401–402.

19. Ross Cox, *Adventures on the Columbia River, Including the Narrative of a Residence of Six Years on the Western Side of the Rocky Mountains, among Various Tribes of Indians Hitherto Unkown: Together with a Journey across the American Continent*, 2 vols. (London: Henry Colburn and Richard Bentley, 1831) ; quoted in MacLaren, "Cultured Wilderness in Jasper National Park," 10.

20. Archival research in 1997 by J. Urion and M. Norton, two members of the Culture, Ecology and Restoration team, uncovered correspondence in the National Archives of Canada pertaining to the expulsion of the Métis families in Jasper. With such documentary evidence coming to light, and a growing atti-tude of conciliation on the part of the park, a process of healing has begun. At a practical level, for instance, several descendants of the Moberly family were involved in recent changes to the burial site of Suzanne Chalifoux.

21. I am guided in my analysis by William Cronon, *Nature's Metropolis: Chicago and the Great West* (New York: Norton, 1991) , in which the history of Chicago is retold from the perspective of ecological change. The construction of any city extracts a great deal from the surrounding region.

22. Banff–Bow Valley Task Force, *Banff–Bow Valley: At the Crossroads* (Ottawa: Minister of Supply and Services, 1996) .

23. Jon Krakauer, "Rocky Times for Banff," *National Geographic,* July 1995, pp. 46–69.

24. Of course, such a simple gradient analysis is insufficient to account for local circumstances. For instance, Banff National Park will always be more susceptible to heavy use than Jasper because of the Trans-Canada highway running through Banff and because of Banff's proximity to Calgary, a city of almost a million people less than an hour away by car. In contrast, the road cutting through Jasper will not likely ever be as important as the more southern route, and the nearest major city is Edmonton, a four-hour road trip.

25. Leslie Bella, *Parks for Profit* (Montreal: Harvest House, 1987).

26. David Graber, "Resolute Biocentrism: The Dilemma of Wilderness in National Parks," in Michael Soulé and Gary Lease, eds., *Reinventing Nature? Responses to Postmodern Deconstruction* (Washington, DC: Island Press, 1995), 123–135 (quote on 124).

27. This expression is borrowed from Alexander Wilson's. *The Culture of Nature* (Toronto: Between the Lines Press, 1991). Wilson illustrates the ways views of nature have been conditioned for the motoring public and suggests that away from the road, the view often looks very different.

28. D. W. Mayhood, *The Fishes of the Central Canadian Rockies Ecosystem*, Freshwater Research Limited Report No. 950408 (1995).

29. L. N. Carbyn, "Wolf Population Fluctuations in Jasper National Park, Alberta, Canada," *Biological Conservation* 6, no. 2 (1974): 98.

30. Rhemtulla developed a technique for quantitatively analyzing survey photographs taken in 1915 by a Dominion Land Surveyor, M. P. Bridgland, as well as the repeat images taken by her at exactly the same locations decades later. She used standard interpretations of aerial photographs from 1949 and 1991 to register and confirm her interpretations of the original and repeat photographs. Her methods and results are described in Jeanine Rhemtulla, "Eighty Years of Change: The Montane Vegetation of Jasper National Park," unpublished master's thesis, Department of Renewable Resources, University of Alberta, Edmonton, 1999. Her work, in conjunction with that of this author and several other colleagues at the University of Alberta, has led to the Bridgland Repeat Photography project, which aims to repeat and analyze the complete collection of 735 survey images from 1915.

31. White, a veteran Banff National Park warden and an early advocate of prescribed fire in

Canadian national parks, would probably use the word *damaged* in place of *altered*, but I want to resist this expression at least until a convincing case can be made for why and to what extent we ought to be concerned about such deliberate changes to the land. On what grounds is something damaged? My position is not to deny the consequences of intensive and often heedless human activity, but simply to ensure clarity about how such effects are understood.

32. Gertrude Nicks, "Demographic Anthropology of Native Populations in Western Canada, 1800–1975," unpublished doctoral dissertation, Department of Anthropology, University of Alberta, 1980.

33. Graber, "Resolute Biocentrism," 133.

34. Society for Ecological Restoration Official Definition, 2002. Available at <www.ser.org>.

35. I use the restoraton of the Old State House in Boston, where restorationists had to wrestle with the proper point of such a task, as an example in Eric S. Higgs, "What Is Good Ecological Restoration?", *Conservation Biology* 11, no.2（1997）: 338–348. Marcus Hall uses the example of the Sistine Chapel to a similar end. He points to the problem of extracting a reasonable reference point when some people were shocked by the bright, bold qualities of the restored frescoes in the Chapel: See Marcus Hall, "American Nature, Italian Culture: Restoring the Land in Two Continents," unpublished doctoral dissertation, Institute for Environmental Studies, University of Wisconsin–Madison, 1999.

36. Daniel Botkin, *Discordant Harmonies: A New Ecology for the Twenty-First Century*（New York: Oxford University Press, 1990）, 13.

37. Richard White, "The New Eastern History and the National Parks," *George Wright Forum* 13, no. 3（1996）: 31.

38. Stephanie Mills, *In Service of the Wild: Restoring and Reinhabiting Damaged Land*（Boston: Beacon Press, 1995）, 34.

39. See Michael Soulé and Gary Lease, eds., *Reinventing Nature? Responses to Postmodern Deconstruction*（Washington, DC: Island Press, 1995）.

40. Wallace Stevens, "The Snow Man," in Richard Ellmann and Robert O'Clair, eds., *The Norton

Anthology of Modern Poetry, 2nd ed. （New York: Norton, 1988）, 289.

41. There were several of these hotels in the mountain parks owned by Canadian Pacific Railway, including Jasper Park Lodge, Banff Springs Hotel, and Chateau Lake Louise.

42. Remarkably few studies have been done on the perceptions of park visitors that take into account factors such as gender, ethnicity, age, and experience. This is remarkable because it flies in the face of assumptions about the constructedness of wilderness. We sense that the idea of wilderness is constructed, yet we have few data to support the claim. More generally, relatively few studies examine the often-discordant belief systems that constitute the human membership in a park: park staff, workers in the private sector, the visitor industry, visitors, environmentalists, community residents, and so on. Much more research has been done on animal behavior in parks than has been done on human behaviors in and beliefs about the domains the animals inhabit. An improved understanding of the way the values of such groups both complement and tacitly contradict one another is a vital aspect of understanding how the park is collectively viewed. The reason for this lacuna is partly that anthropologists, psychologists, and sociologists, key professionals who have a direct stake in understanding the practices and beliefs of people, have concentrated mostly on studying the exotic other. Those so close at hand are less enticing, less different perhaps. Hence, we have very little systematic understanding of what people really understand about the beliefs of visitors, or indeed about the larger cultural forces that condition our predisposition to wilderness. Fortunately a growing number of cultural studies are being done on subjects that bear directly on the matter of what constitutes nature and wilderness. For instance, in "Simulated Seas: Exhibition Design in Contemporary Aquariums," *Design Issues* 11, no. 2 （1995）: 3–10, Dennis Doordan concentrates on the cultural values featured in the design of modern public acquariums. William Cronon's edited collection, *Uncommon Ground: Toward Reinventing Nature* （New York: Norton, 1995）, highlights the kind of work we are concerned with. In this anthology, Candace Slater's treatment of the contemporary fascination with Amazonia, "Amazonia as Edenic Narrative" （pp. 114–131）, Jennifer Price's wry examination of image management, "Looking for Nature at the Mall: A Field Guide to the Nature Company" （pp. 186–203）, and James Proctor's study of the divergent cultural values of those involved in

debates over the future of U.S. Northwest coastal forest, "Nature as Community: The Convergence of Environment and Social Justice" (pp. 298–320), are excellent examples of how cultural studies of institutions and practices can yield important information about the larger belief systems at work in shaping parks.

43. The future of Jasper is contingent on policies that are set and implemented by managers and others. But of course these policies are conditioned by the flow of capital into the park and the region, the political climate in the headquarters of the park systems in Canada, international styles in park management, spending allocations of visitors, changing infrastructure requirements, and a host of other factors.

44. William Wordsworth, "Lines Composed a Few Miles above Tintern Abbey, on Revisiting the Banks of the Wye during a Tour, July 13, 1798," lines 102–106, in M. H. Abrams, general editor, *The Norton Anthology of English Literature*, Sixth Edition, Volume Two (New York: W. V. Norton & Company, 1993) 138.

45. Wilson, *The Culture of Nature*.

46. This section is based closely on the fieldwork and research of Jennifer Cypher, "The Real and the Fake: Imagineering Nature and Wilderness at Disney's Wilderness Lodge," unpublished master's thesis, Department of Anthropology,University of Alberta, 1995, and Jennifer Cypher and Eric Higgs, "Colonizing the Imagination: Disney's Wilderness Lodge," *Capitalism, Nature, Socialism* 8, no. 4 (1997) : 107–130.

47. Cypher, "The Real and the Fake", 22.

48. Walt Disney Corporation, *Silver Creek Star*, 1994, p. 1.

49. Since opening in mid-1994, the Wilderness Lodge has been a terrific success. When Jennifer Cypher went to conduct fieldwork at the site, she could not arrange to spend even a single night in the hotel; there were no vacancies.

50. Frederick Turner, *Beyond Geography: The Western Spirit against the Wilderness* (New York: Viking, 1980) .

51. In addition to Simon Schama's *Landscape and Memory*, cited above, three other works stand

out in explaining changing views of wilderness: Max Oelschlaeger, *The Idea of Wilderness* (New Haven, CT: Yale University Press, 1991) ; Roderick Nash, *Wilderness and the American Mind*, 3rd ed. (New Haven, CT: Yale University Press, 1982) ; C. J. Glacken, *Traces on the Rhodian Shore: Nature and Culture in Western Thought from Ancient Times to the End of the Eighteenth Century* (Berkeley: University of California Press, 1967) .

52. Richard White points to the notable absence of labor and work in contemporary views of nature. See his " 'Are You an Environmentalist or Do You Work for a Living?': Work and Nature," in William Cronon, ed., *Uncommon Ground: Toward Reinventing Nature* (New York: Norton, 1995) , 171-185.

53. Cypher and Higgs, "Colonizing the Imagination."

54. See L. M. Benton, "Selling the Natural or Selling Out?", *Environmental Ethics* 17 (1995): 3-22; Price, "Looking for Nature at the Mall."

55. See, for example, Noam Chomsky, *Year 501: The Conquest Continues* (Boston: South End Press, 1993) .

56. Russ Rymer, "Back to the Future: Disney Reinvents the Company Town," *Harper's*, 1996, pp. 65-78 (quote on p. 65) .

57. Rymer, "Back to the Future," p. 67.

58. Rymer, "Back to the Future," p. 75.

59. Jennifer Cypher, "The Real and the Fake," 1.

60. MacLaren, "Cultured Wilderness," 39.

61. Sherry Turkle, *Life on the Screen: Identity in the Age of the Internet* (New York: Simon and Schuster, 1995) .

62. David Orr, *Ecological Literacy: Education and the Transition to a Postmodern World*(Albany, NY: SUNY Press, 1992) , 86.

63. Mills, *In Service of the Wild*, 17-18.

64. William Cronon, "The Trouble with Wilderness; or, Getting Back to the Wrong Nature," in William Cronon, ed., *Uncommon Ground; Toward Reinventing Nature* (New York: Norton, 1995) ,

69-90（quote on 80）.

65. The seminar that led to the production of Cronon's essay "The Trouble with Wilderness" and to the book he edited, *Uncommon Ground*, was held in California.

66. David Strong, *Crazy Mountains: Learning from Wilderness to Weigh Technology*（Albany, NY: SUNY Press, 1995）, 130.

67. Albert Borgmann, "The Nature of Reality and the Reality of Nature," in Michael Soulé and Gary Lease, eds., *Reinventing Nature? Responses to Postmodern Deconstruction*（Washington, DC: Island Press, 1995）, 31-45（quote on 38）.

68. Gary Snyder, *The Practice of the Wild*（San Francisco: North Point, 1990）, 24.

Chapter 2

1. Jennifer Cypher, "*The Real and the Fake: Imagineering Nature and Wilderness at Disney's Wilderness Lodge*," unpublished master's thesis, Department of Anthropology, University of Alberta, 1995. MacMahon uses the term *designer ecosystem* to refer to created systems that mimic real systems, the Biosphere II project being perhaps the best-known example. See James MacMahon, "Empirical and Theoretical Ecology as a Basis for Restoration: An Ecological Success Story," in M. L. Pace and P. M. Groffman, eds., *Successes, Limitations, and Frontiers in Ecosystem Science*（New York: Springer Verlag, 1998）, 220-246.

2. I am in a fragile position to criticize overzealous development. Edmonton, Alberta, where I lived, is home to the world's largest shopping mall.

3. Cost estimates are difficult to come by in the sense that they have escalated as the scope of the project has grown and as new information has come to light. Suffice it to say that the final budget will be very, very large compared with that of most restoration projects.

4. For these and other details I am grateful for a special issue of *Restoration Ecology*（vol. 3, no. 3, 1995）on the Kissimmee River restoration, and to Cliff Dahm, guest editor of the issue. Readers who

want more information on the project, especially on ecological effects and hydrological characteristics, should consult the series of articles in this issue.

5. U.S. Army Corps of Engineers, *Central and Southern Florida, Kissimmee River, Florida. Final Feasibility Report and Environmental Impact Statement: Environmental Restoration of the Kissimmee River, Florida* （Jacksonville, FL: U.S. Army Corps of Engineers, Jacksonville District, 1992）; as reported in Joseph W. Koebel, Jr. "An Historical Perspective on the Kissimmee River Restoration Project," *Restoration and Management Notes* 3 （1995）: 152.

6. For examples, see Roberta Ulrich, *Empty Nets: Indians, Dams, and the Columbia River* （Corvallis: Oregon State University Press, 1999）; Satyajit Singh, *Taming the Waters: The Political Economy of Large Dams in India* （Delhi:Oxford University Press, 1997）; George N. Hood, *Against the Flow: Rafferty- Alameda and the Politics of the Environment* （Saskatoon: Fifth House, 1994）.

7. Clifford N. Dahm, Kenneth W. Cummins, H. Maurice Valett, and Ross L. Coleman, "An Ecosystem View of the Restoration of the Kissimmee River," *Restoration and Management Notes* 3 （1995）: 225.

8. Fortunately, this project and others along the Morava River have been documented in J. Seffer, and V. Stanova, eds., *Morava River Floodplain Meadows— Importance, Restoration and Management* （Bratislava: DAPHNE, Centre for Applied Ecology, 1999）.

9. For example, see Robert S. Dorney, "The Mini-Ecosystem: A Natural Alternative to Urban Landscaping," *Landscape Architecture Canada* 3 （1977）: 56–62; Dorney, "An Emerging Frontier for Native Plant Conservation," *Wildflower* 2 （1986）: 30–35; and his posthumous book, *The Professional Practice of Environmental Management* （New York: Springer-Verlag, 1989）.

10. Eric Higgs, "A Life in Restoration: Robert Starbird Dorney 1928–1987," *Restoration and Management Notes* 12 （1993）144–147.

11. Dorney was an inveterate tinkerer who, in addition to producing his frontyard microecosystems and dozens of restoration installations, spent his weekends at a cottage on Georgian Bay in Ontario testing out effective ways of restoring remnants of tallgrass prairie. He installed a series of plots on which he used different treatments （rototilling, fertilizing, and so on）, and

then experimented with using restored nodes of diversity to provide windblown seed stock to larger patches. This work was done in his spare time, as a hobby. Dorney found it a way of helping him better understand ecological function and local conditions.

12. Expect the unexpected in restoration: one of the main participants in the garden, Larry Lamb, has had good success in using goldenrod plantings in his prairie restorations. For some reason, the particular strain used in the garden has run amok, and the best way to deal with it remains a delicate matter.

13. Practitioner-oriented publications such as Jean-Marc Daigle and Donna Havinga, *Restoring Nature's Place: A Guide to Naturalizing Ontario Parks and Greenspace* (Toronto: Ecological Outlook Consulting and Ontario Parks Association, 1996) , offer clear suggestions for restoration. Scientific/technical resources such as the National Research Council's (U.S.) *Restoration of Aquatic Ecosystems: Science, Technology, and Public Policy Committee on Restoration of Aquatic Ecosystems* (Washington, DC: National Academy of Sciences, 1992) , provide state-of-the-science compendiums for scientists, practitioners, agency official, and students.

14. Reprinted in Susan L. Flader and J. Baird Callicott, eds., *The River of the Mother of God and Other Essays by Aldo Leopold* (Madison: University of Wisconsin Press, 1991) , 210–211.

15. Sperry was the first recipient of a lifetime achievement award given by the Society, and the annual recognition given for outstanding contributions to restoration is named "The Theodore Sperry Award."

16. See Donald Worster, *Dust Bowl: The Southern Plains in the 1930s* (New York: Oxford University Press, 1979) .

17. John Cairns, Jr., *The Recovery Process in Damaged Ecosystems* (Ann Arbor, MI: Ann Arbor Science Publications, 1980) ; A. D. Bradshaw and M. J. Chadwick, *The Restoration of Land: The Ecology and Reclamation of Derelict and Degraded Land* (Berkeley: University of California Press, 1980) ; J. J. Berger, *Restoring the Earth: How Americans Are Working to Renew Our Damaged Environment* (New York: Knopf, 1979) ; W. R. Jordan, Jr., M. E. Gilpin, and J. D. Aber, *Restoration Ecology: A Synthetic Approach to Ecological Research* (Cambridge: Cambridge University Press,

1987） *National Research Council, 1992; J. A. Kusler and M. E. Kentula, Wetland Creation and Restoration: The Status of the Science* （executive summary）, 2 vols., U.S. EPA/7600/3-89/038 （Corvallis, OR: U.S. EPA Environmental Research Laboratory, 1989）; A. D. Baldwin Jr., J. De Luce, and C. Pletsch, eds., *Beyond Preservation: Restoring and Inventing Landscapes* （Minneapolis: University of Minnesota Press, 1994）; S. Mills, *In Service of the Wild: Restoring and Reinhabiting Damaged Land* （Boston: Beacon Press, 1995）; W. K. Stevens, *Miracle under the Oaks: The Revival of Nature in America* （New York: Pocket Books,1995）; F. House, *Totem Salmon: Life Lessons from Another Species* （Boston: Beacon Press, 1999）.

18. J. G. Ehrenfeld, "Defining the Limits of Restoration: The Need for Realistic Goals," *Restoration Ecology* 8, no. 1 （2000）: 2.

19. I construe science broadly, which is why traditional ecological knowledge as applied to restoration could be restoration ecology.

20. E. S. Higgs, "Expanding the Scope of Restoration Ecology," *Restoration Ecology* 2 （1994）: 137–146.

21. The administrative offices of the Society for Ecological Restoration were shifted to Tucson, Arizona, in 1999.

22. Most of the historical notes are contained in chapter 6, "Learning Restoration," in Stephanie Mills, *In Service of the Wild*, 113–142.

23. Robert E. Grese, "Historical Perspectives on Designing with Nature," in H. Glenn Hughes and Thomas M. Bonnicksen, eds., *Restoration '89: The New Management Challenge*, Proceedings of the First Annual Meeting of the Society for Ecological Restoration, Madison, Wisconsin, 1998）, 43–44; Dave Egan, "Historic Inititiatives in Ecological Restoration," *Restoration and Management Notes* 8, no. 2 （1990）: 83.

24. A number of restorationists have pieced together personal accounts of the development of restoration or highlights of restoration history, but few have taken on the more ambitious historical project of situating restoration within wider social movements.

25. Marcus Hall, "*American Nature, Italian Culture: Restoring the Land in Two Continents,*"

unpublished doctoral dissertation, Institute for Environmental Studies, University of Wisconsin–Madison, Hall argues for the general term *environmental restoration* instead of *ecological restoration*, especially when dis-cussing history. Both *ecological* and *environmental* are presentist words, but the former is more distinctly a product of the twentieth century. Further, *ecological restoration* and *restoration ecology* are, for Hall, too "easily confused" (personal communication). I accept his assertion that *ecological* is less appropriate than *environmental* when discussing the deep history of restoration, despite the fact that even *environmental* is a term that has low currency prior to the twentieth century. For that matter, the meaning of *restoration* has changed over time, which makes any attempt to construct a linear terminological path difficult. I will stick with my terminological conventions—chiefly using *ecological restoration* as an umbrella term (see chapter 3) —since most of the explanations that concern me are contemporary ones.

26. Marcus Hall, "Co-Workers with Nature: The Deeper Roots of Restoration," *Restoration and Management Notes* 15, no. 2 (1997): 173.

27. Hall, "Co-Workers with Nature," 173.

28. Hall, "American Nature, Italian Culture," 58.

29. This matter is addressed in an exchange in *Ecological Restoration* and a reply by the editor, W. R. Jordan III. See J. A. Aronson R. Hobbs, E. Le Floc'h, and D. Tongway, "Is *Ecological Restoration* a Journal for North American Readers Only?", *Ecological Restoration* 18, no. 3 (2000): 146–149.

30. The distinction here is a fine one between a view of ecological restoration that is imposed from a single model, as is largely the case at present, and one that arises from the confluence of common interests. To think of ecological restoration as a global phenomenon is already to impose a kind of hegemonic practice, albeit one that is supposed to have a salutary goal.

31. Quoted in Hall, "American Nature, Italian Culture," 26.

32. Hall, "American Nature, Italian Culture," 43. It is also true that many gardens, strictly speaking, are built in cultural rather than natural spaces.

33. Hall, "American Nature, Italian Culture," 70.

34. See I. McHarg, *Design with Nature* (Garden City, NJ: Natural History Press, 1967).

35. Stevens, *Miracle under the Oaks*.

Chapter 3

Sections of this chapter have been adapted from my essay "What Is Good Ecological Restoration?", *Conservation Biology* 11, no. 2 （1997）: 338-348.

1. Wendell Berry, "In Distrust of Movements," *Orion* 18, no. 3 （1999）: 15.

2. Turning to an American source, the Meriam-Webster dictionary, the results are similar. There is nothing new that would indicate variant meanings between the Old and News Worlds, or for that matter anything that points directly at ecological restoration.

3. In, "Restoration and Rehabilitation of Degraded Ecosystems in Arid and Semi-Arid Land. 1. A View from the South," *Restoration Ecology* 1, no. 1 （1993）: 8-17, J. Aronson, C. Floret, E. Le Floc'h, C. Ovalle, and R. Potannier. Make reference to the restoration of Renaissance paintings and buildings in creating a distinction between restoration and rehabilitation.

4. *Restoration* may not deserve the distinction of being a plastic word, according to Uwe Poerksen's description of words that tyrannize language because of malleable meaning and capricious use, but it certainly is worthy of nomination. See Uwe Poerksen, *Plastic Words: The Tyranny of a Modular Language*, trans. Jutta Mason and David Cayley （University Park, PA: Pennsylvania State University Press, 1995）.

5. John Berger's book *Environmental Restoration* （Washington, DC: Island Press, 1990） is a prime example.

6. There is tension within the SER as to whether professionalization is a good move or not. Professional status will raise the profile of restoration but potentially limit creativity and broader participation.

7. E. B. Allen, J. S. Brown, and M. F. Allen, "Restoration of Plant, Animal, and Microbial Diversity," in S. Levin, ed., *Encyclopedia of Biodiversity*, vol. 5, （San Diego: Academic Press,

2000）, 185–202.

8. Among those attending were Andy Clewell and John Rieger, both former SER leaders; Nik Lopoukhine, incoming chair of SER; board members Deb Hilyard, Laura Jackson, and Dennis Martinez; Mike Oxford, future board member; and myself（future secretary）.

9. For an account of the significance of this work see Stephanie Mills, "Learning Restoration," in her *In Service of the Wild: Restoring and Reinhabiting Damaged Land*（Boston: Beacon Press, 1995）, 113–29, and also chapter 2 of the present work.

10. On reading this passage Nancy Turner, an ethnobotanist and restorationist at the University of Victoria, wondered whether this is in fact true or is perhaps an artifact of our cultural amnesia about First Peoples. In regions such as California, one wonders whether the human involvement in ecosystems was at least as pronounced as in parts of England. The difference, of course, is the cultural discontinuity following European colonization of North America.

11. This is beginning to change, thanks to essays such as J. G. Ehrenfeld's "Defining the Limits of Restoration: The Need for Realistic Goals," *Restoration Ecology*. 8, no. 1 （2000）: 2–9; R. J. Hobbs and D. A. Norton, "Towards a Conceptual Framework for Restoration Ecology," *Restoration Ecology* 4 （1996）: 93–110; and the work of the SER's Science and Policy Working Group.

12. Definitions from the Society for Ecological Restoration were gleaned from various files and records of the Society.

13. National Research Council, *Restoration of Aquatic Ecosystems: Science, Technology, and Public Policy/Committee on Restoration of Aquatic Ecosystems*.（Washington, DC: National Academy of Sciences, 1992）.

14. A. D. Bradshaw and M. J. Chadwick, *The Restoration of Land: The Ecology and Reclamation of Derelict and Degraded Land*（London: Blackwell, 1980）.

15. J. Cairns, Jr., "Ecosocietal Restoration: Reestablishing Humanity's Relationship with Natural Systems," *Environment* 37 （1995）: 4–33.

16. D. H. Janzen, "Tropical Ecological and Biocultural Restoration," *Science* 239 （1988）: 243–244.

17. D. Rogers-Martinez, "The Sinkyone Intertribal Park Project," *Restoration and Management Notes* 10, no. 1 （1992）: 64–69.

18. Available at 〈www.ser.org〉.

19. The Science and Policy Working Group, chaired by Keith Winterhalder, included James Aronson（France）, Jim Harris（England）, Carolina Murcia（Colombia）, Andre Clewell（United States）, Richard Hobbs（Australia）, and myself.

20. The definition, as well as the accompanying SER Primer, which contains a comprehensive and evolving account of SER policies, can be found at 〈www.ser.org〉.

21. Elsewhere I argue for the term *ecological fidelity*, which describes restoration in terms of structural replication, functional success, and durability; see Higgs, "what Is Good Ecological Restoration?" My intention was to describe the core *ecological* constituents of restoration, and to this end it seemed prudent at the time not to confuse it with notions such as ecological integrity. I still like the term *fidelity* because it suggests a commitment to faithful work with ecosystems. However, *ecological integrity* has become widespread in ecological restoration circles; among other things, it was enshrined in the official 1996 SER definition. Andy Clewell has offered a third relevant term, *authenticity*, which, as he points out, can be neatly subdivided into historical and natural authenticity. See A. F. Clewell, "Restoring for Natural Authenticity," *Ecological Restoration* 18, no. 4 （2000）: 216–217.

22. This points to a difficult contemporary issue in ecology: the extent to which ecological succession is reversible. Some argue, for instance, that the ancient temperate rainforests along the Northwest coast of North America cannot recover or be restored following intensive timber harvesting. These ecosystems are simply too complicated, and rely on too much accumulation of species and relationships, to make any reasonable recovery possible. There is every indication, also, that system thresholds limit the capacity for recovery; once an ecosystems sinks beneath a certain threshold, it cannot attain, at least autogenically, a semblance of its predisturbance condition.

23. Bill McKibben, "An Explosion of Green," *Atlantic Monthly,* April 1995, 61–83. A modified version of this article appeared later, in McKibben's book *Hope, Human and Wild* （New York: Little,

Brown, 1995）.

24. The Moraine Lake story was covered extensively by the Canadian press. The quote from Ritchie appears in an article by Tom Cohen, an Associated Press writer; see Cohen's "Restoring Lake Means Killing Fish," available at the Calgary Field Naturalists' Web site: 〈www.cadvision.com/cfns〉.

25. M. Bookchin, *The Ecology of Freedom: The Emergence and Dissolution of Hierarchy*（Palo Alto, CA: Cheshire Books, 1982）.

26. A. Light and E. S. Higgs, "The Politics of Ecological Restoration," *Environmental Ethics* 18（1996）: 227–248.

27. F. House, *Totem Salmon: Life Lessons from Another Species*（Boston: Beacon Press, 1999）.

28. D. Rogers-Martinez, "The Sinkyone Intertribal Project, "Restoration and Management Notes, 15（1992）: 67.

29. J. J. Kay, 1991, "A Nonequilibrium thermodynamic Framework for Discussing Ecosystem Integrity," *Environmental Management*, 15（4）: p. 483.

30. P. L. Angermeier and J. R. Karr, 1994, "Biological Integrity Versus Biological Diversity as Policy Directives," *Bioscience*, 44: pp. 690–697.

31. Aronson et al., 1993, and J. Aronson and E. Le Floc'h 1996, "Vital Landscape Attributes: Missing Tools for Restoration Ecology, *Restoration Ecology*, 4（4）: pp. 377–387.

32. The debate between Hobbs and Norton, 1996, and Aronson and Le Floc'h, 1996, "Hierarchies and Landscape History: Dialoguing with Hobbs and Norton, "Restoration Ecology*, 4（4）: pp. 327–333, is a good example of how the conceptual sophistication of restoration can and will develop. Joan Ehrenfeld's recent essay, discussed in Chapter 2, 2000, "Defining the Limits of Restoration: The Need for Realistic Goals." *Restoration Ecology*, 8（1）: pp. 2–9, is another example of a widening literature that advances the conceptual bases of restoration.

33. Hobbs and Norton, 1996 p. 93.

34. Angermeier and Karr, 1994, p. 690.

35. This test was inspired the late Alan Turing, a renowned British logician and cryptographer, who invented the "Turing test" to evaluate machine intelligence. It consisted of a simple device in which a judge exchanged questions and replies with a computational machine and a person sitting on the other side of a wall. The idea, simplified in my explanation, is that the person would judge the adequacy of the responses provided by the two agents, one a machine and the other a person; the teletype answers could come from a machine or a person. If, after a sufficient period and using various linguistic tricks, the person posing the questions could not tell whether the responses were coming from a machine or a person, and they were in fact coming from a machine, one could conclude that the machine had satisfied basic conditions for intelligence.

36. Higgs, "What Is Good Ecological Restoration?"

37. See W. R. Jordan III, M. E. Gilpin, and J. D. Aber, *Restoration Ecology: A Synthetic Approach to Ecological Research* （New York: Cambridge University Press, 1987）.

Chapter 4

1. It may appear a small semantic quibble, but I prefer the term *fidelity* to *authenticity* in describing the historical goals of ecological restoration. Authenticity implies a strict adherence to past states—a goal difficult(impossible?)to achieve in most ecological restoration. In his article "Restoring for Natural Authenticity," *Ecological Restoration* 18, no. 4 （2000）: 216–217, Andy Clewell makes effective use of the concept of authenticity by distinguishing between its natural and historical forms. Natural authenticity is "an ecosystem that developed in response to natural processes and that lacks indications of being intentionally planned or cultured" （p. 216）. Restorationists suggests Clewell, should try to create ecosystems that will meet the criterion of natural authenticity. Historical authenticity, on the other hand, requires replicating the conditions of an earlier period. Such exactitude results in artifice. This is where the concept of authenticity runs into trouble, by placing too heavy a burden on history. Fidelity urges us to be faithful to history without necessarily replicating it.

2. As a rare exception, Dave Egan and Evelyn Howell have published a collection of papers on reference ecosystems, *The Historical Ecology Handbook: A Restorationist's Guide to Reference Ecosystems* (Washington, DC: Island Press, 2001) .

3. By the mid 1930s, aerial photography began to supplant land-based techniques, and the phototopographic methods that transformed mountain surveying just a few decades earlier were now on the wane. M. P. Bridgland's personnel file records his dismissal in 1931. I find it difficult to comprehend how a person with such exceptional qualifications, having spent half a lifetime climbing mountains under staggeringly difficult conditions and producing beautiful, definitive maps, could lose his job. Had he stuck like a thorn in the side of his superiors in Ottawa? Was he embittered by the arrival of an era that elevated machinery above human technique and judgment? Was the Great Depression responsible? It is difficult to piece the story together, but one reasonable explanation is that he resisted the imposition of newfangled technologies, preferring the results of his phototopographic surveys. This may also have been the typical reaction of more traditional surveyors at the end of the nineteenth century, who were faced with a choice between retraining with the arrival of photographic techniques and unemployment.

4. M. P. Bridgland, *Photographic Surveying*, Topographical Survey of Canada Bulletin No. 56 (Ottawa: Department of the Interior, 1924) .

5. Details are provided in Bridgland's report of the 1915 survey to Edouard DeVille, Surveyor General of Canada, dated February 9, 1916, National Archives of Canada, RG88 vol. 353 file 15756.

6. E. O. Wheeler wrote Bridgland's obituary in the *Canadian Alpine Journal* in 1948 (vol. 31, pp. 218–222) . This obituary was also run in the *American Alpine Journal* the same year (vol. 6, pp. 345–348) .

7. S. Zeller, *Inventing Canada: Early Victorian Science and the Idea of a Transcontinental Nation* (Toronto: University of Toronto Press, 1987) .

8. I directed the Culture, Ecology and Restoration project, and from this sprang the Bridgland Repeat Photography project, which originated in part in Rhemtulla's graduate research. The Bridgland Repeat Photography project is an ongoing research project aimed a studying landscape change as

portrayed by photographic mountain surveys, initially those conducted by M. P. Bridgland, and subsequent repeat images. At the time of writing, all 735 images have been repeated from exactly the same locations, extensive archival research has been conducted to find documents, negatives, and equipment, the before-and-after photographs have been digitized and placed on a Web-served database, and techniques are being developed for quantitative analysis of the photographs. The 1915 survey in Jasper was only one of many surveys conducted in the first few decades of the twentieth century. The additional collections will illustrate landscape change throughout the Canadian Rockies.

9. Repeat photographic studies in North America include J. R. Hastings and R. M. Turner, *The Changing Mile* (Tuscon: University of Arizona Press, 1965); G. F. Rogers, H. E. Malde, and R. M. Turner, *Bibliography of Repeat Photography for Evaluating Landscape Change* (Salt Lake City: University of Utah Press, 1984); W. J. McGinnies, H. L. Shantz, and W. G. McGinnies, *Changes in Vegetation and Land Use in Eastern Colorado*, report no. ARS-85, (Washington, DC: U.S. Department of Agriculture, 1991); T. T. Veblen and D. C. Lorenz, *The Colorado Front Range: A Century of Ecological Change* (Salt Lake City: University of Utah Press, 1991); M. Meagher and D. Houston, *Yellowstone and the Biology of Time: Photographs across a Century* (Norman: University of Oklahoma Press, 1998); R. H. Webb, *Grand Canyon, a Century of Change: Rephotography of the 1889–1890 Stanton Expedition* (Tucson: University of Arizona Press, 1996). An overview of photographic and mapping techniques is available in T. Reithmaier's "Maps and Photographs," in D. Egan and E. Howell, eds., *The Historical Ecology Handbook: A Restorationist's Guide to Reference Ecosystems* (Washington, DC: Island Press, 2001).

10. J. M. Rhemtulla, "Eighty Years of Change: The Montane Vegetation of Jasper National Park," unpublished master's thesis, Department of Renewable Resources, University of Alberta, Edmonton, 1999. Rhemtulla's research demonstrated the capacity of the imagery for quantitative analysis by using a straightforward if tedious technique. Photogrammetric analysis of oblique photographs is challenging: perspective distorts the actual spatial extent of particular features, which means that relative comparison is more easily obtained than actual comparison. Computer-assisted analysis will help considerably in the future.

11. We were joined early in our endeavors by Ian MacLaren, a professor of literary history in the Department of English and also in the Canadian Studies Program at the University of Alberta, who has made all the difference in wrestling with historical documents and interpretations. More recently, Sandy Campbell, a librarian at the University of Alberta with a keen interest in the Jasper region, and David Cruden, a professor of geology in the Departments of Earth and Atmospheric Sciences and Civil Engineering, have joined the project as collaborators.

12. F. N. Egerton's 1973 article, "Changing Concepts of the Balance of Nature," *Quarterly Review of Biology* 48 （1973）: 322–350, first encouraged me to think of shifting meanings in ecology. J. J. Kay's "A Nonequilibrium Thermodynamics Framework for Discussing Ecosystem Integrity," *Environmental Management* 15, no. 4 （1991）: 483–495, helped push my thinking in ecology toward new systems theories emanating from chemistry and physics. J. Wu and O. L. Loucks's "From Balance of Nature to Hierarchical Patch Dynamics: A Paradigm Shift in Ecology," *Quarterly Review of Biology* 70 （1995）439–466, describes a distinctive paradigm shift in ecology.

13. Quote by Wally Covington, a restoration ecologist who is reconstructing earlier conditions involving ponderosa pine in the Flagstaff, Arizona, area; see his "Flagstaff Searches for its Forests' Futu", *High Country News,* March 1, 1999, 8.

14. M. Hall, "American Nature, Italian Culture: Restoring the Land in Two Continents," unpublished doctoral dissertation, Institute for Environmental Studies, University of Wisconsin–Madison, 329.

15. This example comes from my article "What Is Good Ecological Restoration?", *Conservation Biology* 11, no. 2 （1997）: 338–348. In the case of the Old State House restoration in Boston, the challenge was in knowing whether to return it to eighteenth-century provincial condition, or to reflect the sequential changes made under different ideological and historical conditions （the answer, in 1991, was the latter）.

16. Juliet Schor's *The Overspent American* （New York: Basic Books, 1999） is a persuasive argument for decreasing the pace of life, reducing work hours, and lowering material expectations. After all, many studies indicate that in the United States the maximum aggregate happiness was

achieved in the late 1950s.

17. E. O. Wilson, *Biophilia* （Cambridge, MA: Harvard University Press, 1984）.

18. M. Hall, "American Nature, Italian Culture," 4.

19. J. O'Neill, "Time, Narrative and Environmental Politics," in R. Glottlieb, ed., *Ecological Community* （London: Routledge, 1997）, 15.

20. Tim Ingold, "The Temporality of Landscape," *World Archaeology* 25, no. 2 （1993）: 153.

21. See Barry Lopez, "Story at Anakutuvuk Pass: At the Junction of Landscape and Narrative," *Harper's*, October 1984, 31–39. A distinction between landscape and inscape was explored by the Canadian ecologist Pierre Dansereau in *Inscape* and *Landscape* （Toronto: Canadian Broadcasting Corporation, 1973）. Earlier, Gerald Manley Hopkins used the term inscape to refer to "the inward quality of objects and events, as they are perceived by the joined observation and introspection of a poet, who in turn embodies them in unique poetic forms." C. Hugh Holman, *A Handbook to Literature*, Third Edition, （Indianapolis: The Odyssey Press, 1972）.

22. Of course, not everyone is sanguine about what happens when a place develops too much significance. In his book *Jungling in Jasper* （Ottawa: Graphic Publishers, 1929）, L. J. Burpee describes the perspective of one park warden from the 1920s: " 'I wouldn't exchange the peace of this Tonquin Valley for all the luxuries of your noisy cities. As a matter of fact, there are always some people up here in the summer. What I'm afraid of is that it will become too popular, when it becomes known what a gorgeous place it is, and then they'll be building a motor road up here, and perhaps a hotel' " （p. 196）.

23. Hugh Brody's *Maps and Dreams*: *Indians and the British Columbia Frontier* （Vancouver: Douglas and McIntyre, 1981） describes the way landscapes are named and the transformation of oral tradition into mapped representation.

24. This is the gist of the argument made by Frederick Turner in his essay "Cultivating the American Garden: Toward a Secular View of Nature," *Harper's, August* 1986, *45–52*. He suggests that we grow to appreciate nature not by turning outward to take in wildness but by seeing wildness in our own places, specifically gardens.

25. J. O'Neill and A. Holland, "Two Approaches to Biodiversity Value," in D. Posey, ed., *Cultural and Spiritual Values of Biodiversity* (London: UNEP, 1999).

26. Ibid.

27. The problem, of course, is that such value is often trumped by the shortterm gains to be made from resource extraction. The Special Places program in Alberta was largely a failure because of a disagreement over just how much value rare landscapes have in the face of economic development. For a provocative account of these and related environmental debates in Alberta, see Ian Urquhart, *Assault on the Rockies* (Edmonton: Rowan Books, 1998).

28. Guy Debord, *The Society of the Spectacle* (New York: Zone Books, 1994).

29. The idea of fakery is important to restorationists, still stung by Australian philosopher Robert Eliot's original proposal that restoration is not much more than fakery: "Faking Nature," *Inquiry* 25 (1982) : 81–93. His argument is extended and considerably more conciliatory in his book *Faking Nature: The Ethics of Environmental Restoration* (London: Routledge, 1997).

30. We return to this theme in chapter 5 of the present book. It is articulated in greater detail in A. Light and E. S. Higgs, "The Politics of Ecological Restoration," *Environmental Ethics* 18 (1996) : 227–247, as well as in A. Light, "Restoration, the Value of Participation, and the Risks of Professionalization," in P. H. Gobster and R. B. Hull, eds., *Restoring Nature: Perspectives from the Social Sciences and Humanities* (Washington, DC: Island Press, 2000) , 49–70.

31. Briony Penn, "Leeks, Racing Pigeons, and Valley of the Bears," *Alternatives* 25, no. 2 (1999): 12–13.

32. P. S. White and J. L. Walker, "Approximating Nature's Variation: Selecting and Using Reference Information in Restoration Ecology," *Restoration Ecology* 5, no. 4 (1997): 338–349 (quote on 338).

33. Exclosures are typically fenced areas that prevent certain ecological functions, such as herbivory by ungulates, from taking place.

34. Try as we might, monitoring is just not very rewarding. Of course, regular and reliable monitoring is critical to measuring and understanding the fate of a restoration project, but it is

expensive and involves commitments that are often longer range than the institutions responsible for the restoration and follow-up work. Everyone wants good monitoring data, but few stay around to collect it.

35. G. E. Likens and F. H. Bormann, *Biogeochemistry of a Forested Ecosystem* (New York: Springer-Verlag, 1995) .

36. For twenty-two years under David Schindler's direction, and still going strong, colleagues at the Freshwater Institute in Winnipeg, Manitoba (the closest major center to the ELA) , associates from around the world, and dozens of graduate students continued work on myriad projects. Schindler is referred to affectionately as the "Indiana Jones" of ecology, as much for his science as for his remarkable exploits. The Royal Swedish Academy of Science awarded him the first Stockholm Water Prize in 1991 for his contributions to understanding eutrophication and acidification that led to policy changes in North America and Europe. Since moving to the University of Alberta in 1989, he has shifted most of his ecological research to the Rocky Mountains, in Banff and Jasper National Parks. The mountains of western Alberta gained what the boreal lake district of northwestern Ontario lost (Schindler does maintain long-term projects at the Experimental Lakes Area) .

37. D. W. Schindler, K. G. Beaty, E. J. Fee, D. R. Cruikshank, E. D. DeBruyn, D. L. Findlay, G. A. Linsey, J. A. Shearer, M. P. Stainton, and M. A. Turner, "Effects of Climatic Warming on Lakes of the Central Boreal Forest," *Science* 250 (1990) 967–970; D. W. Schindler, S. E. Bayley, B. R. Parker, K. G. Beaty, D. R. Cruikshank, E. J. Fee, E. U. Schindler, and M. P. Stainton, "The Effects of Climatic Warming on the Properties of Boreal Lakes and Streams at the Experimental Lakes Area, Northwestern Ontario," *Limnology and Oceanography* 41 (1996) : 1004–1017.

38. D. W. Schindler, "Eutrophication and Recovery in Experimental Lakes: Implications for Lake Management," *Science* 184 (1974) : 897–899.

39. D. W. Schindler, K. H. Mills, D. F. Malley, D. L. Findlay, J. A. Shearer, I. J. Davies, M. A. Turner, G. A. Linsey, and D. R. Cruikshank, "Long-Term Ecosystem Stress: The Effects of Years of Experimental Acidification on a Small Lake," *Science* 228 (1985) : 1395–1401; D. W. Schindler, M. A. Turner, M. P. Stainton, and G. A. Linsey, "Natural Sources of Acid Neutralizing Capacity in Low

Alkalinity Lakes of the Precambrian Shield," *Science* 232 （1986）: 844–847.

40. For several years, the Experimental Lakes Area in Canada—one of the longest-running （thirty years of intensive data collection） and arguably one of the most productive aquatic and ecological research facilities in the world—was threatened with closure under severe government cuts. Scientists were marshaled and politicians were lobbied, but the story has had a happy ending, so far. The problem lies in convincing people that collecting long-term information is important to provide an understanding of reference conditions and to furnish data that may or may not be critical to future, as-yet-unknown studies. Once this is accomplished, there is also a need to defend long-term research against the threats of short-term crisis or "hot" research.

41. White and Walker, "Approximating Nature's Variation"; W. R. Jordan III, M. E. Gilpin, and J. D. Aber, *Restoration Ecology: A Synthetic Approach to Ecological Research* （New York: Cambridge University Press, 1987）; the introduction to Egan and Howell, *The Historical Ecology Handbook*.

42. White and Walker, "Approximating Nature's Variation," 338.

43. Egan and Howell agree: "We prefer this term for two reasons: （1） it recognizes that Native Americans influenced ecosystems at various scales in many, although not all, areas where present-day restoration activities take place; and （2） it avoids the use of the word *natural*, which has been rightly attacked as being too ambiguous" （*The Historical Ecology Handbook*, 7）.

44. C. Crumley, ed., *Historical Ecology: Cultural Knowledge and Changing Landscapes* （Sante Fe, NM: School of American Research Press, 1994）.

45. White and Walker, "Approximating Nature's Variation," 341.

46. Further information is available at ⟨www.archbold-station.org⟩.

47. White and Walker, "Approximating Nature's Variation," 341.

48. Planning for the unexpected is a major theme of Daniel Botkin's *Discordant Harmonies: A New Ecology for the Twenty-First Century* （New York: Oxford University Press, 1990）.

49. The phrase "approximating ecological variation" is interchanged with "Approximating Nature's Variation," which is used in the title of White and Walker's article.

50. White and Walker, "Approximating Nature's Variation," 347.

51. It is refreshing that in *The Historical Ecology Handbook*, Egan and Howell embrace ecological and cultural considerations. Fully half of their collection comprises essays emphasizing social scientific and humanistic methods.

52. M. Wackernagel and W. E. Rees, *Our Ecological Footprint: Reducing Human Impact on the Earth* (Gabriola Island, BC: New Society Publishers, 1996).

53. E. S. Higgs, A. Light, and D. Strong, *Technology and the Good Life?* (Chicago: University of Chicago Press, 2000).

Chapter 5

Portions of this chapter are adapted from E. S. Higgs, "Nature by Design," *in E. S. Higgs*, A. Light, and D. Strong, eds., *Technology and the Good Life?* (Chicago: University of Chicago Press, 2000), 195–212; and from E. S. Higgs, "What Is Good Ecological Restoration?", *Conservation Biology* 11, no. 2 (1997): 338–348.

1. The case for a reassessment of our understanding of wilderness has been made from several sides. See, for example, T. C. Blackburn and K. Anderson, eds., *Before the Wilderness: Environmental Management by Native Californians* (Menlo Park, CA: Ballena, 1993); W. Cronon, ed., *Uncommon Ground: Toward Reinventing Nature* (New York: Norton, 1995); M. Soulé, and G. Lease, eds., *Reinventing Nature? Responses to Postmodern Deconstruction* (Washington, DC: Island Press, 1995); G. P. Nabhan, *Cultures of Habitat: On Nature, Culture, and Story* (Washington, DC: Counterpoint Press, 1997).

2. See C. Perrow, *Normal Accidents: Living with High-Risk Technologies* (New York: Basic Books, 1984).

3. C. Taylor, *Malaise of Modernity: The Ethics of Authenticity* (Cambridge, MA: Harvard University Press, 1992).

4. L. Winner, *The Whale and the Reactor: A Search for Limits in an Age of High Technology*

（Chicago: University of Chicago Press, 1986）.

5. Examples of English language books in philosophy of technology include A. Feenberg, *Critical Theory of Technology,* New York: Oxford University Press, 1991; D. Ihde, *Technology and the Lifeworld*, Bloomington: University of Indiana Press, 1990; and C. Mitcham, *Thinking Through Technology: The Path Between Engineering and Philosophy*, Chicago: University of Chicago Press, 1994. An overview of recent trends in philosophy of technology as refracted through the writings of Albert Borgmann, is E. S. Higgs, A. Light, and D. Strong, eds., *Technology and the Good Life*, Chicago: University of Chicago Press, 2000.

Theodore Kaczynski, aka the Unabomber, following a campaign of bombing in the United States and before his arrest, convinced the *New York Times* and the *Washington Post* to publish the complete text of his millennial screed against technology. It is posted on many Internet sites. The Unabomber has become a symbol of contemporary radical anger against the pace and effects of technology. A sharp contrast in terms of background is Bill Joy, founder and chief scientist at Sun Microsystems. Joy's recent message is dreary and portends a troubling future: the combination of robotics, nanotechnology, and genetic engineering, all capable of self-replication, may surpass and eliminate humanity. See W. Joy, "Why the Future Doesn't Need Us," *Wired* 8 （2000）: 238–262.

6. Borgmann is a conservative communitarian, which means that he identifies community as the political and moral locus of society. He finds good philosophical company in Charles Taylor, who has argued that liberalism has produced a fractured, divisive society rooted too much in the satisfaction of individual desires.

7. E. S. Higgs, "The Landscape Evolution Model: A Case for a Paradigmatic View of Technology," *Technology in Society* 12 （1990）: 479–505.

8. D. Strong, *Crazy Mountains: Learning from Wilderness to Weigh Technology* （Albany, NY: SUNY Press, 1995）, 86.

9. U. Franklin, *The Real World of Technology*, rev. ed. （Toronto: House of Anansi Press, 1999）, 2–3.

10. Central to Borgmann's theory of the device paradigm is the idea that our knowledge systems

support the scientific model of induction and deduction at the expense of testimonial （storied） and patterned knowledge. The conundrum introduced is this: if contemporary society is suffused with scientific thinking, but understanding technology requires a different, paradigmatic approach to knowledge, then technology is obscured by dominant knowledge systems. This is coupled with the increasing ubiquitousness of technology: the more pervasive it is, the less likely we are to acknowledge its deeper features. Technology becomes the "air" we breathe.

11. David Strong has introduced the term *correlational coexistence* to describe the intimate, focal relations that exist between a person and a thing. He writes that "*things are rich in their capacity to reciprocate each and every tie to the world*. To try to sort out what is 'in the thing' and what is 'from the culture,' for instance, is to mistake this correspondence between the thing and its world. Rather, things must be equal to that world in order to bear that world" （*Crazy Mountains*, 69; original emphasis）.

12. The issue of what things are focal is a difficult one. Some would argue that a laptop computer, for example, is focal for someone who is attentive to it and relies on it for work-related purposes. This may be the case, although my experience is that bonds seem weak or at least ephemeral between people and computing machinery; each new gadget is greeted eagerly and old ones typically are easily disposed of. There are no categorical judgments separating focal things from nonfocal devices, but certain traits obviously contribute to focality: transparency of operation, robust characteristics, elegance of function, and beauty.

13. L. Winner, *Autonomous Technology: Technics-out-of-Control as a Theme in Political Thought* （Cambridge, MA: MIT Press, 1977）, 229.

14. J. R. Saul, *The Unconscious Civilization* （Toronto: CBC, 1995）; N. Postman, *Technopoly: The Surrender of Culture to Technology* （New York: Knopf, 1992）.

15. A. Borgmann, *Technology and the Character of Contemporary Life* （Chicago: University of Chicago Press, 1984）, 51.

16. W. Cronon, "The Trouble with Wilderness; or, Getting Back to the Wrong Nature," in W. Cronon ed., *Uncommon Ground: Toward Reinventing Nature* （New York: Norton, 1995）, 69–70.

17. M. Soulé, "The Social Siege of Nature," in M. Soulé and G. Lease, eds., *Reinventing Nature? Responses to Postmodern Deconstruction* （Washington, DC: Island Press, 1995）.

18. See J. Rouse, "What Are Cultural Studies of Scientific Knowledge?" *Configurations* 1（1992）: 1–22.

19. For example, see N. J. Turner, M. B. Ignace, and R. Ignace, "Traditional Ecological Knowledge and Wisdom of Aboriginal Peoples in British Columbia," *Ecological Applications*, 10 （2000）: 1275–1287; M. M. R. Freeman, "Indigenous Knowledge," *Northern Perspectives* 20, no. 1 （1992）: 9–12; F. Berkes, *Sacred Ecology: Traditional Ecological Knowledge and Resource Management* （Philadelphia: Taylor & Francis, 1999）.

20. Fortunately, this has been corrected by the work of many environmental historians in the last two decades, notably William Cronon, Richard White, and Donald Worster.

21. D. Haraway, "Situated Knowledges: The Science Question in Feminism and the Privilege of Partial Perspective," in D. Haraway, *Simians, Cyborgs, and Women: The Reinvention of Nature* （New York: Routledge, 1991）, 187.

22. K. Hayles, "Search for Common Ground," in M. Soulé and G. Lease, eds., *Reinventing Nature? Responses to Postmodern Deconstruction* （Washington, DC: Island Press, 1995）, 61.

23. Borgmann treats nature and wilderness in several places, notably the chapter "The Challenge of Nature" in his 1984 book *Technology and the Character of Contemporary Life* （pp. 182–195）, and his 1995 article "The Nature of Reality and the Reality of Nature," in M. Soulé and G. Lease, eds., *Reinventing Nature? Responses to Postmodern Deconstruction* （Washington, DC: Island Press, 1995）, 31–45.

24. These themes are addressed by Borgmann in *Holding on to Reality: The Nature of Information at the Turn of the Millennium* （Chicago: University of Chicago Press, 1999）, and *Crossing the Postmodern Divide* （Chicago: University of Chicago Press, 1992）.

25. J. Cypher and E. S. Higgs, "Colonizing the Imagination: Disney's Wilderness Lodge," *Capitalism, Nature, Socialism* 8, no. 4 （1997）: 107–130.

26. T. Friend, "Please Don't Oil the Animatronic Warthog," *Outside* 23 （1998）: 100–108.

27 E. S. Higgs, "A Quantity of Engaging Work to Be Done: Restoration and Morality in a Technological Culture," *Restoration and Management Notes* 9（1991）: 97–104.

28. R. Fisher and W. Ury, *Getting to Yes: Negotiating Agreement without Giving In*（Boston: Houghton Mifflin, 1981）.

29. See my discussion of the Kissimmee restoration in chapter 2, as well as a special 1995 issue of *Restoration Ecology*（vol 3, no. 3）guest edited by C. Dahm.

30. J. Perry, "Greening Corporate Environments: Authorship and Politics in Restoration," *Restoration and Management Notes* 12（1994）: 145–147.

31. See E. S. Higgs, "The Ethics of Mitigation," *Restoration and Management Notes* 11（1993）: 138–143.

32. J. Harris, "Certification for Responsible Restoration," *Restoration and Management Notes* 15（1994）: 5.

33. W. Berry, "The Futility of Global Thinking," *Harper's*, September 1989, 22.

34. A. Light and E. S. Higgs, "The Politics of Ecological Restoration," *Environmental Ethics* 18（1996）: 227–247. Our aim in this article was to show the significance of political relationship in restoration as well as to argue how the politics of restoration could work against democratic principles and processes. Light, whose main interest is environmental political philosophy and ethics, has continued to work on these themes.

35. A. Light, "Restoration, the Value of Participation, and the Risks of Professionalization," in P. H. Gobster and R. B. Hull, eds., *Restoring Nature: Perspectives from the Social Sciences and Humanities*（Washington, DC: Island Press, 2000）, 163–184（quote, on 164）.

36. A special section of *Restoration and Management Notes*（vol. 15, no. 1, 1997）, "The Chicago Wilderness and Its Critics," featured articles by L. Ross, D. Shore, and P. Gobster on the project and backlash from critics.

37. A. Light, "Restoration, the Value of Participation, and the Risks of Professionalization," 173.

38. W. Jordan, "Loss of Innocence," *Restoration and Management Notes* 15（1997）: 3–4; F. Turner, "Bloody Columbus: Restoration and the Transvaluation of Shame into Beauty," *Restoration*

and Management Notes 10 （1992）: 70–74.

39. A. Light and E. S. Higgs, "The Politics of Ecological Restoration."

40. A. Borgmann, "The Nature of Reality and the Reality of Nature"; N. Evernden, *The Social Creation of Nature* （Baltimore, MD: Johns Hopkins University Press, 1992）.

41. L. Marx, "Does Pastoralism Have a Future?", in J. Hunt, ed., *The Pastoral Landscape* （Washington, DC: National Gallery of Art, 1992）, 212.

42. R. Eliot, "Faking Nature," *Inquiry* 25 （1982）: 81–93. Eliot has moderated his position: see his *Faking Nature: The Ethics of Environmental Restoration* （London: Routledge, 1997）.

43. Eliot, *Faking Nature*, 1997.

44. Katz has stirred considerable controversy with several essays. See E. Katz, "The Problem of Ecological Restoration," *Environmental Ethics* 18 （1996）: 222–224; "The Big Lie: Human Restoration of Nature," *Research in Philosophy and Technology* 12 （1992）: 231–243; "Restoration and Redesign: The Ethical Significance of Human Intervention in Nature," *Restoration and Management Notes* 9 （1991）: 90–96.

45. Light and Higgs, "The Politics of Ecological Restoration."

46. These arguments have created a minor sensation in environmental philosophy as various commentators have weighed in with opinions on the value of restoration. Philosophers have offered provocative challenges that warrant reflection. However, for the most part Katz and Eliot, in particular, have avoided direct communication with restorationists. Their work remains distant and has scarcely touched the main development of restoration theory and practice. A few philosophers, Donald Scherer, William Throop, Alastair Gunn and Andrew Light for example, have made forays into restoration practice, which bodes well for enlivening restoration and environmental philosophy. This is as much a disciplinary matter as a reflection on restoration. There is a divide in contemporary environmental philosophy between those who engage in internal debates largely about attitudes toward nature, and those who advocate a more practical approach. Eliot, who has modified his earlier position, points out that we ought to be worried about restoration becoming an end in itself, distracting us from more significant aims. He feels the instrumental qualities of restoration are troublesome and point toward

the commodification of practice. I agree, but is it appropriate to deny the validity of restoration, or to avoid debate about the aims of the field? When we underestimate the diversity of contemporary restoration practices and the power of ecological processes, the possibility of a genuinely liberatory type of restoration is sidelined.

47. B. Latour, *Science in Action: How to Follow Scientists and Engineers through Society* (Cambridge, MA: Harvard University Press, 1987) .

48. For an earlier formulation, see my essay "What Is Good Ecological Restoration?", *Conservation Biology* 11, no. 2 （1997）: 338–348.

Chapter 6

1. There are two species of edible blue camas, *Camassia quamash* （common camas） and *Camassia leichtlinii* （great camas） harvested locally. C. *quamash* was what we harvested on Discovery Island.

2. Chris Arnett, *The Terror of the Coast: Land Alienation and Colonial War on Vancouver Island and the Gulf Islands*, 1849–1863 （Burnaby, BC: Talonbooks, 1999）. The cultural and linguistic diversity of First Nations in the region was and is remarkable. The Songhees First Nation（Lekwungen people） is typically related to Coast Salish peoples of the Georgia Strait region. The Georgia Strait runs between Vancouver Island and the continental mainland, straddling the present national border between Canada and the United States. The Strait comprises an archipelago of islands and complex inlets along Vancouver Island and the continental mainland that together form an extraordinary variety of marine and terrestrial ecological conditions. Maps that show present-day cultural and linguistic subdivisions need to zoom in to the areas around present-day Vancouver, Seattle, and Victoria to show the richness. Versions of such maps can be found in the latest revision, 1997, of Wilson Duff's now-classic work, *The Indian History of British Columbia: The Impact of the White Man* （Victoria: Royal British Columbia Museum, 1992）. On the southern tip of Vancouver Island reside （from west to

east) the T'Sou-ke, Esquimault, Songhees, and Saanich First Nations. The latter three communicate variations of Northern Straits Salish, with the Songhees speaking a dialect known as Lekwungaynung. This diversity persists in the wake of more than a century and a half of intensive colonization, and the cultural resurgence in recent decades has given new life to the languages and cultural practices.

3. M. Asch, ed., *Aboriginal and Treaty Rights in Canada: Essays on Law, Equity, and Respect for Difference* (Vancouver: UBC Press, 1997) .

4. Arnett, *The Terror of the Coast*, 7.

5. Personal communication from Cheryl Bryce, October 2000.

6. Several other root vegetables were important in the past, including chocolate lily (*Fritillaria lanceolata*) , Hooker's onion (*Allium acuminatum*) , springbank clover (*Trifolium wormskjoldii*) , bracken fern (*Pteridium aquilinum*) , and Pacific silverweed (*Potentilla pacificum*) .

7. N. J. Turner, M. B. Ignace, and R. Ignace, "Traditional Ecological Knowledge and Wisdom of Aboriginal Peoples in British Columbia," *Ecological Applications* 10 (2000) : 1275–1287.

8. Douglas-fir (*Pseudotsuga menziesii*) boughs are used in pit cooking by Interior First Nations in British Columbia, but not on the coast as far as Nancy Turner was aware. Turner learned how to pit cook coastal style from Mrs. Ida Jones of Pacheedaht First Nation near Port Renfrew. Ida Jones had pit cooked as a young woman. On Discovery Island that day, Turner had looked instead for the more usual plant, salal (*Gaultheria shallon*) , and sword fern (*Polystichum munitum*) , but none could be found nearby. This is perhaps another reason for undertaking restoration of traditional plants.

9. A. W. Crosby, *Ecological Imperialism: The Biological Expansion of Europe, 900–1900* (Cambridge: Cambridge University Press, 1986) .

10. J. D. Soule and J. K. Piper, *Farming in Nature's Image: An Ecological Approach to Agriculture* (Washington, DC: Island Press, 1992); W. Jackson, *New Roots for Agriculture* (Lincoln; University of Nebraska Press, 1985) .

11. J. Cairns, Jr., "Ecosocietal Restoration: Reestablishing Humanity's Relationship with Natural Systems," *Environment* 37 (1995) : 4–33; D. H. Janzen, "Tropical Ecological and Biocultural

Restoration," *Science* 239 （1988）: 243–244; W. Jordan III, " 'Sunflower Forest': Ecological Restoration as the Basis for a New Environmental Paradigm," in A. D. Baldwin, J. de Luce, and C. Pletsch, eds., *Beyond Preservation: Restoring and Inventing Landscapes* （Minneapolis: University of Minnesota Press, 1994）; S. Mills, *In Service of the Wild: Restoring and Reinhabiting Damaged Land* （Boston: Beacon Press, 1995）; D. Rogers-Martinez, "The Sinkyone Intertribal Park Project," *Restoration and Management Notes* 10, no. 1 （1992）: 64–69.

12. E. S. Higgs, "Expanding the Scope of Restoration Ecology," *Restoration Ecology* 2 （1994）: 137–146.

13. H. Hammond, *Seeing the Forest among the Trees: The Case for Wholistic Forest Use* （Vancouver: Polestar, 1991）.

14. W. K. Stevens, *Miracle under the Oaks: The Revival of Nature in America* （New York: Pocket Books, 1995）.

15. J. Cypher and E. S. Higgs, "Packaged Tours: Themed Experience and Nature Presentation in Parks and Museums," *Museums Review* 23 （1997）: 28–32.

16. The surge of environmental history provides us with a rich trove of material from which to understand changing environmental values. I have been influenced especially by William Cronon's *Changes on the Land: Indians, Colonists, and the Ecology of New England* （New York: Hill and Wang, 1983）, and by his later, book, *Nature's Metropolis: Chicago and the Great West* （New York: Norton, 1991）. Also see C. J. Glacken, *Traces on the Rhodian Shore: Nature and Culture in Western Thought from Ancient Times to the End of the Eighteenth Century* （Berkeley: University of California Press, 1967）; M. Oelschlaeger, *The Idea of Wilderness* （New Haven, CT: Yale University Press, 1991）; R. White, *Land Use, Environment, and Social Change: The Shaping of Island County, Washington* （Seattle: University of Washington Press, 1980）; D. Worster, *Nature's Economy: The Roots of Ecology* （San Francisco: Sierra Club Books, 1977）.

17. Among the best scholarly accounts of this, although less accessible than some, is Hans Peter Duerr's *Dreamtime: Concerning the Boundary between Wilderness and Civilization* （Oxford: Blackwell, 1985）.

18. J. Lovelock, *The Ages of Gaia* （Oxford: Oxford University Press, 1988）; L. Margulis and D. Sagan, *What Is Life?* （London: Weidenfeld and Nicolson, 1995）. For an excellent review and summary, see M. Midgely, *Gaia: The Next Big Idea* （London, Demos, 2001）.

19. A. Borgmann, *Technology and the Character of Contemporary Life* （Chicago: University of Chicago Press, 1984）, 3.

20. A. Borgmann, *Technology and the Character of Contemporary Life*, 42.

21. A. Borgmann, "The Nature of Reality and the Reality of Nature," in M. Soulé and G. Lease, eds., *Reinventing Nature? Responses to Postmodern Deconstruction* （Washington, DC: Island Press, 1995）, 37.

22. S. Mills, *In Service of the Wild*, 207.

23. G. P. Nabhan, *Cultures of Habitat: On Nature, Culture, and Story* （Washington, DC: Counterpoint, 1997）, 87.

24. William Jordan's forthcoming book, *The Sunflower Forest: Ecological Restoration and the New Communion with Nature* （Berkeley: University of California Press, 2003）, argues for restoration as a form of communion with nature and delves deeply into religious and spiritual metaphors and practices for restoration.

25. S. Christy, "A Local Festival," *Restoration and Management Notes* 12 （1994）: 123.

26. K. M. Holland, "Restoration Rituals: Transforming Workday Tasks into Inspirational Rites," *Restoration and Management Notes* 12 （1994）: 123.

27. Holland, "Restoration Rituals," 122.

28. B. Briggs, "Help Wanted: Scientists-Shamans and Eco-Rituals," *Restoration and Management Notes* 12 （1994）: 124.

29. Lisa Meekison's graduate research focused on the artworks of Barbara Westfall, an environmental artist who lives in Wisconsin and conjoins her efforts with various restoration projects. One project, conducted at the Curtis Prairie, involved the girdling of aspen trees that encroached on a restored prairie. See L. Meekison, "Change on the Land: Ritual and Celebration in Ecological Restoration," unpublished master's thesis, Department of Anthropology, University of Alberta, 1995;

B. Westfall, "Personal Politics: Ecological Restoration as Human- Scale and Community-Based," *Restoration and Management Notes* 12 （1994）: 148–151.

30. A more thorough statement of this argument is found in L. Meekison and E. S. Higgs, "The Rites of Spring （and Other Seasons）: The Ritualizing of Restoration," *Restoration and Management Notes* 16 （1998）: 73–81. This article incorporates distinctions between *ritual, rite, performance,* and *focal practice,* terms that are often confused.

31. Jordan, " 'Sunflower Forest'," 21.

32. Jordan, " 'Sunflower Forest'," 27.

33. J. Kirby, "Gardening with J. Crew: The Political Economy of Restoration Ecology," in: A. D. Baldwin, J. de Luce, and C. Pletsch, eds., *Beyond Preservation: Restoring and Inventing Landscapes* （Minneapolis: University of Minnesota Press, 1994）, 238.

34. Jordan, " 'Sunflower Forest'," 18.

35. We attended a workshop organized by Steve Windhager in Denton, Texas, in June 1994, which brought together two dozen people interested in the philosophy of restoration, including Gene Hargrove, Bill Jordan, Frederick Turner, Max Oelschlaeger, and Gary Varner.

36. A. Light and E. S. Higgs, "The Politics of Ecological Restoration," *Environmental Ethics 18* （1996）: 227–248.

37. A. Light, "Restoration, the Value of Participation, and the Risks of Professionalization," in P. H. Gobster and R. B. Hull, eds., *Restoring Nature: Perspectives from the Social Sciences and Humanities* （Washington, DC: Island Press, 2000）, 49–70.

38. I have chosen to emphasize technology as the decisive malaise of the contemporary era, although many other forces also warrant trenchant criticisms. Most obvious is the rich literature emanating from nineteenth-century social critics of the emerging system of capitalism, notably the works of Karl Marx and Friedrich Engels. Extensive critical appraisal has resulted in a growing understanding of class inequality, patriarchy, heterosexism, and many other pathologies of domination. All of these are relevant in understanding the domination of nature, a point made clearly by Murray Bookchin in *The Ecology of Freedom,* and all of them must be invoked if we are to comprehend the

totality of the present crisis. However, I find the device paradigm compelling because it is informed by a pragmatism that reaches across a range of ideological positions.One need not be a strident politico to make sense of the diagnoses, and the prescriptions are provocative.

39. Borgmann's quiet politics of technology, especially his associated economic reforms, may prove inadequate against hyperreality. I think that more active resistance to the device paradigm is required. The opening I see is the interest in local and bioregional economies coupled with the development of a critical ecological politics in North America. Is there a theory of political resistance, more radical than what he proposes in *Technology and the Character of Contemporary Life*, that would be compatible with Borgmann's political beliefs? Is there a coherent political economic theory that would protect and elevate personal and communal focal practices and resist more effectively the corrosion of choice through manufactured consent? Can we shield and support focal restoration?

40. G. P. Nabhan, "Cultural Parallax: The Wilderness Concept in Crisis," in G. P. Nabhan, *Cultures of Habitat: On Nature, Culture, and Story* (Washington, DC: Counterpoint, 1997) , 159–160.

41. E. S. Higgs, "The Landscape Evolution Model: A Case for a Paradigmatic View of Technology," *Technology in Society* 12 (1990) : 479–505.

Chapter 7

1. R. Cox, *Adventures on the Columbia River, Including the Narrative of a Residence of Six Years on the Western Side of the Rocky Mountains, among Various Tribes of Indians Hitherto Unknown: Together with a Journey across the American Continent*, 2 vols. (London: Henry Colburn and Richard Bentley, 1831) , 202–203.

2. A comprehensive synthesis of ecological principles in design is now available: B. Johnson and K. Hill, *Ecology and Design: Frameworks for Learning* (Washington, DC: Island Press, 2002) . This book includes contributions by leading North American ecologists and designers—Anne Whiston

Spirn, Richard Forman, James Karr, Carl Steinitz, and Michael Hough, to name a few.

3. The remarks were made at the groundbreaking ceremony of the Adam Joseph Lewis Center in September 1998. The text of Orr's speech and other information about the Center are available at Oberlin College's Web site, 〈www.oberlin.edu〉.

4. An especially compelling article is provided by William McDonough (who was a primary consultant on the Adam Joseph Lewis Center project) and Michael Braungart, founders of McDonough Braungart Design Chemistry; see their "The Next Industrial Revolution," *Atlantic Monthly*, 1998, 282.

5. R. Buchanan, "Wicked Problems in Design Thinking," *Design Issues* 8 (1992): 5–21.

6. Most of Central Park was contrived, including such well-known natural features as The Ramble. The site was cleared in some places to exposed bedrock and then recreated according to detailed plans. See F. L. Olmsted, *Civilizing American Cities: A Selection of Frederick Law Olmsted's Writings on City Landscapes*, ed. S. B. Sutton (Cambridge, MA: MIT Press, 1971).

7. The genius of the restoration plan reflects the original park-design genius: Andropogon Associates of Philadelphia, one of the most revered ecological design firms, undertook the restoration design. Leslie Sauer, a principal of Andropogon, served the Society for Ecological Restoration as a member of the board, and is widely known for her creative design interventions.

8. L. Haworth, "Orwell, the Planning Profession, and Autonomy," *Environments* 16 (1984): 10–15.

9. Firms such as Sapient in the United States and Siegelgale in England integrate traditional services of advertising, marketing, and industrial and product design to create a new approach to corporate identification, product innovation, and branding.

10. Buchanan, "Wicked Problems," 9.

11. Buchanan, "Wicked Problems," 10.

12. Buchanan, "Wicked Problems," 13.

13. Richard Buchanan's work has been heavily influenced by the American pragmatist philosopher, John Dewey, and also by Buchanan's teacher at the University of Chicago, the noted

philosopher Richard McKeon. The Dewey passage is quoted in Buchanan, "Wicked Problems," 5.

14. The phrase "wicked designs" is used by Buchanan and adapted from earlier work by Horst Rittel, a designer, and Karl Popper, a philosopher. Wicked problems are a "class of social system problems which are ill-formulated, where the information is confusing, where there are many clients and decision makers with conflicting values, and where the ramifications in the whole system are thoroughly confusing" (C. W. Churchman, quoted in Buchanan, "Wicked Problems," 14).

15. "If a Building Could Be Like a Tree: An Interview with Architect William McDonnough," *Orion Afield* 5 (2001): 21.

16. A. Feenberg, *Critical Theory of Technology* (New York: Oxford University Press, 1991).

17. Buchanan, "Wicked Problems," 20.

18. This scheme and its implications for ecological restoration emerged in a conversation with Richard Buchanan, April 10, 2001.

19. A. Borgmann, "The Depth of Design," in R. Buchanan and V. Margolin, eds., *Discovering Design: Explorations in Design Studies* (Chicago: University of Chicago Press, 1995), 17.

20. Think also of David Strong's idea of "correlational coexistence" that I described in chapter 5.

21. A. Borgmann, "The Depth of Design," 18.

22. I take a liberal meaning of science to include not only orthodox scientific work conducted by professional scientists, but also the systematic observations and wisdom that come from people who live close to the land, such as naturalists who have intensive knowledge or First Nations people who live at least in part by traditional ecological knowledge. For a good discussion of traditional ecological knowledge, see N. J. Turner, M. B. Ignace, and R. Ignace, "Traditional Ecological Knowledge and Wisdom of Aboriginal Peoples in British Columbia," *Ecological Applications* 10 (2000): 1275–1287; A. Fienup-Riordan, "Yaqulget Quaillun Pilartat (What the Birds Do): Yup'ik Eskimo Understanding of Geese and Those Who Study Them," *Arctic* 52 no. 1 (1999): 1–22; M. M. R. Freeman, "Indigenous Knowledge," *Northern Perspectives* 20, no. 1 (1992): 9–12.

参考文献

Allen E. B., J. S. Brown, and M. F. Allen. 2000. Restoration of Plant, Animal, and Microbial Diversity. In S. Levin, ed., *Encyclopedia of Biodiversity*, vol. 5, 185–202. San Diego: Academic Press.

Angermeier, P. L., and J. R. Korr. 1994. Biological Integrity Versus Biological Diversity as Policy Directives. *Bioscience*. 44: 690–697.

Archaeological Research Services Unit, Western Region, Canadian Parks Service, Environment Canada. 1989. *Jasper National Park Archaeological Resource Description and Analysis*. Calgary: Parks Canada.

Arnett, C. 1999. *The Terror of the Coast: Land Alienation and Colonial War on Vancouver Island and the Gulf Islands*, 1849–1863. Burnaby, BC: Talonbooks.

Aronson, J. A., C. Floret, E. Le Floc'h, C. Ovalle, and R. Potannier. 1993. Restoration and Rehabilitation of Degraded Ecosystems in Arid and Semi-Arid Land. 1. A View from the South. *Restoration Ecology* 1（1）: 8–17.

Aronson, J. A., R. Hobbs, E. Le Floc'h, and D. Tongway. 2000. Is *Ecological Restoration* a Journal for North American Readers Only? *Ecological Restoration* 18（3）: 146–149.

Asch, M., ed. 1997. *Aboriginal and Treaty Rights in Canada: Essays on Law, Equity, and Respect for Difference*. Vancouver: University of British Columbia Press.

Baldwin, A. D., Jr., J. De Luce, and C. Pletsch, eds. 1994. *Beyond Preservation: Restoring and Inventing Landscapes*. Minneapolis: University of Minnesota Press.

Banff-Bow Valley Task Force. 1996. *Banff-Bow Valley: At the Crossroads*. Ottawa: Minister of Supply and Services.

Bella, L. 1987. *Parks for Profit*. Montreal: Harvest House.

Benton, L. M. 1995. Selling the Natural or Selling Out? *Environmental Ethics* 17: 3–22.

Berger, J. 1979. *Restoring the Earth: How Americans Are Working to Renew Our Damaged Environment*. New York: Knopf.

Berger, J. 1990. *Environmental Restoration*. Washington, DC: Island Press.

Berkes, F. 1999. *Sacred Ecology: Traditional Ecological Knowledge and Resource Management*. Philadelphia: Taylor & Francis.

Berry, W. 1989, September. The Futility of Global Thinking. *Harper's*, 16–22.

Berry, W. 1999. In Distrust of Movements. *Orion* 18（3）: 15.

Birch, T. 1990. The Incarceration of Wildness: Wilderness Areas as Prisons. *Environmental Ethics* 12: 3–26.

Blackburn, T. C., and K. Anderson, eds. 1993. *Before the Wilderness: Environmental Management by Native Californians*. Menlo Park, CA: Ballena.

Bookchin, M. 1982. *The Ecology of Freedom: The Emergence and Dissolution of Hierarchy*. Palo Alto, CA: Cheshire Books.

Borgmann, A. 1984. *Technology and the Character of Contemporary Life*. Chicago: University of Chicago Press.

Borgmann, A. 1992. *Crossing the Postmodern Divide*. Chicago: University of Chicago Press.

Borgmann, A. 1995. The Depth of Design. In R. Buchanan and V. Margolin, eds., *Discovering Design: Explorations in Design Studies*, 17. 13–22. Chicago: University of Chicago Press.

Borgmann, A. 1995. The Nature of Reality and the Reality of Nature. In M. Soulé and G. Lease, eds., *Reinventing Nature? Responses to Postmodern Deconstruction,* 31–45. Washington, DC: Island Press.

Borgmann, A. 1999. *Holding on to Reality: The Nature of Information at the Turn of the Millennium*. Chicago: University of Chicago Press.

Botkin, D. 1990. *Discordant Harmonies: A New Ecology for the Twenty-First Century.* New York: Oxford University Press.

Bradshaw, A. D. 1987. Restoration: An Acid Test for Ecology. In W. R. Jordan III, M. E. Gilpin, and J. D. Aber, eds., *Restoration Ecology: A Synthetic Approach—Ecological Research* （Cambridge: Cambridge University Press）.

Bradshaw, A. D., and M. J. Chadwick. 1980. *The Restoration of Land: The Ecology and Reclamation of Derelict and Degraded Land.* London: Blackwell.

Bridgland, M. P. 1916. R*eport of the 1915 Survey to Edouard Deville, Surveyor General of Canada.* National Archives of Canada. RG88:353 file 15756.

Bridgland, M. P. 1924. *Photographic Surveying.* Topographical Survey of Canada Bulletin No. 56. Ottawa: Department of the Interior.

Briggs, B. 1994. Help Wanted: Scientists-Shamans and Eco-Rituals. *Restoration and Management Notes* 12: 124.

Brody, H. 1981. *Maps and Dreams: Indians and the British Columbia Frontier.* Vancouver: Douglas and McIntyre.

Buchanan, R. 1992. Wicked Problems in Design Thinking. *Design Issues* 8: 5–21.

Burpee, L. J. 1929. *Jungling in Jasper.* Ottawa: Graphic Publishers.

Cairns, J., Jr. 1980. *The Recovery Process in Damaged Ecosystems.* Ann Arbor, MI: Ann Arbor Science Publications.

Cairns, J., Jr. 1995. Ecosocietal Restoration: Reestablishing Humanity's Relationship with Natural Systems. *Environment* 37: 4–33.

Callicott, J. B., L. B. Crowder, and K. Mumford. 1999. Current Normative Concepts in Conservation. *Conservation Biology* 13 （1）: 22–35.

Carbyn, L. N. 1974. Wolf Population Fluctuations in Jasper National Park, Alberta, Canada. *Biological Conservation* 6 （2）: 98.

Chomsky, N. 1993. *Year 501: The Conquest Continues.* Boston: South End Press.

Christy, S. 1994. A Local Festival. *Restoration and Management Notes* 12: 123.

Clewell, A. F. 2000. Restoring for Natural Authenticity. *Ecological Restoration* 18（4）: 216–217.

Cohen, T. Restoring Lake Means Killing Fish. Associated Press. Available at the Calgary Field Naturalists' Web site: <www.cadvision.com/cfns>.

Covington, W. 1999. "Flagstaff Searching for its Forests' Future," *High Country News*. March 1, 1999, 8.

Cox, R. 1831. *Adventures on the Columbia River, Including the Narrative of a Residence of Six Years on the Western Side of the Rocky Mountains, among Various Tribes of Indians Hitherto Unknown: Together with a Journey across the American Continent.* 2 vols. London: Henry Colburn and Richard Bentley.

Cronon, W. 1983. *Changes on the Land: Indians, Colonists, and the Ecology of New England.* New York: Hill and Wang.

Cronon, W. 1991. *Nature's Metropolis: Chicago and the Great West.* New York: Norton.

Cronon, W. 1995. The Trouble with Wilderness; or Getting Back to the Wrong Nature. In W. Cronon, ed., *Uncommon Ground: Toward Reinventing Nature*, 69–90. New York: Norton.

Cronon, W., ed. 1995. *Uncommon Ground: Toward Reinventing Nature.* New York: Norton.

Crosby, A. W. 1986. *Ecological Imperialism: The Biological Expansion of Europe: 900–1900.* Cambridge: Cambridge University Press.

Crumley, C., ed. 1994. *Historical Ecology: Cultural Knowledge and Changing Landscapes.* Santa Fe, NM: School of American Research Press.

Cypher, J. 1995. The Real and the Fake: Imagineering Nature and Wilderness at

Disney's Wilderness Lodge. Unpublished master's thesis, Department of Anthropology. University of Alberta.

Cypher, J., and E. S. Higgs. 1997. Colonizing the Imagination: Disney's Wilderness Lodge. *Capitalism, Nature, Socialism* 8（4）: 107–130.

Cypher, J., and E. S. Higgs. 1997. Packaged Tours: Themed Experience and Nature Presentation in Parks and Museums. *Museums Review* 23: 28–32.

Dahm, C. N., guest ed. 1995. Kissimmee River. *Restoration Ecology* 3: 3.

Dahm, C. N., K. W. Cummins, H. M. Valett, and R. L. Coleman. 1995. An Ecosystem View of the Restoration of the Kissimmee River. *Restoration and Management Notes* 3: 225.

Daigle, J. M., and D. Havinga. 1996. *Restoring Nature's Place: A Guide to Naturalizing Ontario Parks and Greenspace*. Toronto: Ecological Outlook Consulting and Ontario Parks Association.

Dansereau, P. 1973. *Inscape and Landscape*. Toronto: Canadian Broadcasting Corporation.

Debord, G. 1994. *The Society of the Spectacle*. New York: Zone Books.

Doordan, D. 1995. Simulated Seas: Exhibition Design in Contemporary Aquariums. *Design Issues* 11（2）: 3–10.

Dorney, R. S. 1977. The Mini-Ecosystem: A Natural Alternative to Urban Landscaping. *Landscape Architecture Canada* 3: 56–62.

Dorney, R. S. 1986. An Emerging Frontier for Native Plant Conservation. *Wildflower* 2: 30–35.

Dorney, R. S. 1989. *The Professional Practice of Environmental Management*. New York: Springer-Verlag.

Duerr, H. P. 1985. *Dreamtime: Concerning the Boundary between Wilderness and Civilization*. Oxford: Blackwell.

Duff, W. 1992. *The Indian History of British Columbia: The Impact of the White Man*. Victoria: Royal British Columbia Museum.

Egan, D. 1990. "Historic Initiatives in Ecological Restoration." *Restoration and Management Notes* 8（2）: 83.

Egan, D., and E. Howell. 2001. *The Historical Ecology Handbook: A Restorationist's Guide to Reference Ecosystems*. Washington, DC: Island Press.

Egerton, F. N. 1973. Changing Concepts of the Balance of Nature. *Quarterly Review of Biology* 48: 322–350.

Ehrenfeld, J. G. 2000. Defining the Limits of Restoration: The Need for Realistic Goals. *Restoration Ecology* 8（1）: 2–9.

Eliot, R. 1982. Faking Nature. *Inquiry* 25: 81–93.

Eliot, R. 1997. *Faking Nature: The Ethics of Environmental Restoration*. London: Routledge.

Ens, G., and B. Potyondi. 1986. A History of the Upper Athabasca Valley in the Nineteenth Century. Unpublished manuscript.

Evernden, N. 1992. *The Social Creation of Nature*. Baltimore, MD: Johns Hopkins University Press.

Feenberg, A. 1991. *Critical Theory of Technology*. Oxford: Oxford University Press.

Fienup-Riordan, A. 1999. Yaqulget Quaillun Pilartat （What the Birds Do）: Yup'ik Eskimo Understanding of Geese and Those Who Study Them. *Arctic* 52（1）: 1–22.

Fisher, R., and W. Ury. 1981. *Getting to Yes: Negotiating Agreement without Giving In*. Boston: Houghton Mifflin.

Flader, S. L., and J. B. Callicott, eds. 1991. *The River of the Mother of God and Other Essays by Aldo Leopold*. Madison: University of Wisconsin Press.

Franklin, U. 1999. *The Real World of Technology*. Rev. ed. Toronto House of Anansi Press.

Freeman, M. M. R. 1992. Indigenous Knowledge. *Northern Perspectives* 20（1）: 9–12.

Friend, T. 1998. Please Don't Oil the Animatronic Warthog. *Outside* 23: 100–108.

Gadd, B. 1995. *Handbook of the Canadian Rockies*. Jasper, AB: Corax Press.

Glacken, C. J. 1967. *Traces on the Rhodian Shore: Nature and Culture in Western Thought from Ancient Times to the End of the Eighteenth Century*. Berkeley: University of California Press.

Graber, D. M. 1995. Resolute Biocentrism: The Dilemma of Wilderness in National Parks. In M. E. Soulé and G. Lease, eds., *Reinventing Nature? Responses to Postmodern Deconstruction*, 123–135. Washington, DC: Island Press.

Great Plains Research Consultants. 1985. Jasper National Park: A Social and Economic History. Unpublished manuscript.

Grese, R. E. 1989. Historical Perspectives on Designing with Nature. In G. H. Hughes and T. M. Bonnicksen, eds., *Restoration '89: The New Management Challenge*. Proceedings of the First Annual Meeting of the Society for Ecological Restoration, Madison, Wisconsin, 1998, 43–44.

Hall, M. 1997. Co-Workers with Nature: The Deeper Roots of Restoration. *Restoration and*

Management Notes 15 (2) : 173.

Hall, M. 1999. American Nature, Italian Culture: Restoring the Land in Two Continents. Unpublished doctoral dissertation, Institute for Environmental Studies, University of Wisconsin–Madison.

Hammond, H. 1991. *Seeing the Forest among the Trees: The Case for Wholistic Forest Use.* Vancouver: Polestar.

Haraway, D. 1991. Situated Knowledges: The Science Question in Feminism and the Privilege of Partial Perspective. In D. Haraway, *Simians, Cyborgs, and Women: The Reinvention of Nature.* New York: Routledge.

Harris, J. 1994. Certification for Responsible Restoration. *Restoration and Management Notes* 15: 5.

Hastings, J. R., and R. M. Turner. 1965. *The Changing Mile.* Tucson: University of Arizona Press.

Haworth, L. 1984. Orwell, the Planning Profession, and Autonomy. *Environments* 16: 10–15.

Hayles, K. 1995. Search for Common Ground. In M. Soulé and G. Lease, eds., *Reinventing Nature? Responses to Postmodern Deconstruction*, 61. Washington, DC: Island Press. 47–64.

Herman, E., and N. Chomsky. 1988. *Manufacturing Consent: The Political Economy of the Mass Media.* New York: Pantheon.

Hiassen, C. 1997. *Lucky You.* New York: Alfred A. Knopf.

Higgs, E. S. 1990. The Landscape Evolution Model: A Case for a Paradigmatic View of Technology. *Technology in Society* 12: 479–505.

Higgs, E. S. 1991. A Quantity of Engaging Work to Be Done: Restoration and Morality in a Technological Culture. *Restoration and Management Notes* 9: 97–104.

Higgs, E. S. 1993. The Ethics of Mitigation. *Restoration and Management Notes* 11: 138–143.

Higgs, E. S. 1993. A Life in Restoration: Robert Starbird Dorney 1928–1987. *Restoration and Management Notes* 12: 144–147.

Higgs, E. S. 1994. Expanding the Scope of Restoration Ecology. *Restoration Ecology* 2: 137–

146.

Higgs, E. S. 1997. What Is Good Ecological Restoration? *Conservation Biology* 11（2）: 338–348.

Higgs, E. S. 1999. The Bear in the Kitchen. *Alternatives* 25（2）: 30–35.

Higgs, E. S. 2000. Nature by Design. In E. S. Higgs, A. Light, and D. Strong, eds., *Technology and the Good Life?*, 195–212. Chicago: University of Chicago Press.

Higgs, E. S., S. Campbell, I. MacLaren, J. Martin, T. Martin, C. Murray, A.Palmer, and J. Rhemtulla. 2000. Culture, *Ecology and Restoration in Jasper National Park*（available at <www.arts.ualberta.ca/~cerj/cer.html>）.

Higgs, E. S., A. Light, and D. Strong. 2000. *Technology and the Good Life?* Chicago: University of Chicago Press.

Hobbs, R. J., and D. A. Norton. 1996. Towards a Conceptual Framework for Restoration Ecology. *Restoration Ecology* 4: 93–110.

Holland, K. M. 1994. Restoration Rituals: Transforming Workday Tasks into Inspirational Rites. *Restoration and Management Notes* 12: 123.

Holman, C. Hugh. 1972. *A Handbook to Literature*, Third Editon. Indianapolis: The Odyssey Press.

Hood, G. N. 1994. *Against the Flow: Rafferty-Alameda and the Politics of the Environment.* Saskatoon: Fifth House.

House, F. 1999. *Totem Salmon: Life Lessons from Another Species.* Boston: Beacon Press.

Hughes, G. H., and T. M. Bonnicksen. 1990. Restoration '89: The New Management Challenge. *Proceedings of the First Annual Meeting of the Society for Ecological Restoration.* Madison, Wisconsin: Society for Ecological Restoration.

Ihde, D. 1990. *Technology and the Lifeworld.* Bloomington: Indiana University Press.

Ingold, T. 1993. "The Temporality of Landscape." *World Archaeology* 25（2）: 153.

Ingold, T. 2000. *The Perception of the Environment: Essays in Livelihood, Dwelling and Skill.* London: Routledge.

Jackson, W. 1985. *New Roots for Agriculture*. Lincoln: University of Nebraska Press.

Janzen, D. H. 1988. Tropical Ecological and Biocultural Restoration. *Science* 239: 243–244.

Johnson, B., and K. Hill. 2002. *Ecology and Design: Frameworks for Learning*. Washington, DC: Island Press.

Jordan, W. R. III. 1994. "Sunflower Forest": Ecological Restoration as the Basis for a New Environmental Paradigm. In A. D. Baldwin, J. de Luce, and C. Pletsch, eds., *Beyond Preservation: Restoring and Inventing Landscapes*. Minneapolis: University of Minnesota Press.

Jordan, W. R. III. 1997. Loss of Innocence. *Restoration and Management Notes* 15: 3–4.

Jordan, William R. III. 2003. *The Sunflower Forest: Ecological Restoration and the New Communion with Nature*. Berkeley: University of California Press.

Jordan, W. R. III, M. E. Gilpin, and J. D. Aber. 1987. *Restoration Ecology: A Synthetic Approach to Ecological Research*, New York: Cambridge University Press.

Joy, W. 2000. "Why the Future Doesn't Need Us." *Wired* 8: 238–262.

Katz, E. 1991. Restoration and Redesign: The Ethical Significance of Human Intervention in Nature. *Restoration and Management Notes* 9: 90–96.

Katz, E. 1992. The Big Lie: Human Restoration of Nature. *Research in Philosophy and Technology* 12: 231–243.

Katz, E. 1996. The Problem of Ecological Restoration. *Environmental Ethics* 18: 222–224.

Kay, C. E., C. White, and B. Patton. 1994. Assessment of Long-Term Terrestrial Ecosystem States and Processes in Banff National Park and the Canadian Rockies. Unpublished manuscript.

Kay, J. J. 1991. A Nonequilibrium Thermodynamics Framework for Discussing Ecosystem Integrity. *Environmental Management* 15（4）: 483–495.

Kirby, J. 1994. Gardening with J. Crew: The Political Economy of Restoration Ecology. In A. D. Baldwin, J. de Luce, and C. Pletsch, eds., *Beyond Preservation: Restoring and Inventing Landscapes*. Minneapolis: University of Minnesola Press.

Koebel, J. W., Jr. 1995. An Historical Perspective on the Kissimmee River Restoration Project. *Restoration and Management Notes* 3: 152.

Krakauer, J. 1995, July. Rocky Times for Banff. *National Geographic,* 46–69.

Kusler, J. A., and M. E. Kentula, eds. 1989. *Wetland Creation and Restoration: The Status of the Science.* （Executive summary.） 2 vols. U.S. EPA 7600/3-89/038. Corvallis, OR: U.S. EPA Environmental Research Laboratory.

Latour, B. 1987. *Science in Action: How to Follow Scientists and Engineers through Society.* Cambridge, MA: Harvard University Press.

Latour, B. 1999. *Pandora's Hope: Essays on the Reality of Science Studies.* Cambridge, MA: Harvard University Press.

Lewis, H. T. 1978. Traditional Uses of Fire by Indians in Northern Alberta. *Current Anthropology* 19: 401–402.

Light, A. 2000. Restoration, the Value of Participation, and the Risks of Professionalization. In P. H. Gobster and R. B. Hull, eds., *Restoring Nature: Perspectives from the Social Sciences and Humanities*, 163–184. Washington, DC: Island Press.

Light, A., and E. S. Higgs. 1996. The Politics of Ecological Restoration. *Environmental Ethics* 18: 227–247.

Likens, G. E., and F. H. Bormann. 1995. *Biogeochemistry of a Forested Ecosystem.* New York: Springer-Verlag.

Lopez, B. 1984, October. Story at Anakutuvuk Pass: At the Junction of Landscape and Narrative. *Harper's.*

Lovelock, J. 1988. *The Ages of Gaia.* Oxford: Oxford University Press.

MacLaren, I. 1999. Cultured Wilderness in Jasper National Park. *Journal of Canadian Studies* 34 （3）: 7–58.

MacMahon, J. 1998. Empirical and Theoretical Ecology as a Basis for Restoration: An Ecological Success Story. In M. L. Pace and P. M. Groffman, eds., *Successes, Limitations, and Frontiers in Ecosystem Science*, 220–246. New York: Springer Verlag.

Margulis, L., and D. Sagan. 1995. *What Is Life?* London: Weidenfeld and Nicolson.

Marx, L. 1992. Does Pastoralism Have a Future? In J. Hunt, ed., *The Pastoral Landscape,* 212.

Washington DC: National Gallery of Art.

Mayhood, D. W. 1995. *The Fishes of the Central Canadian Rockies Ecosystem*. Freshwater Research Limited Report No. 950408. Banff National Park: Parks Canada.

McDonough, W. 2001. If a Building Could Be Like a Tree: An Interview with Architect William McDonnough. *Orion Afield* 5: 21.

McDonough, W., and M. Braungart. 1998, The Next Industrial Revolution. *Atlantic Monthly*, 282–290.

McGinnies, W. J., H. L. Shantz, and W. G. McGinnies. 1991. *Changes in Vegetation and Land Use in Eastern Colorado*. ARS-85. Washington, DC: U.S. Department of Agriculture. Report No.

McHarg, I. 1967. *Design with Nature*. Garden City, NJ: Natural History Press.

McKibben, B. 1995, April. An Explosion of Green. *Atlantic Monthly*, 61–83.

McKibben, B. 1995. *Hope, Human and Wild*. New York: Little, Brown.

Meagher, M., and D. Houston. 1998. *Yellowstone and the Biology of Time: Photographs across a Century*. Norman: University of Oklahoma Press.

Meekison, L. 1995. Change on the Land: Ritual and Celebration in Ecological Restoration. Unpublished master's thesis, Department of Anthropology, University of Alberta.

Meekison, L., and E. S. Higgs. 1998. The Rites of Spring （and Other Seasons）: The Ritualizing of Restoration. *Restoration and Management Notes* 16: 73–81.

Midgely, M. 2001. *Gaia: The Next Big Idea*. London: Demos.

Mills, S. 1995. *In Service of the Wild: Restoring and Reinhabiting Damaged Land*. Boston: Beacon Press.

Murphy, P. August 1980. Interview with Edward Wilson Moberly. Unpublished; original tapes available at the University of Alberta Archives.

Nabhan, G. P. 1997. Cultural Parallax: The Wilderness Concept in Crisis. In G. P. Nabhan, *Cultures of Habitat: On Nature, Culture, and Story*, 159–160. Washington, DC: Counterpoint.

Nabhan, G. P. 1997. *Cultures of Habitat: On Nature, Culture, and Story*. Washington, DC: Counterpoint.

Nash, R. 1982. *Wilderness and the American Mind.* 3rd Ed. New Haven, CT: Yale University Press.

National Research Council （U.S.）. 1992. *Restoration of Aquatic Ecosystems: Science, Technology, and Public Policy/Committee on Restoration of Aquatic Ecosystems.* Report by Science, Technology, and Public Policy, Water Science and Technology Board, Commission on Geosciences, Environment and Resources. Washington, DC: National Academy of Sciences.

Nicks, G. 1980. Demographic Anthropology of Native Populations in Western Canada, 1800–1975. Unpublished doctoral dissertation, Department of Anthropology, University of Alberta.

Norton, W. W., G. Lease, and M. Soulé, eds. 1995. *Reinventing Nature? Responses to Postmodern Deconstruction.* Washington, DC: Island Press.

Oelschlaeger, M. 1991. *The Idea of Wilderness.* New Haven, CT: Yale University Press.

Olmsted, F. L. 1971. *Civilizing American Cities: A Selection of Frederick Law Olmsted's Writings on City Landscapes.* Ed. S. B. Sutton. Cambridge, MA: MIT Press.

O'Neill, J. 1997. Time, Narrative and Environmental Politics. In R. Gottlieb, ed., *Ecological Community*, 15. London: Routledge.

O'Neill, J., and A. Holland. 1999. Two Approaches to Biodiversity Value. In D. Posey, ed., *Cultural and Spiritual Values of Biodiversity.* London: UNEP.

Orr, D. 1992. *Ecological Literacy: Education and the Transition to a Post-modern World.* Albany, NY: SUNY Press.

Peacock, S. L., and N. J. Turner. 2000. "Just Like a Garden": Traditional Resource Management and Biodiversity Conservation on the Interior Plateau of British Columbia. In P. E. Minnis and W. J. Elisens, eds., *Biodiversity and Native America,* 133–179. Norman: University of Oklahoma Press.

Penn, B. 1999. Leeks, Racing Pigeons, and Valley of the Bears. *Alternatives* 25 （2）: 12–13.

Perrow, C. 1984. *Normal Accidents: Living with High-Risk Technologies.* New York: Basic Books.

Perry, J. 1994. Greening Corporate Environments: Authorship and Politics in Restoration. *Restoration and Management Notes* 12: 145–147.

Poerksen, Uwe. 1995. *Plastic Words: The Tyranny of a Modular Language*. Trans. Jutta Mason and David Cayley. University Park, PA: Pennsylvania State University Press.

Postman, N. 1992. *Technopoly: The Surrender of Culture to Technology*. New York: Knopf.

Price, J. 1995. Looking for Nature at the Mall: A Field Guide to the Nature Company. In W. Cronon, ed., *Uncommon Ground: Toward Reinventing Nature*, 186–203. New York: Norton.

Proctor, J. 1995. Nature as Community: The Convergence of Environment and Social Justice. In W. Cronon, ed., *Uncommon Ground: Toward Reinventing Nature*, 298–320. New York: Norton.

Reithmaier, T. 2001. Maps and Photographs. In D. Egan and E. Howell, eds., *The Historical Ecology Handbook: A Restorationist's Guide to Reference Ecosystems*. Washington, DC: Island Press.

Rhemtulla, J. M. 1999. Eighty Years of Change: The Montane Vegetation of Jasper National Park. Unpublished master's thesis, Department of Renewable Resources, University of Alberta, Edmonton.

Rogers, G. F., H. E. Malde, and R. M. Turner. 1984. *Bibliography of Repeat Photography for Evaluating Landscape Change*. Salt Lake City: University of Utah Press.

Rogers-Martinez, D. 1992. The Sinkyone Intertribal Park Project. *Restoration and Management Notes* 10（1）: 64–69.

Ross, L., D. Shore, and P. Gobster. 1997. The Chicago Wilderness and Its Critics. *Restoration and Management Notes* 15（1）: 16–32.

Rouse, J. 1992. What Are Cultural Studies of Scientific Knowledge? *Configurations* 1: 1–22.

Rylatt, R. M. 1991. *Surveying the Canadian Pacific: Memoirs of a Railroad Pioneer.* Salt Lake City: University of Utah Press.

Rymer, R. 1996, October. Back to the Future: Disney Reinvents the Company Town. *Harper's*, 65–78.

Saul, J. R. 1995. *The Unconscious Civilization.* Toronto: CBC.

Schaeffer, M. T. S. 1980. Old Indian Trails Expedition of 1907. In E. J. Hard, ed., *A Hunter of Peace: Mary T. S. Schaeffer's Old Indian Trails of the Canadian Rockies*. Banff, Alberta: Whyte Museum of the Canadian Rockies.

Schama, S. 1996. *Landscape and Memory.* New York: Vintage Books.

Schindler, D. W. 1974. Eutrophication and Recovery in Experimental Lakes: Implications for Lake Management. *Science* 184: 897–899.

Schindler, D. W., S. E. Bayley, B. R. Parker, K. G. Beaty, D. R. Cruikshank, E. J. Fee, E. U. Schindler, and M. P. Stainton. 1996. The Effects of Climatic Warming on the Properties of Boreal Lakes and Streams at the Experimental Lakes Northwestern Ontario. *Limnology and Oceanography* 41: 1004–1017.

Schindler, D. W., K. G. Beaty, E. J. Fee, D. R. Cruikshank, E. D. DeBruyn, D. L. Findlay, G. A. Linsey, J. A. Shearer, M. P. Stainton, and M. A. Turner. 1990. Effects of Climatic Warming on Lakes of the Central Boreal Forest. *Science* 250: 967–970.

Schindler, D. W., K. H. Mills, D. F. Malley, D. L. Findlay, J. A. Shearer, I. J. Davies, M. A. Turner, G. A. Linsey, and D. R. Cruikshank. 1985. Long-Term Ecosystem Stress: The Effects of Years of Experimental Acidification on a Small Lake. *Science* 228: 1395–1401.

Schindler, D. W., M. A. Turner, M. P. Stainton, and G. A. Linsey. 1986. "Natural Sources of Acid Neutralizing Capacity in Low Alkalinity Lakes of the Precambrian Shield." *Science* 232: 844–847.

Schor, J. 1999. *The Overspent American*. New York: Basic Books.

Seffer, J., and V. Stanova, eds. 1999. *Morava River Floodplain Meadows— Importance, Restoration and Management*. Bratislava: DAPHNE, Centre for Applied Ecology.

Singh, S. 1997. *Taming the Waters: The Political Economy of Large Dams in India*. Delhi: Oxford University Press.

Slater, C. 1995. Amazonia as Edenic Narrative. In W. Cronon, ed., *Uncommon Ground: Toward Reinventing Nature*, 114–131. New York: Norton.

Snyder, G. 1990. *The Practice of the Wild*. San Francisco: North Point.

Soule, J. D., and J. K. Piper. 1992. *Farming in Nature's Image: An Ecological Approach to Agriculture*. Washington, DC: Island Press.

Soulé, M. 1995. The Social Siege of Nature. In M. Soulé and G. Lease, eds., *Reinventing Nature? Responses to Postmodern Deconstruction*. Washington, DC: Island Press.

Soulé, M., and G. Lease, eds. 1995. *Reinventing Nature? Responses to Postmodern*

Deconstruction. Washington, DC: Island Press.

Spirn, A. W. 1995. Constructing Nature: The Legacy of Frederich Law Olmsted. In W. Cronon, ed., *Uncommon Ground: Toward Reinventing Nature*. New York: W. W. Norton.

Stevens, W. 1988. The Snow Man. In R. Ellmann and R. O'Clair, eds., *The Norton Anthology of Modern Poetry*, 2nd ed., 289. New York: Norton.

Stevens, W. K. 1995. *Miracle under the Oaks: The Revival of Nature in America*. New York: Pocket Books.

Strong, D. 1995. *Crazy Mountains: Learning From Wilderness to Weigh Technology*. Albany, NY: SUNY Press.

Taylor, C. 1992. *Malaise of Modernity: The Ethics of Authenticity*. Cambridge, MA: Harvard University Press.

Turkle, S. 1995. *Life on the Screen: Identity in the Age of the Internet*. New York: Simon and Schuster.

Turner, F. 1980. *Beyond Geography: The Western Spirit against the Wilderness*. New York: Viking.

Turner, F. 1985, August. Cultivating the American Garden: Toward a Secular View of Nature. *Harper's*, 45–52.

Turner, F. 1992. Bloody Columbus: Restoration and the Transvaluation of Shame into Beauty. *Restoration and Management Notes* 10: 70–74.

Turner, N. J. 1979. *Plants in British Columbia Indian Technology*. Victoria: British Columbia Provincial Museum.

Turner, N. J., M. B. Ignace, and R. Ignace. 2000. Traditional Ecological Knowledge and Wisdom of Aboriginal Peoples in British Columbia. *Ecological Applications* 10: 1275–1287.

Ulrich, R. 1999. *Empty Nets: Indians, Dams, and the Columbia River*. Corvallis: Oregon State University Press.

Urion, J. 1995. An Ecological History of the Palisades Site. Unpublished manuscript.

Urquhart, I. 1998. *Assault on the Rockies*. Edmonton: Rowan Books.

Veblen, T. T., and D. C. Lorenz. 1991. *The Colorado Front Range: A Century of Ecological Change*. Salt Lake City: University of Utah Press.

Wackernagel, M., and W. E. Rees. 1996. *Our Ecological Footprint: Reducing Human Impact on the Earth*. Gabriola Island, BC: New Society Publishers. Walt Disney Corporation. 1994. *Silver Creek Star*. （News letter.）

Webb, R. H. 1996. *Grand Canyon, a Century of Change: Rephotography of the 1889–1890 Stanton Expedition*. Tucson: University of Arizona Press.

Westfall, B. 1994. Personal Politics: Ecological Restoration as Human-Scale and Community-Based. *Restoration and Management Notes* 12: 148–151.

Wheeler, E. O. 1948. M. P. Bridgland. （Obituary.） *American Alpine Journal* 6: 345–348.

Wheeler, E. O. 1948. M. P. Bridgland. （Obituary.） *Canadian Alpine Journal* 31: 218–222.

White, P. S., and J. L. Walker. 1997. Approximating Nature's Variation: Selecting and Using Reference Information in Restoration Ecology. *Restoration Ecology* 5（4）: 338–349.

White, R. 1980. *Land Use, Environment, and Social Change: The Shaping of Island County, Washington*. Seattle: University of Washington Press.

White, R. 1995. "Are You an Environmentalist or Do You Work for a Living?": Work and Nature. In W. Cronon, ed., *Uncommon Ground: Toward Reinventing Nature*, 171–185. New York: Norton.

White, R. 1996. The New Western History and the National Parks. *George Wright Forum* 13(3): 31.

Williams, T. T. 1992. *Refuge: An Unnatural History of Family and Place*. New York: Vintage.

Wilson, A. 1991. *The Culture of Nature*. Toronto: Between the Lines Press. Wilson, E. O. 1984. *Biophilia*. Cambridge, MA: Harvard University Press.

Wilson, E. D.1984. *Biophilia*. Cambridge, MA: Harvard University Press.

Winner, L. 1977. *Autonomous Technology: Technics-out-of-Control as a Theme in Political Thought*. Cambridge, MA: MIT Press.

Winner, L. 1986. *The Whale and the Reactor: A Search for Limits in an Age of High Technology*. Chicago: University of Chicago Press.

Wordsworth, William. 1993. "Lines Composed a Few Miles above Tintern Abbey, on Revisiting the Banks of the Wye during a Tour, July 13, 1798." lines 102–106. In M. H. Abrams, general editor, *The Norton Anthology of English Literature*, Sixth Edition, Volume Two, p. 138. New York: W. V. Norton & Company.

Worster, D. 1977. *Nature's Economy: The Roots of Ecology*. San Francisco: Sierra Club Books.

Worster, D. 1979. *Dust Bowl: The Southern Plains in the 1930s*. New York: Oxford University Press.

Wu J., and O. L. Loucks. 1995. From Balance of Nature to Hierarchical Patch Dynamics: A Paradigm Shift in Ecology. *Quarterly Review of Biology* 70: 439–466.

Zeller, S. 1987. *Inventing Canada: Early Victorian Science and the Idea of a Transcontinental Nation*. Toronto: University of Toronto Press.

图书在版编目（CIP）数据

设计自然：人、自然过程和生态修复 /（加）埃里克·西格思 (Eric Higgs) 著；赵宇，刘曦译 .-- 重庆：重庆大学出版社，2018.9
（绿色设计与可持续发展经典译丛）
书名原文：Nature by Design : People, Natural Process, and Ecological Restoration
ISBN 978-7-5689-0265-6

Ⅰ.①设…　Ⅱ.①埃…②赵…③刘…　Ⅲ.①生态恢复—研究　Ⅳ.① X171.4

中国版本图书馆 CIP 数据核字 (2016) 第 277672 号

绿色设计与可持续发展经典译丛

设计自然：人、自然过程和生态修复
SHEJI ZIRAN : REN ZIRAN GUOCHENG HE SHENGTAI XIUFU

［加］埃里克·西格思　著

赵　宇　刘　曦　译

策划编辑：张菱芷

责任编辑：杨　敬　许红梅　　装帧设计：张菱芷

责任校对：邹　忌　　　　责任印制：张　策

＊

重庆大学出版社出版发行

出版人：易树平

社址：重庆市沙坪坝区大学城西路 21 号

邮编：401331

电话：（023）88617190 88617185（中小学）

传真：（023）88617186 88617166

网址：http://www.cqup.com.cn

邮箱：fxk@cqup.com.cn（营销中心）

全国新华书店经销

重庆共创印务有限公司印刷

＊

开本：787mm×1092mm　1/16　印张：20　字数：326 千

2018 年 10 月第 1 版　2018 年 10 月第 1 次印刷

ISBN 978-7-5689-0265-6　定价：78.00 元

Nature by Design

People, Natural Process, and Ecological Restoration

By Eric Higgs

This book was set in Sabon by SNP Best-set Typesetter Ltd., Hong Kong and was printed and bound in the United States of America.

Library of Congress Cataloging-in-Publication Data

Higgs, Eric S.

  Nature by design : people, natural process, and ecological design / Eric Higgs.

  p. cm.

  Includes bibliographical references (p.).

Simplified Chinese edition copyright © 2018

CHONG QING UNIVERSITY PRESS

版贸核渝字（2015）第183号